职业教育"岗课赛证"融通系列教材

高等职业教育建筑消防技术系列教材

建筑防火

黄四鑫　雷　平　主　编

中国建筑工业出版社

图书在版编目（CIP）数据

建筑防火 / 黄四鑫，雷平主编. ——北京：中国建筑工业出版社，2025.1. ——（职业教育"岗课赛证"融通系列教材）（高等职业教育建筑消防技术系列教材）.

ISBN 978-7-112-30914-6

Ⅰ. TU892

中国国家版本馆CIP数据核字第20253JW971号

本教材共有9个模块，包括生产和储存物品的火灾危险性分类、建筑分类与耐火等级、总平面布局和平面布置、防火防烟分区与分隔、安全疏散与避难、建筑防火防爆、建筑装修与保温材料防火、灭火救援设施、灭火器。

为方便教学，作者自制课件资源，索取方式为：

1. 邮箱：jckj@cabp.com.cn；2. 电话：（010）58337285；3. 建工书院：http://edu.cabplink.com。

责任编辑：王予芊　司　汉
书籍设计：锋尚设计
责任校对：李美娜

职业教育"岗课赛证"融通系列教材
高等职业教育建筑消防技术系列教材
建筑防火
黄四鑫　雷　平　主　编

*

中国建筑工业出版社出版、发行（北京海淀三里河路9号）
各地新华书店、建筑书店经销
北京锋尚制版有限公司制版
河北京平诚乾印刷有限公司印刷

*

开本：787毫米×1092毫米　1/16　印张：16½　字数：414千字
2025年1月第一版　　2025年1月第一次印刷
定价：**49.00**元（赠教师课件）
ISBN 978-7-112-30914-6
（44593）

本教材编审委员会

主　编

黄四鑫　武汉警官职业学院
雷　平　重庆工业职业技术学院

副主编

张承富　湖北工业职业技术学院
樊晓霞　山东中安土地房地产资产评估测绘有限公司
余　洋　华中科技大学同济医学院附属协和医院

参　编

张心怡　武汉警官职业学院
何　婷　武汉警官职业学院
杨文婷　广西建设职业技术学院
张艳敏　武汉职业技术大学
杨　鸽　武汉职业技术大学
李国书　武汉警官职业学院
姜晨雪　武汉警官职业学院
曹九霄　武汉秦汉环境安全科技有限公司

主　审

王建玉　江苏城乡建设职业学院
王　羲　武汉设计咨询集团有限公司

前　言

　　本教材精准对接职业院校消防类相关专业的教学及消防行业职业资格考试需求，深度融合"岗课赛证"理念，旨在培育适应行业发展的高素质消防技术技能人才。教材紧密围绕现代建筑防火技术的核心要义，依据最新《建筑防火通用规范》GB 55037—2022，系统阐述基础理论、技术前沿与实战策略，确保内容既全面又具前瞻性。

　　本教材通过细致剖析建筑分类、材料特性、火灾应对、耐火等级、布局规划、防烟排烟设计、安全疏散等关键领域，不仅夯实学生专业基础，更引导其掌握解决实际消防问题的能力。教材中丰富的案例分析与实践操作环节，促进理论知识与岗位技能的深度融合，助力学生在未来的建筑消防设计、施工、监管及应急管理中应对自如。同时，本教材与技能大赛、职业资格证书对应，以赛促学，以证强技，全面提升个人综合素质与职业竞争力。

　　本教材由黄四鑫、雷平担任主编，张承富、樊晓霞、余洋担任副主编。教材由黄四鑫负责统稿。王建玉、王羲担任本教材主审，对教材提出宝贵修改建议。具体编写分工如下：教材中的项目1和项目2由余洋编写；项目3～项目5由张心怡编写；项目6～项目8由雷平编写；项目9～项目11由张承富编写；项目12～项目16由张艳敏、杨鸽合作编写；项目17～项目20由黄四鑫、李国书合作编写；项目21、项目22由何婷编写；项目23由杨文婷编写；项目24和项目25由黄四鑫、樊晓霞合作编写；曹九霄、姜晨雪参与了编写整理等工作。除了纸质内容外，参编人员还建设了数字化资源，通过扫描教材对应的二维码可以在线浏览。

　　由于编者水平有限，时间仓促，难免存在不足之处，敬请读者批评指正。

目　录

模块 1

生产和储存物品的火灾危险性分类

项目1　生产的火灾危险性
项目2　储存物品的火灾危险性

生产和储存物品的火灾危险性在生产过程中不容忽视。易燃易爆物质的使用、高温高压操作及电气设备的运行都可能引发火灾。甲类物品如汽油、液化气等，其闪点低、易爆，一旦发生泄漏或遇火源，后果严重。储存环节同样关键，不同类别物品需分类存放，防止相互反应引发火灾。乙类、丙类物品虽危险性稍低，但长期积热、氧化也可能自燃。因此，应严格遵守安全规范，加强火源管理，定期检查设备，配置充足消防器材，这是预防和减少火灾的关键。同时，提高员工安全意识，加强应急演练，确保在紧急情况下能迅速有效应对。

通过本模块的学习，应了解评定物质火灾危险性的主要指标；熟悉生产与储存物品的火灾危险性分类方法以及生产、储存各类物品的火灾危险性特征，分析、判别防控措施的合理性。

❖ 项目 1
生产的火灾危险性

【学习目标】

知识目标	能力目标	素质目标
熟悉评定物质火灾危险性的主要指标、掌握生产的火灾危险性分类方法。了解常见物品危险性，深入理解生产过程中的火灾风险源与特性，确保安全生产，预防火灾发生	培养识别、评估并有效控制生产中火灾危险性的能力，确保安全作业，提高应急响应效率	提升对生产火灾危险性的敏感度和责任感，形成主动预防、积极应对的安全素养。培养安全意识与责任感，树立"预防为主，安全第一"的理念，通过教育引导，使每位学生都能成为防火安全的践行者与宣传者，共同营造安全、和谐的生产环境

【思维导图】

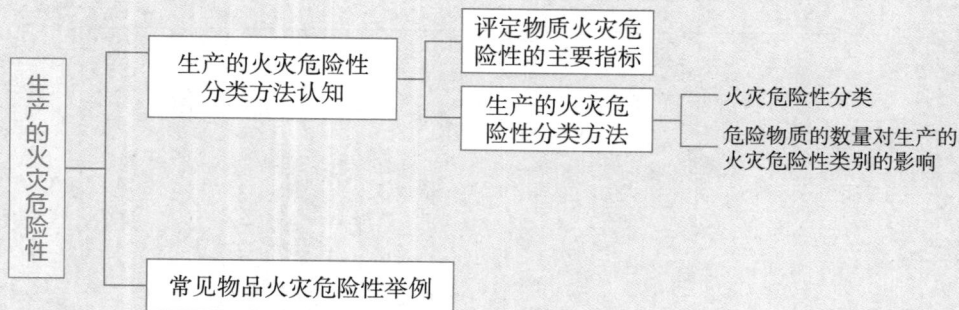

任务1.1　生产的火灾危险性分类方法认知

【岗位情景模拟】通过深入分析生产过程中的物质特性、操作条件及潜在火灾风险，将不同类型的生产活动按照其火灾危险性进行准确分类。分类结果将直接用于指导生产现场的防火安全管理，确保采取有效措施降低火灾风险，保障生产安全。

【讨论】制定防火措施：针对不同类型的生产活动，制定相应的防火措施和应急预案。措施应涵盖防火设施的设置、安全操作规程的制定、人员培训等方面，以确保在火灾发生时能够迅速有效地进行处置。

【知识链接】生产的火灾危险性是指生产过程中发生火灾、爆炸事故的原因、因素和条件以及火灾扩大蔓延条件的总和。它是物料及产品的性质、生产设备的缺陷、生产作业行为、工艺参数控制和生产环境等诸多因素的相互作用。厂房的火灾危险性类别是以生产过程中使用和产出物质的火灾危险性类别确定的，评定物质火灾危险性是确定生产的火灾危险性类别的基础。

一、评定物质火灾危险性的主要指标

对物质火灾危险性的评定，主要是依据其理化性质。物料状态不同，评定的指标也不同，因此，评定液体、气体和固体火灾爆炸危险性的指标是有区别的，见表1-1-1。

评定物质火灾危险性的指标和影响因素　　　　　表1-1-1

物料状态	主要评定指标		火灾危险性	其余影响因素
液体	闪点	越低（蒸气压越高）	越大	爆炸温度极限、受热蒸发性、流动扩散性和带电性
	自燃点	越低	越大	
气体	爆炸极限	范围越大，下限越低	越大	相对密度和扩散性、化学性质活泼与否、带电性和受热膨胀性等
	自燃点	越低	越大	
固体	熔点	越低	越大	反应危险性、燃烧危险性、毒害性、腐蚀性和放射性
	燃点	越低	越大	

注：1. 评定粉状可燃固体是以爆炸浓度下限作为标志的；
　　2. 评定遇水燃烧固体是以与水反应速度快慢和放热量的大小作为标志的；
　　3. 评定自燃性固体物料是以其自燃点作为标志的；
　　4. 评定受热分解可燃固体是以分解温度作为标志的。

📋 **即学即练1-1-1**

在某化学工厂的储罐区，安全工程师李明正手持一台便携式闪点测定仪，逐一检查存储区内各种液体的闪点；随后，李明来到了工厂的天然气处理区。这里，他关注的是气体的爆炸极限和自燃点。最后，他来到某面粉加工厂区，对粉尘的情况进行测量。

问题：安全工程师李明在工作的过程中要注意哪些操作细节？

二、生产的火灾危险性分类方法

（一）火灾危险性分类

根据生产中使用或产生的物质性质及其数量等因素划分，把生产的火灾危险性分为五类，其分类及举例见表1-1-2。

生产的火灾危险性分类及举例   表1-1-2

生产的火灾危险性类别	使用或产生下列物质生产的火灾危险性特征	火灾危险性分类举例
甲	1. 闪点小于28℃的液体； 2. 爆炸下限小于10%的气体； 3. 常温下能自行分解或在空气中氧化即能导致迅速自燃或爆炸的物质； 4. 常温下受到水或空气中水蒸气的作用，能产生可燃气体并引起燃烧或爆炸的物质； 5. 遇酸、受热、撞击、摩擦、催化以及遇有机物或硫磺等易燃的无机物，极易引起燃烧或爆炸的强氧化剂；	1. 闪点小于28℃的油品和有机溶剂的提炼、回收或洗涤部位及其泵房，橡胶制品的涂胶和胶浆部位，二硫化碳的粗馏、精馏工段及其应用部位，青霉素提炼部位，原料药厂的非那西丁车间的烃化、回收及电感精馏部位，皂素车间的抽提、结晶及过滤部位，冰片精制部位，农药厂乐果厂房，有机磷杀虫剂的合成厂房、磺化法糖精厂房，氯乙醇厂房，环氧乙烷、环氧丙烷工段，苯酚厂房的硫化、蒸馏部位，焦化厂吡啶工段，胶片厂片基厂房，汽油加铅室，甲醇、乙醇、丙酮、丁酮异丙醇、醋酸乙酯、苯等的合成或精制厂房，集成电路工厂的化学清洗间（使用闪点小于28℃的液体），植物油加工厂的浸出车间，白酒液态法酿酒车间、酒精蒸馏塔，酒精度为38度及以上的勾兑车间、灌装车间、酒泵房，白兰地蒸馏车间、勾兑车间、灌装车间、酒泵房。 2. 乙炔站，氢气站，石油气体分馏（或分离）厂房，氯乙烯厂房，乙烯聚合厂房，天然气、石油伴生气、矿井气、水煤气或焦炉煤气的净化（如脱硫）厂房压缩机室及鼓风机室，液化石油气罐瓶间，丁二烯及其聚合厂房，醋酸乙烯厂房，电解水或电解食盐厂房，环己酮厂房，乙基苯和苯乙烯厂房，化肥厂的氢氮气压缩厂房，半导体材料厂使用氢气的拉晶车间，硅烷热分解室。 3. 硝化棉厂房及其应用部位，合成塑料（赛璐珞）厂房，黄磷制备厂房及其应用部位，三乙基铝厂房，染化厂某些能自行分解的重氮化合物生产，甲胺厂房，丙烯腈厂房。

生产的火灾危险性类别	使用或产生下列物质生产的火灾危险性特征	火灾危险性分类举例
甲	6. 受撞击、摩擦或与氧化剂、有机物接触时能引起燃烧或爆炸的物质； 7. 在密闭设备内操作温度不小于物质本身自燃点的生产	4. 金属钠、钾加工房及其应用部位，聚乙烯厂房的一氯二乙基铝部位，三氯化磷厂房，多晶硅车间三氯氢硅部位，五氧化二磷厂房。 5. 氯酸钠、氯酸钾厂房及其应用部位，过氧化氢厂房，过氧化钠、过氧化钾厂房，次氯酸钙厂房。 6. 赤磷制备厂房及其应用部位，五硫化二磷厂房及其应用部位。 7. 洗涤剂厂房石蜡裂解部位，冰醋酸裂解厂房
乙	1. 闪点不小于28℃，但小于60℃的液体； 2. 爆炸下限不小于10%的气体； 3. 不属于甲类的氧化剂； 4. 不属于甲类的易燃固体； 5. 助燃气体； 6. 能与空气形成爆炸性混合物的浮游状态的粉尘、纤维，闪点不小于60℃的液体雾滴	1. 闪点不小于28℃，但小于60℃的油品和有机溶剂的提炼、回收、洗涤部位及其泵房，松节油或松香蒸馏厂房及其应用部位，醋酸酐精馏厂房，己内酰胺厂房，甲酚厂房，氯丙醇厂房，樟脑油提取部位，环氧氯丙烷厂房，松针油精制部位，煤油灌桶间。 2. 一氧化碳压缩机室及净化部位，发生炉煤气或鼓风炉煤气净化部位，氨压缩机房。 3. 发烟硫酸或发烟硝酸浓缩部位，高锰酸钾厂房，重铬酸钠（红矾钠）厂房。 4. 樟脑或松香提炼厂房，硫磺回收厂房，焦化厂精萘厂房。 5. 氧气站，空分厂房。 6. 铝粉或镁粉厂房，金属制品抛光部位，煤粉厂房，面粉厂的碾磨部位，活性炭制造及再生厂房，谷物筒仓工作塔，亚麻厂的除尘器和过滤器室
丙	1. 闪点不小于60℃的液体； 2. 可燃固体	1. 闪点不小于60℃的油品和有机液体的提炼、回收工段及其抽送泵房，香料厂的松油醇部位和乙酸松油脂部位，苯甲酸厂房，苯乙酮厂房，焦化厂焦油厂房，甘油、桐油的制备厂房，油浸变压器室，机器油或变压油罐桶间，柴油罐桶间，润滑油再生部位，配电室（每台装油量大于60kg的设备），沥青加工厂房，植物油加工厂的精炼部位。 2. 煤、焦炭、油母页岩的筛分、转运工段和栈桥或仓储，木工厂房，竹、藤加工厂房，橡胶制品的压延、成型和硫化厂房，针织品厂房，纺织、印染、化纤生产的干燥部位，服装加工厂房，棉花加工和打包厂房，造纸厂备料、干燥厂房，印染厂成品厂房，麻纺厂粗加工厂房，谷物加工房，卷烟厂的切丝、卷制、包装厂房，印刷厂的印刷厂房，毛涤厂选毛厂房，电视机、收音机装配厂房，显像管厂装配工段烧枪间，磁带装配厂房，集成电路工厂的氧化扩散间、光刻间，泡沫塑料厂的发泡、成型、印片压花部位，饲料加工厂房，畜（禽）屠宰、分割及加工车间、鱼加工车间

续表

生产的火灾危险性类别	使用或产生下列物质生产的火灾危险性特征	火灾危险性分类举例
丁	1. 对不燃烧物质进行加工，并在高温或熔化状态下经常产生强辐射热、火花或火焰的生产； 2. 利用气体、液体、固体作为燃料或将气体、液体进行燃烧作其他用的各种生产； 3. 常温下使用或加工难燃烧物质的生产	1. 金属冶炼、锻造、铆焊、热轧、铸造、热处理厂房。 2. 锅炉房，玻璃原料熔化厂房，灯丝烧拉部位，保温瓶胆厂房，陶瓷制品的烘干、烧成厂房，蒸汽机车库，石灰焙烧厂房，电石炉部位，耐火材料烧成部位，转炉厂房，硫酸车间焙烧部位，电极煅烧工段配电室（每台装油量不大于60kg的设备）。 3. 难燃铝塑料材料的加工厂房，酚醛泡沫塑料的加工厂房，印染厂的漂炼部位，化纤厂后加工润湿部位
戊	常温下使用或加工不燃烧物质的生产	制砖车间，石棉加工车间，卷扬机室，不燃液体的泵房和阀门室，不燃液体的净化处理工段，金属（镁合金除外）冷加工车间，电动车库，钙镁磷肥车间（焙烧炉除外），造纸厂或化学纤维厂的浆粕蒸煮工段，仪表、器械或车辆装配车间，氟利昂厂房，水泥厂的轮窑厂房，加气混凝土厂的材料准备、构件制作厂房

注：同一座厂房或厂房的任一防火分区内有不同火灾危险性生产时，厂房或防火分区内的生产火灾危险性类别应按火灾危险性较大的部分确定。当生产过程中使用或产生易燃、可燃物的量较少，不足以构成爆炸或火灾危险时，可按实际情况确定；当符合下述条件之一时，可按火灾危险性较小的部分确定：

（1）火灾危险性较大的生产部分占本层或本防火分区建筑面积的比例小于5%或丁、戊类厂房内的油漆工段小于10%，且发生火灾事故时不足以蔓延到其他部位，或对火灾危险性较大的生产部分采取了有效的防火措施。

（2）丁、戊类厂房内的油漆工段，应当采用封闭喷漆工艺，封闭喷漆空间内应保持负压，油漆工段应设置可燃气体探测报警系统或自动抑爆系统，且油漆工段占其所在防火分区面积的比例不大于20%，如图1-1-1所示。

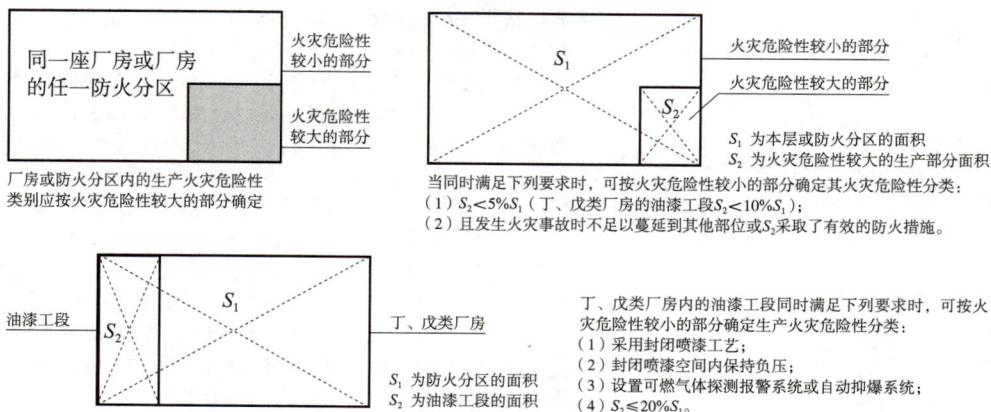

同一座厂房或厂房的任一防火分区

火灾危险性较小的部分

火灾危险性较大的部分

厂房或防火分区内的生产火灾危险性类别应按火灾危险性较大的部分确定

火灾危险性较小的部分

火灾危险性较大的部分

S_1 为本层或防火分区的面积
S_2 为火灾危险性较大的生产部分面积

当同时满足下列要求时，可按火灾危险性较小的部分确定其火灾危险性分类：
（1）$S_2<5\% S_1$（丁、戊类厂房的油漆工段$S_2<10\% S_1$）；
（2）且发生火灾事故时不足以蔓延到其他部位或S_2采取了有效的防火措施。

油漆工段　　S_2　　S_1　　丁、戊类厂房

S_1 为防火分区的面积
S_2 为油漆工段的面积

丁、戊类厂房内的油漆工段同时满足下列要求时，可按火灾危险性较小的部分确定生产火灾危险性分类：
（1）采用封闭喷漆工艺；
（2）封闭喷漆空间内保持负压；
（3）设置可燃气体探测报警系统或自动抑爆系统；
（4）$S_2 \leqslant 20\% S_1$。

图1-1-1　特殊情况下的判断方法

📋 **即学即练 1-1-2**

　　某座单层木器加工厂，占地面积广阔，总建筑面积达到了 2000m^2，是周边区域木制品生产的重要基地。在这庞大的生产体系中，有一个特殊的区域——油漆工段，它占据了约 180r^2 的空间，虽然面积不大，但其重要性不言而喻。

　　请你根据上述描述判断该厂房的火灾危险性，并说明理由。

　　上述分类中，甲、乙、丙类液体分类，以闪点为基准。凡是在常温环境下遇火源能引起闪燃的液体均属于易燃液体，可列入甲类火灾危险性范围。对于（可燃）气体，则以爆炸下限作为分类的基准。

　　一般来说，生产的火灾危险性分类要看整个生产过程中的每个环节是否有引起火灾的可能性，并按其中最危险的物质评定，主要考虑以下几个方面：生产中使用的全部原材料的性质，生产中操作条件的变化是否会改变物质的性质，生产中产生的全部中间产物的性质，生产的最终产品及副产物的性质，生产过程中的自然通风、气温、湿度等环境条件。许多产品可能有若干种生产工艺、过程中使用的原材料各不相同，所以火灾危险性也各不相同（表1-1-3和表1-1-4）。

不同原材料的火灾危险性分类　　　　　　　　　　表1-1-3

分类			危险性
液体	易燃可燃液体	甲类	闪点<28℃
		乙类	28℃≤闪点<60℃
		丙类	闪点≥60℃
气体	易燃气体	甲类	爆炸下限<10%
		乙类	爆炸下限≥10%
	助燃气体	乙类	助燃气体
固体	易燃固体	甲类	受撞击、摩擦或与氧化剂、有机物接触能引起燃烧或爆炸的物质（一级易燃固体）
		乙类	不属于甲类的易燃固体（二级易燃固体）
	可燃固体	丙类	所有可燃固体的生产或储存
		乙类	能与空气形成爆炸性混合物的浮游状态的粉尘、纤维、闪点不小于60℃的液体雾滴
	难燃固体	丁类	常温下使用或加工难燃烧物质的生产
	不燃固体	戊类	常温下使用或加工不燃烧物质的生产

📋 **即学即练1-1-3**

　　某工厂的生产区分别生产乙炔、氯气和氮气这三种不同的气体。请判断他们的火灾危险性，并列出防火措施。

不同物质/不同条件下物质的火灾危险性分类   表1-1-4

分类		危险性特征
氧化性	甲类	极易引起燃烧或爆炸的强氧化剂（一级氧化性物质）
	乙类	不属于甲类的氧化剂（二级氧化性物质）
常温	甲类	常温下受到水或者空气中水蒸气的作用能产生可燃气体并引起燃烧或爆炸
		常温下能分解到空气中氧化，能导致迅速自燃或爆炸
	乙类	与空气接触能缓慢氧化，积热不散能引起自燃的物品
高温	甲类	密闭设备内，操作温度不小于自燃点的生产
	乙类	对不燃烧物质进行加工，并在高温或熔化状态下经常产生强辐射热、火花或火焰

📋 **即学即练1-1-4**

　　我们经常会用到氧化性的物质来丰富日常生活，请你列出日常生活中经常使用的氧化性物质。

　　（二）危险物质的数量对生产的火灾危险性类别的影响

　　1. 厂房内可不按危险物质火灾危险特性确定生产的火灾危险性类别的最大允许量。

　　在生产过程中，如使用或产生易燃、可燃物质的量较少，不足以构成爆炸或火灾危险时，可以按实际情况确定其火灾危险性的类别。即在生产过程中虽然使用或产生了易燃、可燃物质，但是数量很少，即使气体全部放出或可燃液体全部燃烧，气体也不能在整个厂房内达到爆炸极限，可燃物也不能使建筑物起火，造成灾害，此时可以按实际情况确定其火灾危险性的类别。如机械修配厂或修理车间，虽然使用少量的汽油等甲类溶剂清洗零件，但不会因此而产生爆炸，所以该厂房不能按甲类厂房处理，仍应按戊类考虑。表1-1-5列出了部分生产中常见的甲、乙类危险品的最大允许量。其中的最大允许量包括厂房或实验室内单位容积的最大允许量及室内空间最多允许存放的总量两个控制指标。

　　2. 厂房内可不按危险物质火灾危险特性确定生产火灾危险性类别时，危险物质的工艺布置在厂房中所占面积比例对生产的火灾危险性类别的影响：

可不按物质危险特性确定生产火灾危险性类别的最大允许量　　表1-1-5

火灾危险性类别		火灾危险性特征	物质名称举例	最大允许量	
				单位容积的最大允许量	室内空间最多允许存放的总量
甲类	1	闪点小于28℃的液体	汽油、丙酮、乙醚	0.004L/m³	100L
	2	爆炸下限小于10%的气体	乙炔、氢、甲烷、乙烯、硫化氢	1L/m³（标准状态）	25m（标准状态）
	3	常温下能自行分解导致迅速自燃爆炸的物质	硝化棉、硝化纤维胶片、喷漆棉、火胶棉、赛璐珞棉	0.003kg/m³	10kg
		在空气中氧化即导致迅速自燃的物质	黄磷	0.006kg/m³	20kg
	4	常温下受到水和空气中水蒸气的作用能产生可燃气体并能燃烧或爆炸的物质	金属钾、钠、锂	0.002kg/m³	5kg
	5	遇酸、受热、撞击、摩擦、催化以及遇有机物或硫磺等易燃的无机物能引起爆炸的强氧化剂	硝基胍、高氯酸铵	0.006kg/m³	20kg
		遇酸、受热、撞击、摩擦、催化以及遇有机物或硫磺等极易分解引起燃烧的强氧化剂	氯酸钾、氯酸钠、过氧化钠	0.015kg/m³	50kg
	6	与氧化剂、有机物接触时能引起燃烧或爆炸的物质	赤磷、五硫化磷	0.015kg/m³	50kg
	7	受到水或空气中水蒸气的作用能产生爆炸下限小于10%的气体的固体物质	碳化钙	0.075kg/m³	100kg
乙类	1	闪点大于或等于28℃	煤油、松节油	0.02L/m³	200L
	2	爆炸下限大于或等于10%的气体	氨	5L/m³（标准状态）	50m（标准状态）
		助燃气体	氧、氟	5L/m³（标准状态）	50m（标准状态）
	3	不属于甲类的氧化剂	硝酸、硝酸铜、铬酸、发烟硫酸、铬酸钾	0.025kg/m³	80kg
	4	不属于甲类的化学易燃危险固体	赛璐珞板、硝化纤维色片、镁粉、铝粉	0.015kg/m³	50kg
			硫磺、生松香	0.075kg/m³	100kg

（1）面积比例较小且采取防火措施

当火灾危险性较大的生产部分占本层或本防火分区建筑面积的比例小于5%（或丁、戊类厂房内的油漆工段小于10%），且这些部分发生火灾事故时不足以蔓延至其他部位，或者已经采取了有效的防火措施，那么整个厂房或防火分区的生产火灾危险性类别可以按火灾危险性较小的部分来确定。

（2）特定条件下的面积比例放宽

在丁、戊类厂房内，如果油漆工段采用封闭喷漆工艺，并保持封闭喷漆空间内负压，同时设置可燃气体探测报警系统或自动抑爆系统，且油漆工段占所在防火分区建筑面积的比例不大于20%，那么该油漆工段的火灾危险性类别也可以按较低类别确定。

任务1.2　常见物品火灾危险性举例

【岗位情景模拟】家庭中常使用酒精、打火机、充电宝、花露水、杀虫剂、天然气、玻璃纤维、旧毛巾、衣物等物品。

【讨论】请对上述物品进行危险性划分并制定相应的预防措施。

【知识链接】由于物品种类繁多，各种液体、气体与固体不同的性质形成了不同的危险性，并且同样的物品采用不同的工艺和操作，产生的危险性也不相同，生产的火灾危险性也不相同，常见物品危险性举例见表1-2-1。

常见物品危险性举例　　　　　　　　　　　　　　表1-2-1

物品类别	分类	举例
油类	甲类	1. 汽油、汽油加铅室； 2. 植物油加工厂的浸出车间（汽油浸泡），石脑油（化工轻油）
	乙类	煤油、松节油、松针油、溶剂油、樟脑油（固体松香、樟脑）
	丙类	1. 闪点≥60℃的柴油、润滑油，机油，重油（跟汽车相关的油）； 2. 焦化厂焦油厂房，甘油（防冻疮），桐油的制备厂房，油浸变压器室，机器油或变压油罐桶间，润滑油再生部位，沥青加工厂房； 3. 动物油、植物油，植物油加工厂的精炼部位； 4. 香料厂的松油醇部位和乙酸松油脂部位（香精配料等）
酒	甲类	1. 白酒液态法酿酒车间、酒精蒸馏塔； 2. 酒精度为38度及以上的勾兑车间、灌装车间、酒泵房； 3. 白兰地蒸馏车间、勾兑车间、灌装车间、酒泵房
医药	甲类	1. 青霉素提炼部位； 2. 非纳西汀（药效强度与阿司匹林相当）车间的烃化、回收及电感精馏部位； 3. 皂素（口服避孕药）车间的抽提、结晶及过滤部位； 4. 冰片（有毒、止疼药）精制部位

续表

物品类别	分类	举例
农药	甲类	1. 农药厂乐果厂房； 2. 敌敌畏（有机磷杀虫剂）的合成厂房； 3. 焦化厂吡啶工段（维生素或酶的重要组成部分）； 4. 二硫化碳的粗馏、精馏工段及其应用部分（二硫化碳仓库）
易燃气体	甲类	1. 氢，电解水或电解食盐厂房，化肥厂的氢单气压缩厂房，半导体材料厂实业氢气的拉晶间； 2. 甲烷，天然气、矿井气、水煤气或焦炉煤气的净化（如脱硫）厂房压缩机室及鼓风机室； 3. 液化石油气、液化石油气罐瓶间，石油气体分馏（或分离）厂房，石油伴生气； 4. 硫化氢； 5. 环氧乙烷，乙烯，醋酸乙烯，丙烯，丁二烯，氯乙烯，乙炔； 6. 硅烷热分解室
	乙类	氨气，一氧化碳，炉煤气（发生炉煤气、鼓风炉煤气）
助燃气体	乙类	氧气（站）、空分厂房、氟气、液氯
遇水产生易燃气体的固体	甲类	1. 碳化钙（电石）； 2. 碳化铝
密闭操作	甲类	洗条剂厂房石蜡裂解部位，冰醋酸裂解厂房（甲7类）
赛璐珞	甲类	赛璐珞厂房、赛璐珞棉仓库
	乙类	赛璐珞板（片）仓库
硝化纤维	甲类	硝化纤维胶片
	乙类	硝化纤维漆布，硝化纤维色片
特殊	甲类	三乙基铝厂房，染化厂某些能自行分解的重氮化合物生产，多晶硅车间三氯氢硅部位　胶片厂片基车间（片基易燃）
金属固体粉及粉末	甲类	金属钾、钙、钠、锂、锶、氰化钾，氢化钠，四氢化锂铝（与水发生反应）
	乙类	铝粉、镁粉、煤粉，金属制品抛光部位
氧化剂	甲类	氯酸钾，氯酸钠，次氯酸钙厂房（漂白粉），过氧化钾，过氧化钠，过氧化氢，硝酸铵
	乙类	硝酸铜，铬酸，亚硝酸钾，重铬酸钠，铬酸钾，硝酸，硝酸汞，硝酸钴，发烟硫酸、次氯酸钙仓库（漂白粉），高锰酸钾，甲酚
	丁类	硫酸车间焙烧部位
易燃固体	乙类	硫磺，硫磺回收厂房，焦化厂精萘厂房
易浮粉尘	乙类	活性炭制造及再生厂房，亚麻厂的除尘器和过滤器室，谷物筒仓的工作塔
面粉	乙类	面粉厂的碾磨车间

📋 **即学即练1-2-1**

根据储存物品的火灾危险性分类，下列储存气体不属于乙类危险性的是（　　）。

A. 氨气　　　　B. 煤油　　　　C. 氧气　　　　D. 乙炔

项目 2
储存物品的火灾危险性

【学习目标】

知识目标	能力目标	素质目标
具有准确识别易燃、易爆、有毒等危险物品，理解其分类标准与安全要求，评估储存风险的专业知识，并熟悉应急处理措施，确保人员安全与环境保护，同时持续学习，不断提升危险物品管理的专业能力和安全意识	能够独立识别并准确分类各类危险物品，熟悉其特性和安全要求，有效评估储存过程中的风险，制定并执行相应的风险控制措施，以及应对突发事件的应急处理能力，确保储存安全	培养严谨的安全意识与责任感，确保在储存物品危险性分类中遵循规范，保障人员与财产安全。通过储存物品危险性分类，强化安全意识与责任感，培养严谨的工作态度，践行安全第一的原则

【思维导图】

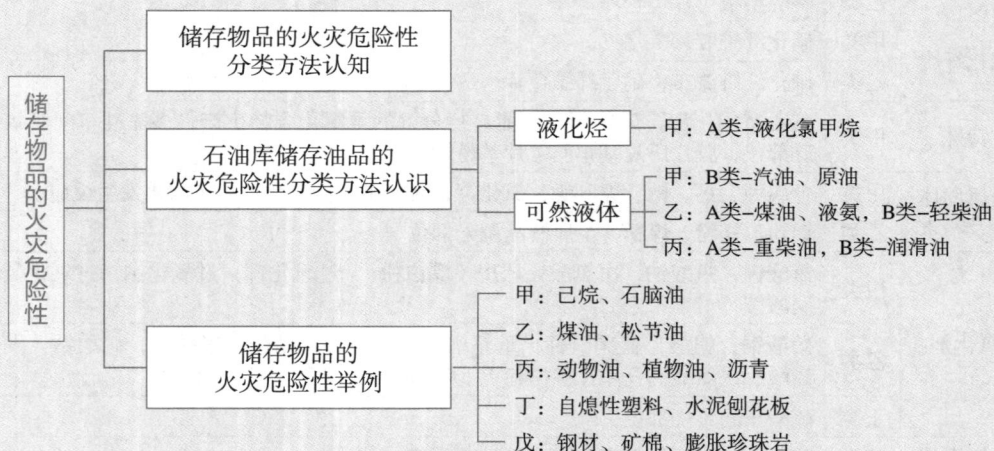

任务2.1　储存物品的火灾危险性分类方法认知

【岗位情景模拟】某框架结构仓库，地上6层，地下1层，层高3.8m，占地面积6000m²，地上每层建筑面积均为5600m²。仓库各建筑构件均为不燃性构件，其耐火极限见表2-1-1。

某仓库耐火极限　　　　　　　　　　　　　　表2-1-1

构件名称	防火墙	承重墙、柱	楼梯间、电梯井的墙	梁	疏散走道两侧的隔屋面板、屋顶承重构件、疏散楼梯	非承重外墙
耐火极限（h）	4.00	2.50	2.00	1.50	1.00	0.25

仓库一层储存桶装润滑油；二层储存水泥刨花板；三至六层储存皮毛制品；地下室储存玻璃制品，每件玻璃制品重100kg，其木质包装重20kg。

该仓库地下室建筑面积为1000m²。一层内靠西侧外墙设置建筑面积为300m²的办公室、休息室和员工宿舍，这些房间与库房之间设置一条走道，且直通室外。走道与仓库之间采用防火隔墙和楼板分隔，其耐火极限分别为2.50h和1.00h。走道通向仓库的门采用双向弹簧门。

仓库内的每个防火分区分别设置两个安全出口，两个安全出口之间距离12m，疏散楼梯采用封闭楼梯间，通向疏散走道或楼梯间的门采用能阻挡烟气侵入的双向弹簧门。该建筑的消防设施和其他事项符合国家消防标准要求。

【讨论】

（1）确定该仓库及其各层的火灾危险性分类。

（2）拟在该仓库一层东侧设置一个25m²的甲醇桶装仓库，甲醇仓库与其他部位之间采用耐火极限不低于4.00h的防爆墙分隔，防爆墙上设置防爆门，并设置一部直通室外的疏散门。这种做法是否可行？此时，该地下室的火灾危险性应该分为哪一类？

生产和储存物品的火灾危险性有相同之处，也有不同之处。有些生产的原料、成品都不危险，但生产中的条件变了或经化学反应后产生了中间产物，也就增加了火灾危险性。例如，可燃粉尘静止时火灾危险性较小；但生产时，粉尘悬浮在空中与空气形成爆炸性混合物，遇火源则能爆炸起火，而储存这类物品就不存在这种情况。与此相反，桐油织物及其制品在储存中火灾危险性较大，因为这类物品堆放在通风不良地点，受到一定温度作用时，氧化缓慢、积热不散便会导致自燃起火，而在生产过程中不存在此种情况。所以，要分别对生产物品和储存物品的火灾危险性进行分类。

储存物品的火灾危险性分类见表2-1-2。

储存物品的火灾危险性分类 表2-1-2

储存物品的火灾危险性类别	储存物品的火灾危险性特征	特征
甲	1. 闪点小于28℃的液体； 2. 爆炸下限小于10%的气体，受到水或空气中水蒸气的作用能产生爆炸下限小于10%气体的固体物质； 3. 常温下能自行分解或在空气中氧化能导致迅速自燃或爆炸的物质； 4. 常温下受到水或空气中水蒸气的作用能产生可燃气体并引起燃烧或爆炸的物质； 5. 遇酸、受热、撞击、摩擦以及遇有机物或硫磺等易燃的无机物，极易引起燃烧或爆炸的强氧化剂； 6. 受撞击、摩擦或与氧化剂、有机物接触时能引起燃烧或爆炸的物质	主要是依据《危险货物道路运输规则》JT/T 617—2018中Ⅰ级易燃固体、Ⅰ级易燃液体、Ⅰ级氧化剂、Ⅰ级自燃物品、Ⅰ级遇水燃烧物品和可燃气体的特性进行划分。这类物品易燃易爆，燃烧时还会放出大量有害气体；有的遇水发生剧烈反应，产生氢气或其他可燃气体，遇火会燃烧爆炸；有的具有强烈的氧化性能，遇有机物或无机物极易燃烧爆炸；有的因受热、撞击、催化或气体膨胀而可能发生爆炸，或与空气混合容易达到爆炸浓度，遇火则发生爆炸
乙	1. 闪点不小于28℃，但小于60℃的液体； 2. 爆炸下限不小于10%的气体； 3. 不属于甲类的氧化剂； 4. 不属于甲类的易燃固体； 5. 助燃气体； 6. 常温下与空气接触能缓慢氧化，积热不散引起自燃的物品	主要是根据《危险货物道路运输规则》JT/T 617—2018中Ⅱ级易燃固体、Ⅱ级易燃液体、Ⅱ级氧化剂、助燃气体、Ⅱ级自燃物品的特性进行划分
丙	1. 闪点不小于60℃的液体； 2. 可燃固体	根据有关仓库调查和储存管理情况划分。液体闪点较高、不易挥发，火灾危险性比甲、乙类液体要小些。可燃固体在空气中受到火焰和高温作用时能发生燃烧；即使移走火源，也仍能继续燃烧
丁	难燃烧物品	在空气中受到火焰或高温作用时，难起火、难燃或微燃，将火源移走，燃烧即可停止
戊	不燃烧物品	在空气中受到火焰或高温作用时，不起火、不微燃、不碳化

注：1. 同一座仓库或仓库的任一防火分区内储存不同火灾危险性物品时，仓库或防火分区的火灾危险性应按火灾危险性最大的物品确定。
  2. 丁、戊类储存物品仓库的火灾危险性，当可燃包装重量大于物品本身重量的1/4或可燃包装体积大于物品本身体积的1/2时，应按丙类确定。

📋 **即学即练2-1-1**

下列储存物品仓库中，火灾危险性为戊类的是（　　）。
A．陶瓷制品仓库（制品可燃包装与物品本身重量比为1∶3）
B．玻璃制品仓库（制品可燃包装与物品本身体积比为3∶5）
C．水泥刨花板制品仓库（制品无可燃包装）
D．硅酸铝纤维制品仓库（制品无可燃包装）

任务2.2　石油库储存油品的火灾危险性分类方法认知

【岗位情景模拟】某石油库储存有原油、汽油、柴油、航空煤油以及润滑油和机油，为了防止发生事故，石油库管理人员对上述油类进行了分类管理。

【讨论】请问如何对上述油类进行管理？

石油库是指收发、储存原油、成品油及其他易燃和可燃液体化学品的独立设施，是一类火灾危险性相对较高的物品储存场所。石油库储存油品的火灾危险性分类及举例见表2-2-1。

石油库储存油品的火灾危险性分类及举例　　表2-2-1

名称	类别	特征或液体闪点F_1/℃	举例
液化烃	A	15℃时的蒸气压力大于0.1MPa的烃类液体及其他类似的液体	液化氯甲烷，液化顺式-2丁烯，液化乙烯，液化乙烷，液化反式-2丁烯，液化环丙烷，液化丙烯，液化丙烷，液化环丁烷，液化新戊烷，液化丁烯，液化丁烷，液化氯乙烯，液化环氧乙烷，液化丁二烯，液化异丁烷，液化异丁烯，液化石油气，二甲胺，三甲胺，二甲基亚砜，液化甲醚（二甲醚）
可燃液体	甲 B	甲A类以外，$F_1<28$℃	原油，石脑油，汽油，戊烷，异戊烷，异戊二烯，己烷，异己烷，环己烷，庚烷，异庚烷，辛烷，异辛烷，苯，甲苯，乙苯，邻二甲苯，间、对二甲苯，甲醇、乙醇、丙醇、异丙醇、异丁醇，石油醚，乙醚，乙醛，环氧丙烷，二氯乙烷，乙胺，二乙胺，丙酮，丁醛，三乙胺，醋酸乙烯，二氯乙烯、甲乙酮，丙烯腈，甲酸甲酯，醋酸乙酯，醋酸异丙酯、醋酸丙酯，醋酸异丁酯，甲酸丁酯，醋酸丁酯，醋酸异戊酯，甲酸戊酯，丙烯酸甲酯，甲基叔丁基醚，吡啶，液态有机过氧化物，二硫化碳

名称	类别		特征或液体闪点F_1/℃	举例
可燃液体	乙	A	$28℃ \leqslant F_1 < 45℃$	煤油，喷气燃料，丙苯，异丙苯，环氧氯丙烷，苯乙烯，丁醇，戊醇，异戊醇，氯苯，乙二胺，环己酮，冰醋酸，液氨
		B	$45℃ \leqslant F_1 < 60℃$	轻柴油，环戊烷，硅酸乙酯，氯乙醇，氯丙醇，二甲基甲酰胺，二乙基苯，液硫
	丙	A	$60℃ \leqslant F_1 \leqslant 120℃$	重柴油，20号重油，苯胺，锭子油，酚，甲酚，甲醛，糠醛，苯甲醛，环己醇，甲基丙烯酸，甲酸，乙二醇丁醚，糖醇，乙二醇，丙二醇，辛醇，单乙醇胺，二甲基乙酰胺
		B	$F_t > 120℃$	蜡油，100号重油，渣油，变压器油，润滑油，液体沥青，二乙二醇醚，三乙二醇醚，邻苯二甲酸二丁酯，甘油，二氯甲烷，二乙醇胺，三乙醇胺，二乙二醇，三乙二醇

由于储存易燃和可燃液体的火灾危险性会受操作环境影响，如当乙、丙类液体的操作温度高于其闪点时，气体挥发量增加，危险性也随之增加。因此，在表2-2-1的基础上，石油库储存易燃和可燃液体的火灾危险性分类还应符合下列规定：

（1）操作温度超过其闪点的乙类液体应视为甲B类液体；

（2）操作温度超过其闪点的丙A类液体应视为乙A类液体；

（3）操作温度超过其沸点的丙B类液体应视为乙A类液体；

（4）操作温度超过其闪点的丙B类液体应视为乙B类液体；

（5）闪点低于60℃但不低于55℃的轻柴油，其储运设施的操作温度低于或等于40℃时可视为丙类液体。

📋 即学即练2-2-1

某仓库内存放有煤油1m³，闪点65℃的柴油5m³。某消防技术服务机构对该仓库进行消防安全评估，根据现行国家标准，该仓库的火灾危险性应判定为（　　）。

A．甲类　　　　　　B．乙类　　　　　　C．丙类　　　　　　D．丁类

任务2.3　储存物品的火灾危险性举例

储存物品（常见）的火灾危险性举例见表2-3-1。

储存物品（常见）的火灾危险性举例　　　表2-3-1

储存物品的火灾危险性类别	举例
甲	1. 己烷、戊烷、石脑油，环戊烷，二硫化碳、苯、甲苯，甲醇、乙醇、乙醚，甲酸甲酯、醋酸甲酯、硝酸乙酯，汽油，丙酮，丙烯，酒精度为38度以上的白酒； 2. 乙炔，氢，甲烷，乙烯、丙烯、丁二烯，环氧乙烷，水煤气，硫化氢，氯乙烯，液化石油气，碳化钙，碳化铝； 3. 硝化棉，硝化纤维胶片，喷漆棉，火胶棉，赛璐珞棉，黄磷； 4. 金属钾、钠、锂、钙、锶，氢化锂、氢化钠，四氢化锂铝； 5. 氯酸钾、氯酸钠、过氧化钾、过氧化钠，硝酸铵； 6. 赤磷，五硫化二磷，三硫化二磷
乙	1. 煤油，松节油，丁烯醇、异戊醇，丁醚、醋酸丁酯、硝酸戊酯，乙酰丙酮，环己胺，溶剂油，冰醋酸，樟脑油，甲酸； 2. 氨气、一氧化碳； 3. 硝酸铜，铬酸，亚硝酸钾，重铬酸钠，铬酸钾，硝酸，硝酸汞、硝酸钴，发烟硫酸，漂白粉； 4. 硫磺，镁粉，铝粉，赛璐珞板（片），樟脑，萘，生松香，硝化纤维漆布，硝化纤维色片； 5. 氧气，氟气，液氯； 6. 漆布及其制品，油布及其制品，油纸及其制品，油绸及其制品
丙	1. 动物油、植物油，沥青，蜡，润滑油、机油、重油，闪点不小于60℃的柴油，糖醛，白兰地成品库； 2. 化学、人造纤维及其织物，纸张，棉、毛、丝、麻及其织物，谷物，面粉，粒径不小于2mm的工业成型硫磺，天然橡胶及其制品，竹、木及其制品，中药材，电视机、收录机等电子产品，计算机房已录数据的磁盘储存间，冷库中的鱼、肉间
丁	自熄性塑料及其制品，酚醛泡沫塑料及其制品，水泥刨花板
戊	钢材、铝材、玻璃及其制品，搪瓷制品、陶瓷制品，不燃气体，玻璃棉、岩棉、陶瓷棉、硅酸铝纤维、矿棉，石膏及其无纸制品，水泥、石、膨胀珍珠岩

📋 即学即练2-3-1

（多选）下列物品中，储存与生产火灾危险性类别不同的是（　　）。

A. 铝粉　　　　　　　B. 竹藤家具　　　　　　C. 漆布

D. 桐油织物　　　　　E. 谷物面粉

【实践实训】

【实训目的】通过本次实训，掌握生产和储存物品的火灾危险性分类方法。

【实训题目】某仓库储存有铝粉、漆布、谷物面粉、桐油织布、木制家具等危险物品。上述物品中哪些在生产与储存过程中火灾危险性不同？

【模块检测】

选择题

1. 下列储存物品中，属于乙类火灾危险性分类的有（   ）。

    A. 煤油　　　　　　　B. 乙烯　　　　　　　　C. 油布

    D. 赤磷　　　　　　　E. 硝酸铜

2. 某大型食品冷藏库独立建造一个氨制冷机房，该氨制冷机房应确定为（   ）。

    A. 乙类厂房　　　B. 乙类仓库　　　C. 甲类厂房　　　D. 甲类仓库

3. 按照《建筑设计防火规范（2018年版）》GB 50016—2014，我国将生产的火灾危险性分为（   ）。

    A. 四级　　　　　　B. 七种　　　　　　C. 五类　　　　　　D. 四组

4. 仓库的火灾危险性应根据储存物品的火灾危险性及其数量等因素确定，对存储场所进行防火检查时，应检查储存物品的火灾危险类别以及数量和存放方式，某仓库的下列做法中，不符合现行国家消防技术标准的是（   ）。

    A. 同一座仓库同时存放数种物品时，存储过程中采取分区存储

    B. 同一座仓库存放了汽油，机械零件，包装用的木箱，该仓库划分为甲类储存物品仓库

    C. 储存电子元件，采用纸盒与泡沫塑料包装电子元件，包装材料的体积大于电子元件体积的1/2，仓库的火灾危险性划分为丙类

    D. 采用木箱包装的戊类物品，木箱重量大于物品本身重量的1/4，该仓库的火灾危险性划分为丁类

【数字资源】

资源名称	1.1生产物品的火灾危险性分类	1.2存储物品的火灾危险性分类	1.3生产和存储物品火灾危险性的特例
资源类型	视频	视频	视频
资源二维码			

模块 2

建筑分类
与耐火等级

建筑分类、建筑高度、层数、燃烧性能等级以及工业、民用建筑的耐火等级是建筑消防中的重要概念。

建筑高度是指屋面面层到室外地坪的高度，是决定建筑耐火等级和层数划分的关键因素。层数则是指房屋的自然层数，按室内地坪以上计算。燃烧性能等级是衡量建筑材料燃烧性能的指标，分为A级（不燃材料）、B_1级（难燃材料）、B_2级（可燃材料）和B_3级（易燃材料）。

工业、民用建筑的耐火等级则根据建筑构件的燃烧性能和耐火极限来划分，共分为四级，一级最高，四级最低。耐火等级直接影响建筑在火灾中的安全性能，是建筑防火检查中需要重点关注的问题。

通过本模块的学习，使学生了解建筑的不同分类、熟悉建筑材料燃烧性能及分级；掌握建筑构件的燃烧性能和耐火极限的相关知识以及建筑耐火等级要求，掌握对建筑类别和耐火等级开展防火检查的具体内容和方法等。

✦ 项目 3
建筑分类和建筑高度、层数的确定

【学习目标】

知识目标	能力目标	素质目标
了解建筑分类；掌握建筑各组成部分的功能和构造要求；熟悉建筑高度、层数的确定方法；为建筑消防设计、施工和管理提供重要依据	深入理解建筑分类原则，掌握消防知识，准确判断建筑耐火等级，能够针对不同等级制定有效的消防安全策略	培养全面的建筑安全素质，具备扎实的专业知识，高度的责任感和使命感，能够在实践中灵活运用所学知识，确保建筑安全，保障人民生命财产安全

【思维导图】

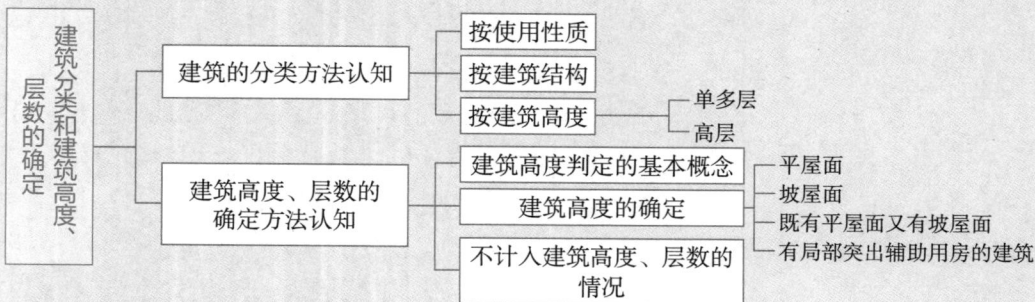

任务3.1　建筑的分类方法认知

【岗位情景模拟】在城市规划、建筑设计、消防安全管理等多个领域，建筑的分类是至关重要的一环。不同的分类标准和方法能够反映建筑的多样性、功能特性及安全要求，为政策制定、资源管理、风险评估等提供基础数据支持。某市消防救援机构对某CBD建筑群进行消防检查，根据图纸发现，建筑高度54m的商住楼3栋；建筑高度35m、每层建筑面积1200m²的商场1栋；建筑高度32m写字楼10栋，建筑高度25m的门诊楼和住院部各1栋、建筑高度27m的图书馆1栋，其内藏书120万册；建筑高度120m的写字楼1栋。

【讨论】按消防的要求，请对上述建筑进行分类，并说明理由。

我们通常将供人们学习、工作、生活以及从事生产和各种文化、社会活动的房屋称为"建筑物"，如住宅、学校、影剧院等；而人们不在其中生产、生活的建筑，则叫"构筑物"，如水塔、烟囱、堤坝等。

建筑分类方式：

1. 按使用性质可分为民用建筑（如公共建筑和住宅建筑），工业建筑（如厂房和仓库）以及农业建筑（如畜牧饲养场所和粮仓）。

其中，重要公共建筑物，应包括下列内容：

（1）地市级及以上的党政机关办公楼。

（2）设计使用人数或座位数超过1500人（座）的体育馆、会堂、影剧院、娱乐场所、车站、证券交易所等人员密集的公共室内场所。

（3）藏书量超过50万册的图书馆；地市级及以上的文物古迹、博物馆、展览馆、档案馆等建筑物。

（4）省级及以上的银行等金融机构办公楼，省级及以上的广播电视建筑。

（5）设计使用人数超过5000人的露天体育场、露天游泳场和其他露天公众聚会娱乐场所。

（6）使用人数超过500人的中小学校及其他未成年人学校；使用人数超过200人的幼儿园托儿所、残障人员康复设施；150张床位及以上的养老院、医院的门诊楼和住院楼。这些设施有围墙者，从围墙中心线算起；无围墙者，从最近的建筑物算起。

（7）总建筑面积超过20000m²的商店（商场）建筑，商业营业场所的建筑面积超过15000m²的综合楼。

（8）地铁出入口、隧道出入口。

2. 按建筑结构可分为木结构、砖木结构、砖混结构、钢筋混凝土结构、钢结构、钢混结构等。

3. 按建筑高度分类见表3-1-1。

建筑高度分类 表3-1-1

建筑类别		高层建筑		单多层建筑
		一类	二类	
工业建筑		$H>24m$的非单层厂房或仓库（无一二类之分）		1. $H\leq24m$的厂房或仓库 2. $H>24m$的单层厂房或仓库
民用建筑	住宅建筑	$H>54m$的住宅建筑（包括设置商业服务网点的建筑）	$27m<H\leq54m$的住宅建筑（包括设置商业服务网点的建筑）	$H<27m$的住宅建筑（包括设置商业服务网点的建筑）
	公共建筑	1. $H>50m$的公共建筑； 2. 24m以上任一楼层建筑面积大于1000m²的商店、展览、电信、邮政、财贸金融建筑和其他多种功能组合的建筑（综合楼）； 3. 医疗建筑、重要公共建筑、独立建造的老年人照料设施； 4. 省级及以上的广播电视和防灾指挥调度建筑、网局级和省级电力调度建筑； 5. 藏书超过100万册的图书馆、书库	除住宅建筑和一类高层公共建筑外的其他高层民用建筑	1. $H\leq24m$的公共建筑； 2. $H>24m$的单层公共建筑

注：1. 商业服务网点，指设置在住宅建筑的首层或者首层及二层，每个分隔单元建筑面积不大于300m²的商店、邮政所、储蓄所、理发店等小型营业性用房。

2. 老年人照料设施，指现行行业标准《老年人照料设施建筑设计标准》JGJ 450—2018中床位总数（可容纳老年人总数）大于或等于20床（人），为老年人提供集中照料服务的公共建筑，包括老年人全日照料设施和老年人日间照料设施。其他专供老年人使用的、非集中照料的设施或场所，如老年大学、老年活动中心等不属于老年人照料设施。

任务3.2 建筑高度、层数的确定方法认知

【岗位情景模拟】某市住建局对某设计院送审的消防图纸进行会审，在会审中发现，某公共建筑群内一栋建筑的室内地面标高±0.000m，室外地面标高−0.450m，地上6层，局部7层，一～七层为标准层，每层建筑面积1500m²，六层屋面面层标高+21.000m，七层为设备用房，建筑面积350m²，七层屋面层标高+25.000m。

【讨论】作为审核人员，判断该建筑的高度是多少米？确定为多少层？

一、建筑高度判定的基本概念

1. 室内设计地面，指的是建筑物内部空间的地面设计，包括楼层表面的铺筑层（楼面）。

2. 室外设计地面。指的是建筑物外部空间的地面设计，重点关注消防车所在的平面。

3. 室内设计地面和室外设计地面之间的差值就被称为室内外地坪高差。

4. 标高，是标出建筑各部分的相应高度，有以黄海、渤海、珠基等高程体系为基础的，也有以建筑物本身为参照的相对高程。在建筑施工图中，标高是竖向定位的依据，一般以底层室内地面标高为 ± 0.000m，高于它的为正值，低于它的为负值。

二、建筑高度的确定

（一）平屋面

建筑高度=屋面面层标高（不计女儿墙高度）-室外设计地面标高，如图3-2-1所示。

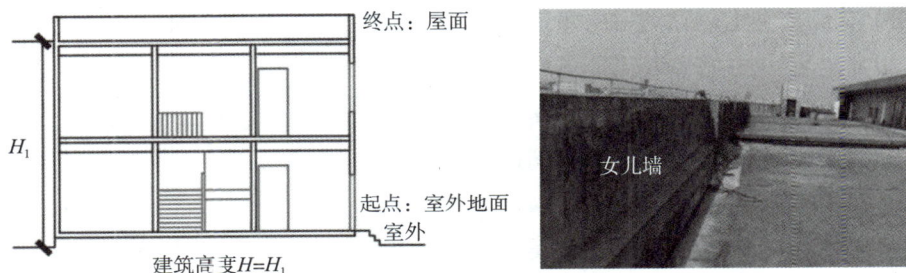

图3-2-1 平屋面建筑高度判定

（二）坡屋面

建筑高度=1/2（屋脊标高-檐口标高）-室外设计地面标高，如图3-2-2所示。

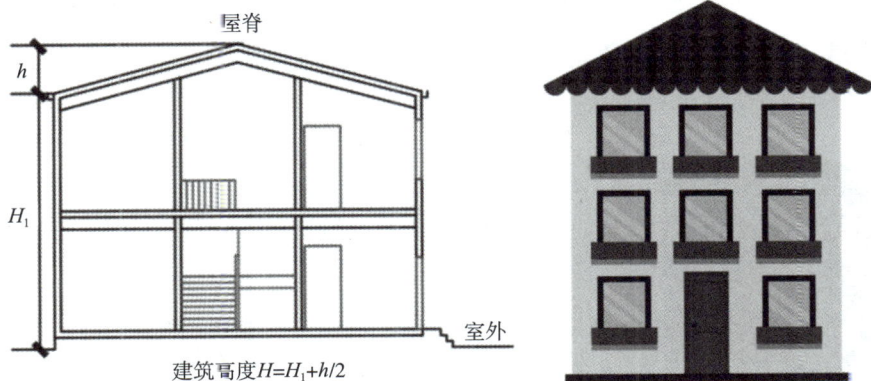

图3-2-2 坡屋面建筑高度判定

（三）既有平屋面又有坡屋面

既有平屋面又有坡屋面按平屋面、坡屋面分别计算后，取其中最大值，如图3-2-3所示。

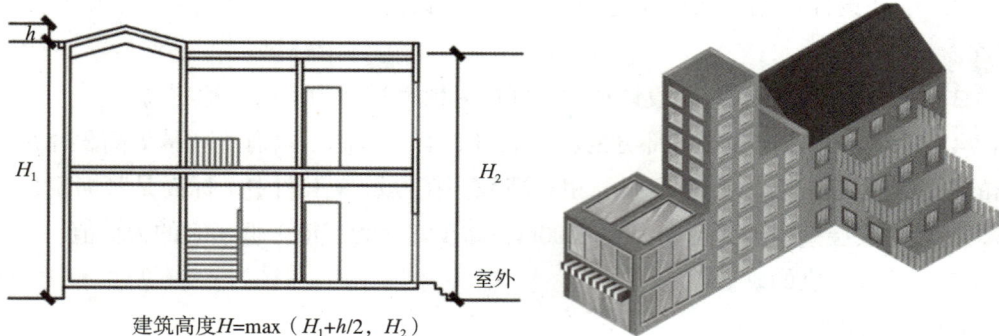

建筑高度$H=\max（H_1+h/2,\ H_2）$

图3-2-3　既有平屋面又有坡屋面建筑高度判定

（四）有局部突出辅助用房的建筑

局部突出屋顶的瞭望塔、冷却塔、水箱间、微波天线间或设施、电梯机房、排风和排烟机房以及楼梯出口小间等辅助用房占屋面面积不大于1/4者，可不计入建筑高度。如图3-2-4所示的屋顶辅助用房。

三、不计入建筑高度的情况

1. 设置在底部且室内高度≤2.2m的自行车库、储藏室、敞开空间，可不计入建筑高度。

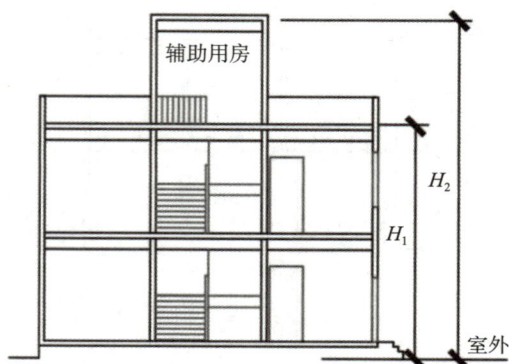

图3-2-4　屋顶辅助用房

2. 室内外高差≤1.5m的部分，可不计入建筑高度。

3. 建筑的地下或半地下室的顶板面高出室外设计地面的高度≤1.5m的部分，可不计入建筑高度，如图3-2-5所示。

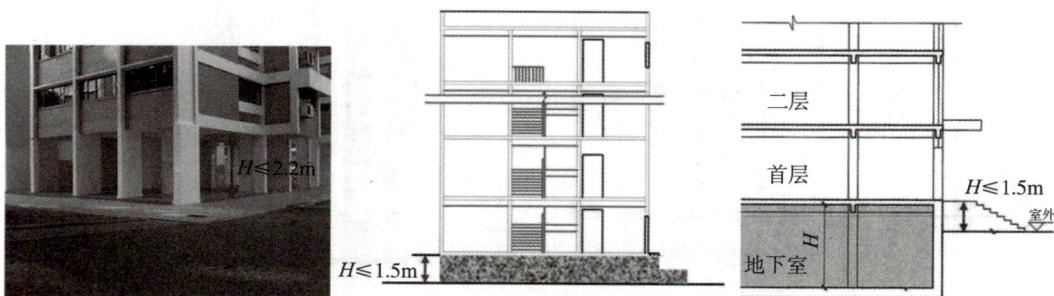

图3-2-5　住宅建筑三种不计入建筑高度的情况

（1）半地下室：房间地面低于室外设计地面的平均高度大于该房间平均净高1/3，且不大于1/2；

（2）地下室：房间地面低于室外设计地面的平均高度大于该房间平均净高1/2，如图3-2-6所示。

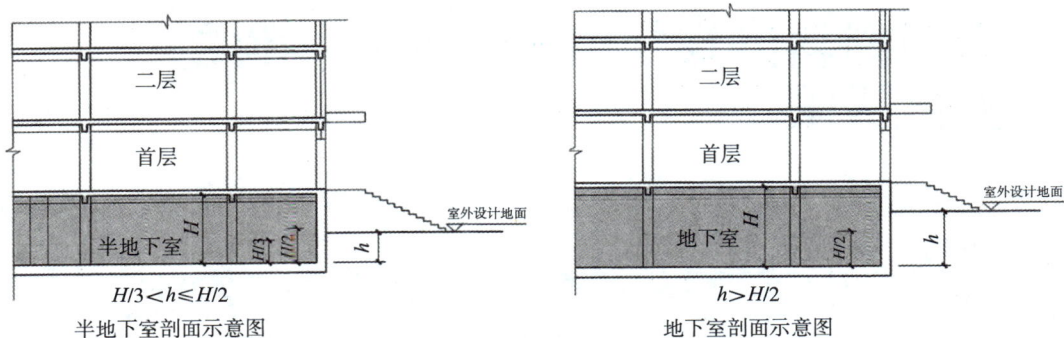

图3-2-6　半地下室（左）、地下室（右）

即学即练3-2-1

　　某大型企业为了改善员工福利，决定在新建的工业园区内建设一栋员工集体宿舍楼。该宿舍楼旨在为员工提供安全、舒适的居住环境，并考虑到员工日常生活的便利性，特别规划了部分楼层作为公共活动空间和设备用房。项目负责人对该建筑设计如下：室内地面标高±0.000m，室外地面标高−0.450m，地上7层，局部8层，一~七层为标准层，每层建筑面积1200m²，七层屋面面层标高+21.000m，八层为设备用房，建筑面积290m²，八层屋面面层标高+25.000m，请判断该建筑类别为（　　）。

A．二类高层住宅建筑　　　　　　　　B．二类高层公共建筑

C．多层住宅建筑　　　　　　　　　　D．多层公共建筑

四、不计入建筑层数的情况

建筑层数按建筑的自然层数确定，自然层数是指按楼板、地板结构分层的楼层数。不计入建筑层数的情况如下：

1. 室内顶板面高出室外设计地面的高度不大于1.5m的地下室、半地下室。

2. 建筑底部设置的室内高度不超过2.2m的自行车库、储藏室、敞开空间。

3. 建筑屋顶上突出的局部设备用房、出屋面的楼梯间等。

项目 4
建筑材料的燃烧性能及建筑构件的耐火极限

【学习目标】

知识目标	能力目标	素质目标
掌握建筑材料、构件的燃烧性能分级（A级~B₃级）及耐火极限概念，了解影响耐火极限的因素	能够准确判断建筑材料、构件的燃烧性能分级，并评估其耐火极限	培养对建筑材料燃烧性能的深刻理解，提升建筑安全设计与管理的综合素养。强化建筑安全意识，深刻理解建筑材料与构件的燃烧性能分级及其耐火极限的重要性，培养学生的社会责任感与安全意识，确保在建筑设计、施工及管理中严格遵守消防规范，保障人民生命财产安全

【思维导图】

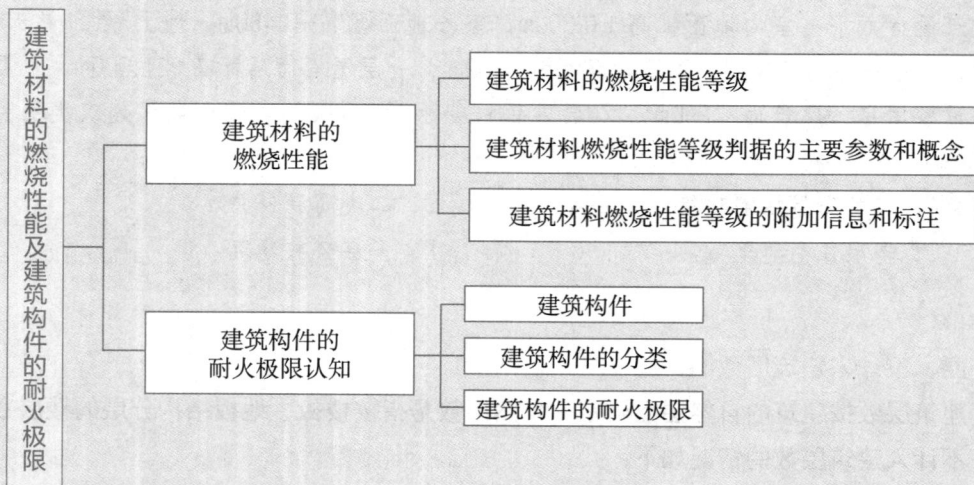

任务4.1　建筑材料的燃烧性能

【岗位情景模拟】某建筑工程施工队的负责人，对一栋建筑高度为53.2m的公共建筑进行装修，其中该建筑的四、五、六层拟做KTV，其吊顶装修选择的材料上标注为GB 8624B$_1$（E-s1、d0、t1）。

【讨论】请根据上述描述解读出该材料的燃烧性能等级并判断是否合格。

一、建筑材料的燃烧性能等级

建筑材料及制品的燃烧性能等级见表4-1-1。

建筑材料及制品的燃烧性能等级　　　　　　　　　　　　　　　表4-1-1

欧盟分级	燃烧性能等级	名称	描述	举例
A$_1$、A$_2$	A	不燃材料	不起火，不微燃，不碳化的材料	钢材、混凝土、砖、石、石膏板等
B、C	B$_1$	难燃材料	难起火，难微燃，火源移走后燃烧或微燃立即停止	水泥刨花板等
D、E	B$_2$	可燃材料	立即起火或微燃，火源移走后仍继续燃烧或微燃	木材、竹子等
F	B$_3$	易燃材料	其他	油漆等

二、建筑材料燃烧性能等级判据的主要参数和概念

1. 材料。单一物质或均匀分布的混合物。

2. 燃烧滴落物/微粒。在燃烧试验过程中，从试样上分离的物质或微粒。

3. 临界热辐射通量。火焰熄灭处的热辐射通量或试验30min时火焰传播到的最远处的热辐射通量。

4. 燃烧增长速率指数（$FIGRA$）。试样燃烧的热释放速率值与其对立时间比值的最大值，用于燃烧性能分级。$FIGRA_{0.2MJ}$是指当试样燃烧释放热量达到0.2MJ时的燃烧增长速率指数。$FIGRA_{0.4MJ}$是者当试样燃烧释放热量达到0.4MJ时的燃烧增长速率指数。

5. THR_{600s}。试验开始后600s内试样的热释放总量（MJ）。

三、建筑材料燃烧性能等级的附加信息和标注

（一）附加信息

建筑材料及制品燃烧性能等级附加信息包括产烟特性、燃烧滴落物/微粒等级和烟气毒性等级。

对于A$_2$级、B级和C级建筑材料及制品，应给出产烟特性等级、燃烧滴落物/微粒等

级（铺地材料除外）、烟气毒性等级。

对于D级建筑材料及制品，应给出产烟特性等级、燃烧滴落物/微粒等级。

建筑材料及制品标注信息种类见表4-1-2。

建筑材料及制品标注信息种类 　　　　　　表4-1-2

建筑材料及制品级别	标注信息种类
A_2 级、B 级和 C 级	s、d（铺地材料除外）、t
D 级建筑材料及制品	s、d

（二）附加信息标注要求

建筑材料及其制品燃烧性能附加信息标注要求如图4-1-1所示。

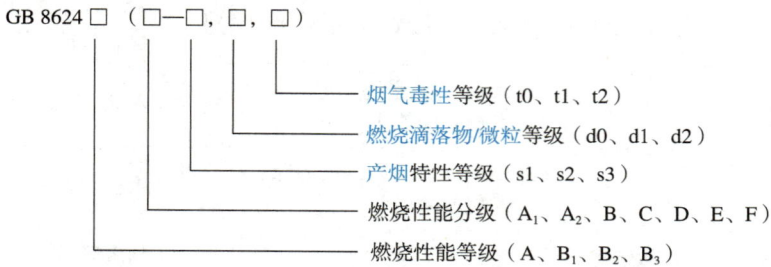

图4-1-1　附加信息标注要求

如GB 8624B_1（B-s1，d0，t1），是指燃烧性能等级为B_1级，分级为B级、产烟特性等级为s1级，燃烧滴落物/微粒等级为d0级，烟气毒性等级为t1级的建筑材料。

1．燃烧滴落物/微粒等级

燃烧滴落物/微粒等级和分级判据见表4-1-3。

燃烧滴落物/微粒等级和分级判据 　　　　　　表4-1-3

燃烧滴落物/微粒等级	试验方法	分级判据
d0		600s 内无燃烧滴落物 / 微粒
d1	GB/T 20284—2006	600s 内燃烧滴落物 / 微粒持续时间不超过 10s
d2		未达到 d1

2．烟气毒性等级

烟气毒性等级和分级判据见表4-1-4。

烟气毒性等级和分级判据 表4-1-4

烟气毒性等级	试验方法	分级判据
t0	GB/T 20285—2006	达到准安全一级 ZA_1
t1		达到准安全三级 ZA_3
t2		未达到准安全三级 ZA_3

📋 即学即练4-1-1

关于建筑材料及制品燃烧性能等级附加信息的说法，错误的是（　　）。

A. 产烟特性等级根据烟气生成速率指数和800s内总烟气生成量确定

B. 燃烧滴落物/微粒等级分为三级

C. B_1级铺地材料可不考虑燃烧滴落物/微粒等级

D. 烟气毒性等级为t0表示该材料达到了准安全一级 ZA_1

任务4.2 建筑构件的耐火极限认知

【岗位情景模拟】在分析不同火灾案例报告时，人们发现，有的案例外墙材料迅速燃烧，导致火势迅速向外蔓延，加剧了恐慌；而有的案例则因为采用了高耐火极限的建筑材料，有效阻止了火势的进一步扩散，为人员疏散赢得了宝贵的时间。

【讨论】作为一个消防人，请讨论，为什么同样面对火灾，不同案例中的建筑反应如此不同，这背后，建筑构件的耐火极限究竟起到了怎样的作用？

一、建筑构件

建筑构件主要包括建筑内的墙、柱、梁、楼板、门、窗等。

二、建筑构件的分类

建筑构件的分类见表4-2-1。

建筑构件分类 表4-2-1

构件分类	描述
不燃性构件	用不燃性材料做成的构件
难燃性构件	1. 用难燃性材料做成的构件。 2. 用燃烧性材料（可燃）做成而用非燃烧性材料（不燃）做保护层的构件
可燃性构件	用燃烧性材料（可燃）做成的构件

三、建筑构件的耐火极限

耐火极限是指建筑构件按时间–温度标准曲线进行耐火试验，从受到火的作用时起，到失去承载能力/完整性/隔热性时为止的这段时间，用"小时（h）"表示。

1. 承载能力：在一定时间内抵抗垮塌的能力。

2. 耐火完整性：一面受火时，在一定时间内防止火焰和热气穿透或在背火面出现火焰的能力。

3. 耐火隔热性：一面受火时，能在一定时间内其背火面温度不超过规定值的能力。

如图4-2-1所示。

（a）承载能力   （b）耐火完整性   （c）耐火隔热性

图4-2-1　耐火极限

📋 **即学即练4-2-1**

在一个模拟城市消防安全实验室内，研究人员正在进行一系列的建筑材料耐火性能测试。本次试验目的是测试一种新型墙体的耐火极限。试验开始，高温炉逐渐升温，对墙体样品进行加热。随着时间的推移，墙体开始出现各种变化：受火作用至0.50h时，墙体的粉刷层开始脱落；受火作用至1.00h时，背火面的温度超过了预定的安全限值；受火作用至1.20h时，墙体表面出现了穿透裂缝；在受火作用至1.50h时，墙体因无法承受高温和内部应力的双重作用而开始垮塌。该墙体的耐火极限是（　　）h。

A. 1.00   B. 0.50   C. 1.20   D. 1.50

✖ 项目 5
建筑耐火等级

【学习目标】

知识目标	能力目标	素质目标
掌握建筑耐火等级的分类标准（一、二、三、四级），理解各等级对建筑构件燃烧性能和耐火极限的具体要求	能够准确判断建筑耐火等级，根据要求设计建筑构件，确保其燃烧性能和耐火极限达标，提升建筑整体防火能力	培养学生严谨的防火安全意识，深入理解建筑耐火等级要求，确保建筑设计与施工遵循高标准，提升建筑安全性能与公众安全保障。通过学习建筑耐火等级要求，增强学生的安全责任意识和法治观念，引导其在建筑设计中遵循规范，确保建筑安全，维护社会公共安全与稳定，体现专业素养与社会责任的结合

【思维导图】

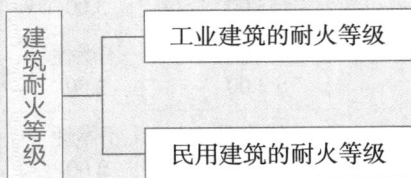

任务5.1　工业建筑的耐火等级

【岗位情景模拟】消防救援机构监督检查人员对某厂房进行消防检查，该厂房有1栋高度25m的丙类厂房；1栋高度10m，生产乙醇的厂房；1栋建筑高度21m的办公楼和1栋汽车装配车间等。

【讨论】如果你是消防监督检查人员，如何根据不同厂房类型对建筑的耐火等级进行划分。

1. 建筑耐火等级是由组成建筑物的墙、柱、楼板、屋顶承重构件等主要构件的燃烧性能和耐火极限决定的，共分为四级。厂房和仓库的耐火等级见表5-1-1。

厂房和仓库的耐火等级（单位：h）　　　　　　　　　　　表5-1-1

构件名称			耐火等级			
			一级	二级	三级	四级
墙		防火墙	不燃性 3.00	不燃性 3.00	不燃性 3.00	不燃性 3.00
		承重墙	不燃性 3.00	不燃性 2.50	不燃性 2.00	难燃性 0.50
		楼梯间、前室的墙、电梯井的墙	不燃性 2.00	不燃性 2.00	不燃性 1.50	难燃性 0.50
		疏散走道两侧的隔墙	不燃性 1.00	不燃性 1.00	不燃性 0.50	难燃性 0.25
		非承重外墙房间隔墙	不燃性 0.75	不燃性 0.50	难燃性 0.50	难燃性 0.25
柱			不燃性 3.00	不燃性 2.50	不燃性 2.00	难燃性 0.50
梁			不燃性 2.00	不燃性 1.50	不燃性 1.00	难燃性 0.50
楼板			不燃性 1.50	不燃性 1.00	不燃性 0.75	难燃性 0.50
屋顶承重构件			不燃性 1.50	不燃性 1.00	难燃性 0.50	可燃性
疏散楼梯			不燃性 1.50	不燃性 1.00	不燃性 0.75	可燃性
吊顶（包括吊顶搁栅）			不燃性 0.25	难燃性 0.25	难燃性 0.15	可燃性

2．部分厂房仓库的最低耐火等级要求见表5-1-2。

部分厂房仓库的最低耐火等级要求　　　　　表5-1-2

名称	最低耐火等级	可采用三级耐火等级的建筑
高层厂房	二级	—
使用或产生丙类液体的厂房和有火花、炽热表面、明火的丁类厂房		建筑面积不大于500m²的单层丙类厂房或建筑面积不大于1000m²的单层丁类厂房
使用或储存特殊贵重的机器、仪表、仪器等设备或物品的建筑		
锅炉房		燃煤锅炉房且锅炉的总蒸发量不大于4t/h；或热水锅炉总额定热功率小于或等于2.8MW时
油浸变压器室、高压配电装置室		—

3．地下、半地下建筑（室）的耐火等级应为一级。

4．下列工业建筑的耐火等级应为一级：

（1）建筑高度＞50m的高层厂房；

（2）建筑高度＞32m的高层丙类仓库，储存可燃液体的多层丙类仓库，每个防火分隔间建筑面积大于3000m²的其他多层丙类仓库；

（3）Ⅰ类飞机库。

5．甲、乙类厂房和甲、乙、丙类仓库内的防火墙，其耐火极限不应低于4.00h。

6．一、二级耐火等级单层厂房（仓库）的柱，其耐火极限分别不应低于2.50h和2.00h。

7．采用自动喷水灭火系统安全保护的一级耐火等级单、多层厂房（仓库）的屋顶承重构件，其耐火极限不应低于1.00h。

8．二级耐火等级厂房（仓库）内的房间隔墙，当采用难燃性墙体时，其耐火极限应提高0.25h（变为难燃0.75h）。

9．二级耐火等级多层厂房和多层仓库内采用预应力钢筋混凝土的楼板，其耐火极限不应低于0.75h。

10．一、二级耐火等级厂房（仓库）的上人平屋顶，其屋面板的耐火极限分别不应低于1.50h和1.00h。

📘 即学即练5-1-1

某企业计划建设一栋三层高的丙类厂房，用于生产木材。该厂房被设计为耐火等级一级，以符合工业园区内对安全生产的严格要求。为了确保厂房的安全性和合规性，企业聘请了一家专业的消防安全咨询公司进行全面的设计与审查工作。该公司负责最终的消防安全审查，并对照规范中的相关规定进行比对得到如下结果，该厂房建筑构件耐火极限不满足要求的是（　　　）。

A．支撑二层楼板的梁1.50h   B．承重柱3.00h

C．上人平屋面板1.50h   D．二层楼板1.50h

任务5.2　民用建筑的耐火等级

【岗位情景模拟】消防救援机构监督检查人员对某KTV建筑进行消防检查，该建筑地上4层，地下1层，建筑屋面为坡屋面，建筑室外设计地面至其檐口的高度为20m，室外设计地面至其屋脊的高度为24m，根据图纸判断，该建筑为三级耐火等级建筑。

【讨论】如果你是消防监督检查人员，判断其是否合格，如何改正？

1. 民用建筑的耐火等级见表5-2-1。

民用建筑的耐火等级（单位：h）　　　　　　　　　　表5-2-1

构件名称		耐火等级			
		一级	二级	三级	四级
墙	防火墙	不燃性 3.00	不燃性 3.00	不燃性 3.00	不燃性 3.00
	承重墙	不燃性 3.00	不燃性 2.50	不燃性 2.00	难燃性 0.50
	楼梯间、前室的墙、电梯井的墙、住宅建筑单元之间的墙和分户墙	不燃性 2.00	不燃性 2.00	不燃性 1.50	难燃性 0.50
	疏散走道两侧的隔墙	不燃性 1.00	不燃性 1.00	不燃性 0.50	难燃性 0.25
	非承重外墙	不燃性 1.00	不燃性 1.00	难燃性 0.50	可燃性
	房间隔墙	不燃性 0.75	不燃性 0.50	难燃性 0.50	难燃性 0.25
柱		不燃性 3.00	不燃性 2.50	不燃性 2.00	难燃性 0.50

续表

构件名称	耐火等级			
	一级	二级	三级	四级
梁	不燃性 2.00	不燃性 1.50	不燃性 1.00	难燃性 0.50
楼板	不燃性 1.50	不燃性 1.00	不燃性 0.50	可燃性
屋顶承重构件	不燃性 1.50	不燃性 1.00	难燃性 0.50	可燃性
疏散楼梯	不燃性 1.50	不燃性 1.00	不燃性 0.50	可燃性
吊顶（包括吊顶搁栅）	不燃性 0.25	难燃性 0.25	难燃性 0.15	可燃性

2. 部分民用建筑最低耐火等级的规定见表5-2-2。

部分民用建筑最低耐火等级的规定　　　　表5-2-2

民用建筑最低耐火等级	代表性建筑类别
一级	1. 一类高层民用建筑； 2. 二层和二层半式、多层式民用机场航站楼； 3. A类广播电影电视建筑； 4. 四级生物安全实验室
二级	1. 二类高层民用建筑； 2. 一层和一层半式民用机场航站楼； 3. 总建筑面积大于1500m²的单、多层人员密集场所； 4. B类广播电影电视建筑； 5. 一级普通消防站、二级普通消防站、特勤消防站、战勤保障消防站； 6. 设置洁净手术部的建筑，三级生物安全实验室； 7. 用于灾时避难的建筑
三级	1. 医疗建筑、老年人照料设施、教学建筑； 2. 城市和镇中心区内的民用建筑

3. 地下、半地下建筑（室）的耐火等级应为一级。

4. 建筑高度大于100m的民用建筑楼板的耐火极限不应低于2.00h。一级耐火等级民用建筑的上人平屋顶，屋面板的耐火极限不应低于1.50h；二级耐火等级民用建筑的上人平屋顶，屋面板的耐火极限不应低于1.00h。

📋 即学即练5-2-1

　　在城市中心区域，一座新建的现代化高层建筑即将投入使用。该建筑共30层，包括地上28层和地下2层，总高度达到103m，是集商业与居住为一体的综合性建筑。随着项目接近尾声，李明作为城市消防局的高级工程师，接到了对这座新建建筑进行消防安全最终审查的任务。在检查到建筑构件的耐火极限时，他注意到了以下检查结果，其中不符合现行国家标准的是（　　）。

　　A. 楼板采用不燃材料，耐火极限为1.50h

　　B. 柱采用不燃材料，耐火极限为3.00h

　　C. 梁采用不燃材料，耐火极限为2.00h

　　D. 屋顶承重构件采用不燃材料，耐火极限为1.50h

【实践实训】

　　【实训目的】通过本次实训，掌握建筑在消防中的分类方法、耐火等级要求及耐火极限等方面的知识。

　　【实训题目】李明是某大型建筑设计咨询公司的建筑安全工程师。近期，他承接了一个重要的建筑安全评估项目，目标是对一座即将竣工的高层建筑进行全方位的安全审核，以确保其符合国家及地方关于建筑防火安全的各项标准和规范。某综合楼，设计融合了商业、会议、办公等多种功能，并附带有裙房和地下室，其设计建筑高度为68.0m，总建筑面积为91200m²。标准层的建筑面积为2176m²，每层划分1个防火分区；一～二层为上、下连通的大堂，三层设置会议室和多功能厅，四层以上用于办公；建筑的耐火等级设计为二级，其楼板、梁和柱的耐火极限分别为1.00h、2.00h、3.00h。高层主体建筑附建了三层裙房，并采用防火墙及甲级防火门与高层主体建筑进行分隔；高层主体建筑和裙房的下部设置了三层地下室。

　　1. 请判断该建筑的类别。

　　2. 对该建筑耐火等级做出要求。

　　3. 判断建筑构件的耐火极限的做法有无问题。

【模块检测】

一、单选题

　　1. 某住宅建筑屋面为坡屋面，建筑室外设计地面标高为−0.200m，建筑首层室内地面标高为±0.000m，建筑室外设计地面至檐口、屋脊的高度分别为52.8m、54.4m，该住宅建筑的高度为（ ）m。

    A．52.8   B．53.4   C．53.6   D．53.8

2．建筑高度在24m以上部分任一楼层建筑面积大于（ ）m²的商店、展览、电信、邮政、财贸金融和其他多种功能组合的建筑，为一类高层公共建筑。

    A．1000   B．2000   C．1500   D．500

3．下列关于工业建筑耐火等级的做法中，错误的是（ ）。

    A．地上二层的重油仓库耐火等级为二级

    B．建筑高度32m的高层丙类仓库，耐火等级为二级

    C．高架仓库耐火等级为二级

    D．单层中药仓库耐火等级为二级

二、多选题

1．下列建筑属于一类高层公共建筑的是（ ）。

    A．建筑高度为26m的医技楼

    B．建筑高度为40m的住宅与商场组合建筑，每个楼层建筑面积均为1020m²，商场部分为两层，高度为8m

    C．建筑高度为45m的商店建筑，每个楼层建筑面积均为1500m²

    D．建筑高度为50m的办公建筑，每个楼层建筑面积均为2600m²

    E．建筑高度为40m的公寓建筑

2．某石棉加工厂，共三层，建筑高度15m，二级耐火等级，该建筑所有构件均采用不燃性材料制作，楼板采用预应力钢筋混凝土结构，经测试，获知该建筑部分构件耐火极限如下，则下列设计不符合规范规定的是（ ）。

    A．屋顶承重构件耐火极限为0.75h

    B．吊顶耐火极限为0.10h

    C．非承重外墙耐火极限为0.25h

    D．楼板耐火极限为0.75h

    E．房间隔墙耐火极限为0.25h

【数字资源】

资源名称	2.1.1建筑分类（上）	2.1.2建筑分类（下）	2.2建筑构件的燃烧性能和耐火极限	2.3.1建筑耐火等级要求（上）	2.3.2建筑耐火等级要求（下）
资源类型	视频	视频	视频	视频	视频
资源二维码					

模块 3

总平面布局
和平面布置

总平面布局是根据城乡规划和消防安全要求，结合周围环境、地势条件、主导风向等因素，对建设项目中的各个单体建筑、设施和道路等进行整体规划布置，以确保建筑群满足使用功能、安全要求和环境美观。而平面布置则侧重于建筑内部空间的合理布置，如楼层设置、防火分区、安全疏散等，以减少火灾危害。两者在建筑设计和规划中均占据重要地位，共同保障建筑的安全性和功能性。

　　通过本模块的学习，应了解城乡建筑消防安全布局的一般原则和影响防火间距的主要因素，理解设置防火间距的作用，能根据建筑防火间距布置等技术措施进行总平面布局，掌握防火间距的设置要求以及防火间距不足时的防火技术措施。熟悉总平面布局的检查内容和方法，能区分影响布局的不安全因素，解决总平面布局的消防技术问题。

✖ 项目 6
建筑消防安全布局

【学习目标】

知识目标	能力目标	素质目标
熟悉建筑选址需要考虑的周围环境要求、地势条件要求、考虑主导风向、建筑场地其他要求等。熟悉总平面布局与平面布置的检查内容和方法，掌握总平面布局相关技术要求	能够科学规划建筑消防安全布局，确保消防设施配置有效，提升建筑火灾防控能力	培养建筑场地选择受周围环境影响的意识，树立科学的平面布局能保证消防安全的观念

【思维导图】

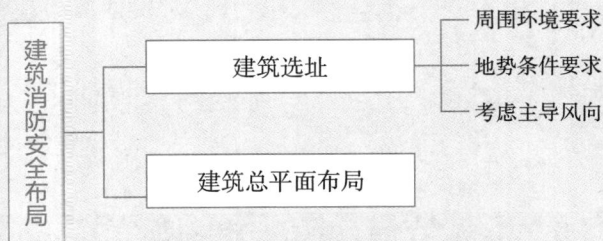

任务6　建筑选址和建筑总平面布局

【岗位情景模拟】某公司准备在A市的新开发区建设一系列加油站，准备请设计院开展总平面布局及平面布置的方案设计，如果你是一家设计院的项目负责人，你会如何开展建筑规划方案设计？

【讨论】请根据公司的要求，你从哪几个方面对加油站的方案进行设计？

建筑的总平面布局应满足城市规划和消防安全的要求。一般要根据建筑物的使用性质、生产经营规模、建筑高度、体量及火灾危险性等，合理确定其建筑位置、防火间距、消防车道和消防水源等。建筑选址需要考虑以下主要条件：

一、建筑选址

1．周围环境

生产、储存和装卸易燃易爆危险物品的工厂、仓库和专用车站、码头，必须设置在城市的边缘或者相对独立的安全地带。

2．地势要求

危险物品布置的地势要求见表6-1。

危险物品布置的地势要求　　　　　　　　　　　　　　　　　表6-1

危险品类型	布置位置
甲、乙、丙类液体的仓库	宜布置在地势较低的地方；布置在地势较高处，应采取防止液体流散措施
乙炔等遇水产生可燃气体	严禁布置在可能被水淹没的地方
生产、储存爆炸物品	多面环山，附近没有建筑的地方

3．风向

风向要求见表6-2。

风向要求　　　　　　　　　　　　　　　　　　　　　　　表6-2

危险品类型	布置位置
散发可燃气体、可燃蒸气和可燃粉尘车间、装置	在本单位或本地区全年最小频率风向的上风侧
液化石油气储罐区	1．在本单位或本地区全年最小频率风向的上风侧； 2．选择通风良好的地点独立设置
易燃材料的露天堆场	1．天然水源充足的地方； 2．宜布置在本单位或本地区全年最小频率风向的上风侧

二、建筑总平面布局

合理进行功能区域划分：

同一企业内，若有不同火灾危险的生产建筑，则应尽量将火灾危险性相同的或相近的建筑集中布置，以利采取防火防爆措施，便于安全管理。

易燃、易爆的工厂、仓库的生产区、储存区内不得修建办公楼、宿舍等民用建筑。

> **即学即练6-1**
>
> 　　某厂为满足生产要求，拟建设一个总储量为3000m³的液化石油气储罐区。该厂所在地区的全年最小频率风向为西北风。在其他条件均满足规范要求的情况下，该储罐区宜布置在厂区的（　　）。
>
> 　　A. 东北侧　　　　B. 西北侧　　　　C. 西南侧　　　　D. 东南侧

项目 7
建筑防火间距

【学习目标】

知识目标	能力目标	素质目标
掌握建筑防火间距的定义、计算方法及影响因素，了解不同类型建筑间的防火间距要求，确保建筑消防安全	能够准确计算并合理设置建筑防火间距，考虑热辐射、风向风速等因素，确保建筑间防火安全，提升火灾防控能力	通过建筑防火间距的学习，增强学生安全意识和社会责任感，树立遵守消防法规、保障社会安全的价值观

【思维导图】

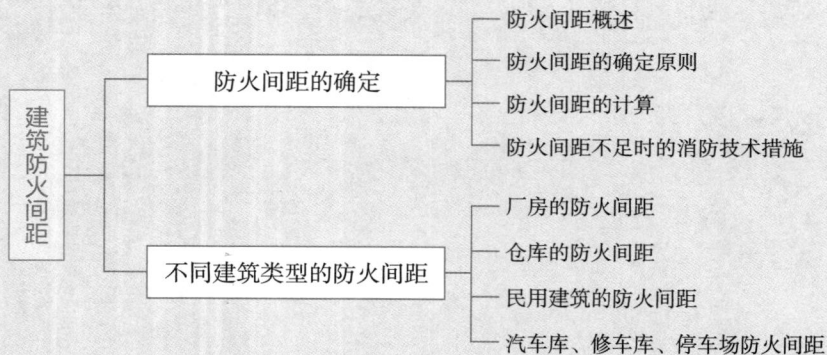

任务7.1　防火间距的确定

【岗位情景模拟】某厂房内有一栋砖木结构的房子，该建筑屋顶采用的是楼板平屋顶结构，东面是二级耐火等级的多层钢筋混凝土平屋面的建筑，南面是屋顶为可燃性有挑檐的建筑，西边是一栋高层建筑，北面是一圆形的油罐。

【讨论】如果你是消防工程技术人员，你如何对它们的间距进行测量？

一、防火间距概述

防火间距是防止着火建筑在一定时间内引燃相邻建筑，便于消防扑救的间隔距离。防火间距是一座建筑物着火后，火灾不会蔓延到相邻建筑物的空间间隔，是针对相邻建筑设置的。

二、防火间距的确定原则

影响防火间距的因素很多，发生火灾时建筑物可能产生的热辐射强度是确定防火间距应考虑的主要因素。热辐射强度与消防扑救力量、火灾延续时间、可燃物的性质和数量、相对开口面积的大小、建筑物的长度和高度以及气象条件等有关，但在实际工程中不可能一一考虑。防火间距主要是根据当前消防扑救力量，并结合火灾实例和消防灭火的实际经验确定的。

1. 防止火灾蔓延

根据火灾发生后产生的辐射热对相邻建筑的影响，一般不考虑飞火、风速等因素。火灾实例表明，一、二级耐火等级的单、多层建筑，保持6～10m的防火间距，在有消防队进行扑救的情况下，一般不会蔓延到相邻建筑物。根据建筑的实际情形，将一级耐火等级、多层建筑之间的防火间距定为6m。三、四级耐火等级的民用建筑因耐火等级低、受热辐射作用易着火而致火势蔓延，所以建筑之间的防火间距在一、二级耐火等级建筑的要求基础上有所增加。

2. 保障灭火救援场地需要

防火间距还应满足消防车的最大工作回转半径和扑救场地的需要，建筑物高度不同，需使用的消防车不同，操作场地也就不同。对单、多层建筑，使用普通消防车即可；而对于高层建筑，则还要使用曲臂、云梯等登高消防车。考虑到扑救高层建筑的需要，为满足消防车通行、停靠、操作的需要，结合实践经验，规定一、二级耐火等级高层建筑之间的防火间距不应小于13m。

3. 节约土地资源

确定建筑之间的防火间距，既要综合考虑防止火灾向邻近建筑蔓延扩大和灭火救援的需要，又要考虑节约用地的因素。如果设定的防火间距过大，就会造成土地资源的浪费。

三、防火间距的计算

1. 防火间距的计算方法

建筑物之间的防火间距应按相邻建筑外墙的最近水平距离计算，当外墙有凸出的可燃或难燃构件时，应从其凸出部分外缘算起，如图7-1-1所示。

2. 计算规定

（1）建筑物与储罐、堆场的防火间距应为建筑外墙至储罐外壁或堆场中相邻堆垛外缘的最近水平距离，如图7-1-2和图7-1-3所示。

图7-1-1　建筑物之间防火间距

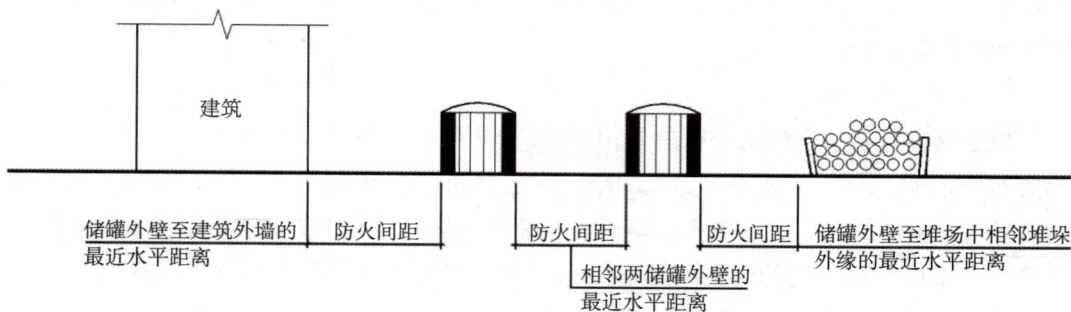

图7-1-2　建筑物与储罐之间防火间距

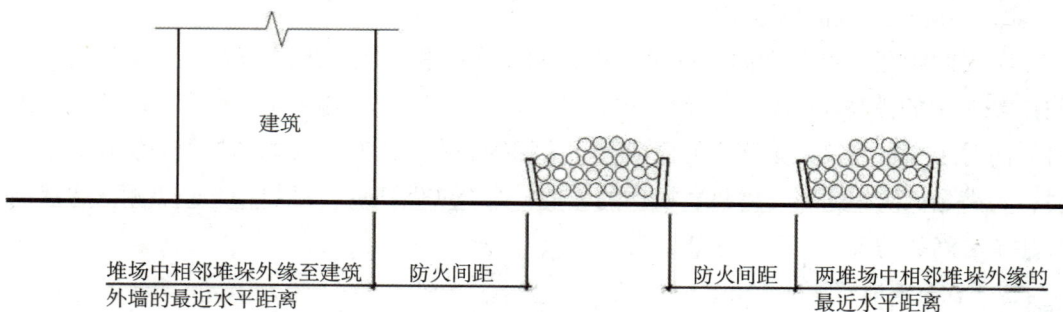

图7-1-3　建筑物与堆场之间防火间距计算

（2）储罐之间的防火间距应为相邻两储罐外壁的最近水平距离。

（3）储罐与堆场的防火间距应为储罐外壁至堆场中相邻堆垛外缘的最近水平距离。

（4）堆场之间的防火间距应为两堆场中相邻堆垛外缘的最近水平距离。

（5）变压器之间的防火间距应为相邻变压器外壁的最近水平距离。变压器与建筑物、储罐或堆场的防火间距，应为变压器外壁至建筑外墙、储罐外壁或相邻堆垛外缘的最近水平距离，如图7-1-4所示。

（6）建筑物、储罐或堆场与道路、铁路的防火间距，应为建筑外墙、储罐外壁或相邻堆垛外缘距道路最近一侧路边或铁路中心线的最小水平距离，如图7-1-5所示。

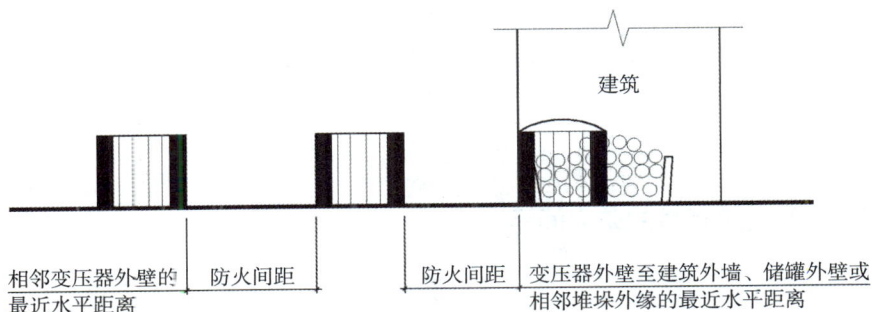

图7-1-4　变压器之间以及与建筑物、储罐或堆场之间防火间距

图7-1-5　建筑物、储罐或堆场与道路、铁路防火间距

四、防火间距不足时的消防技术措施

当防火间距由于场地等原因，难以满足国家有关消防技术规范的要求时，可根据建筑物的实际情况，采取以下几种措施。

1. 改变建筑物的生产和使用性质，尽量降低建筑物的火灾危险性，改变房屋部分结构的耐火性能，提高建筑物的耐火等级。

2. 调整生产厂房的部分工艺流程，限制库房内储存物品的数量，提高部分构件的耐火极限和降低燃烧性能。

3. 将建筑物的普通外墙改造为防火墙或减少相邻建筑的开口面积，如开设门窗，应采用防火门窗或加防火水幕保护。

4. 拆除部分耐火等级低、占地面积小，使用价值低且与新建筑物相邻的原有陈旧建筑物。

5. 设置独立的室外防火墙。在设置防火墙时，应兼顾通风排烟和破拆扑救，切忌盲目设置，顾此失彼。

📋 即学即练7-1-1

某地新建一栋公共建筑，建筑高度为52m，在它的前面有一栋老旧建筑，为一栋多层住宅建筑，建筑的耐火等级为二级，消防救援机构在竣工验收的过程中发现两栋建筑的间距不足，责令建设方进行整改。

请你分析间距不足的原因并列出正确的做法。

任务7.2　不同建筑类型的防火间距

【岗位情景模拟】某木器厂房，2层，建筑高度10m，其东面是一栋耐火等级三级的酚醛泡沫塑料加工厂房，共3层，12m高；南面是某食用油仓库，共5层，20m高，一级耐火等级；西面是某电子厂房，2层，每层5m，耐火等级为二级；北面为某面粉碾磨厂房，耐火等级二级，6层，共25m。

【讨论】假如你是消防救援机构检查人员，你认为它们的间距是多少才符合规范的要求？

一、厂房的防火间距

1. 厂房之间及其与乙、丙、丁、戊类仓库和民用建筑等的防火间距不应小于表7-2-1的规定。

2. 甲类厂房与重要公共建筑、明火或散发火花地点之间的防火间距

甲类厂房与重要公共建筑的防火间距不应小于50m，与明火或散发火花地点的防火间距不应小于30m。

3. 厂房外附设有化学易燃物品设备的防火间距

厂房外附设化学易燃物品的设备时，其室外设备外壁与相邻厂房室外附设设备的外壁或相邻厂房外墙的防火间距，不应小于表7-2-1的规定。用不燃材料制作的室外设备，可按一、二级耐火等级建筑确定。总容量不大于15m³的丙类液体储罐，当直埋于厂房外墙外，且面向储罐一面4.0m范围内的外墙为防火墙时，其防火间距不限。

厂房之间及其与乙、丙、丁、戊类仓库、民用建筑等的防火间距（单位：m）　　表7-2-1

名称		甲类厂房 单层、多层 一、二级	乙类厂房（仓库）单层、多层 一、二级	乙类厂房（仓库）单层、多层 三级	乙类厂房（仓库）高层 一、二级	丙、丁、戊类厂房（仓库）单层、多层 一、二级	丙、丁、戊类厂房（仓库）单层、多层 三级	丙、丁、戊类厂房（仓库）单层、多层 四级	丙、丁、戊类厂房（仓库）高层 一、二级	民用建筑 裙房、单层、多层 一、二级	民用建筑 裙房、单层、多层 三级	民用建筑 裙房、单层、多层 四级	民用建筑 高层 一类	民用建筑 高层 二类
甲类厂房	单层、多层 一、二级	12	12	14	13	12	14	16	13	25	25	25	50	50
乙类厂房	单层、多层 一、二级	12	10	12	13	10	12	14	13					
	单层、多层 三级	14	12	14	15	12	14	16	15					
	高层 一、二级	13	13	15	13	13	15	17	13					
丙类厂房	单、多层 一、二级	12	10	12	13	10	12	14	13	10	12	14	20	15
	单、多层 三级	14	12	14	15	12	14	16	15	12	14	16	25	20
	单、多层 四级	16	14	16	17	14	16	18	17	14	16	18	25	20
	高层 一、二级	13	13	15	13	13	15	17	13	13	15	17	20	15
丁、戊类厂房	单、多层 一、二级	12	10	12	13	10	12	14	13	10	12	14	15	13
	单、多层 三级	14	12	14	15	12	14	16	15	12	14	16	18	15
	单、多层 四级	16	14	16	17	14	16	18	17	14	16	18	18	15
	高层 一、二级	13	13	15	13	13	15	17	13	13	15	17	15	13
室外变、配电站 变压器总油量（t）	≥5，≤10	25	25	25	25	12	15	20	12	15	20	25	20	20
	>10，≤50					15	20	25	15	20	25	30	25	25
	>50					20	25	30	20	25	30	35	30	30

4. 厂区围墙与厂区内建筑之间的防火间距

厂区围墙与厂区内建筑的间距不宜小于5m，围墙两侧建筑的间距应满足相应建筑的防火间距要求。

5. 同一座U形或山形厂房中相邻两翼之间的防火间距

同一座U形或山形厂房中相邻两翼之间的防火间距不宜小于《建筑设计防火规范（2018年版）》GB 50016—2014的规定，但当厂房的占地面积小于该规范规定的每个防火分区最大允许建筑面积时，其防火间距可为6m。

二、仓库的防火间距

仓库的防火间距是指在仓库内部或与其他建筑物之间设置的安全距离，以防止火灾蔓延和减少损失。这个间距的设置通常受到建筑法规、消防规范以及具体的仓库设计要求的影响。

甲类仓库与高层民用建筑和设置人员密集场所的民用建筑的防火间距不应小于50m，甲类仓库之间的防火间距不应小于20m。

除乙类第5项、第6项物品仓库外，乙类仓库与高层民用建筑和设置人员密集场所的其他民用建筑的防火间距不应小于50m。

飞机库与甲类仓库的防火间距不应小于20m。飞机库与喷漆机库贴邻建造时，应采用防火墙分隔。

甲类仓库之间及其与其他建筑、明火或散发火花地点、铁路、道路等的防火间距：

甲类仓库之间及其与其他建筑、明火或散发火花地点、铁路、道路等的防火间距不应小于表7-2-2的规定，设置装卸站台的甲类仓库与厂内铁路装卸线的防火间距可不受限制。

甲类仓库之间及其与其他建筑、明火或散发火花地点、
铁路、道路等的防火间距（单位：m）   表7-2-2

名称		甲类仓库（储量，t）			
		甲类储存物品第3、4项		甲类储存物品第1、2、5、6项	
		≤5	>5	≤10	>10
高层民用建筑、重要公共建筑		50			
裙房、其他民用建筑、明火或散发火花地点		30	40	25	30
甲类仓库		20	20	20	20
厂房和乙、丙、丁、戊类仓库	一、二级	15	20	12	15
	三级	20	25	15	20
	四级	25	30	20	25

续表

名称		甲类仓库（储量，t）			
		甲类储存物品第3、4项		甲类储存物品第1、2、5、6项	
		≤5	>5	≤10	>10
电力系统电压为35~500kV且每台变压器容量不小于10MV·A的室外变、配电站，工业企业的变压器总油量大于5t的室外降压变电站		30	40	25	30
厂外铁路线中心线		40			
厂内铁路线中心线		30			
厂内道路路边		20			
厂外道路路边	主要	10			
	次要	5			

注：1. 甲类仓库之间的防火间距，当第3、4项物品储量不大于2t，第1、2、5、6项物品储量不大于5t时，不应小于12m。甲类仓库与高层仓库的防火间距不应小于13m。
　　2. 乙、丙、丁、戊类仓库之间及其与民用建筑之间的防火间距，不应小于表7-2-3的规定。
　　3. 飞机库与甲类仓库的防火间距不应小于20m。飞机库与喷漆机库贴邻建造时，应采用防火墙分隔。

乙、丙、丁、戊类仓库之间及其与民用建筑之间的防火间距（单位：m）　　表7-2-3

名称			乙类仓库			丙类仓库				丁、戊类仓库			
			单、多层		高层	单、多层			高层	单、多层			高层
			一、二级	三级	一、二级	一、二级	三级	四级	一、二级	一、二级	三级	四级	一、二级
乙、丙、丁、戊类仓库	单、多层	一、二级	10	12	13	10	12	14	13	10	12	14	13
		三级	12	14	15	12	14	16	15	12	14	16	15
		四级	14	16	17	14	16	18	17	14	16	18	17
	高层	一、二级	13	15	13	13	15	17	13	13	15	17	13
民用建筑	裙房、单、多层	一、二级	25			10	12	14	13	10	12	14	13
		三级				12	14	16	15	12	14	16	15
		四级				14	16	18	17	14	16	18	17
	高层	一类	50			20	25	25	20	15	18	20	15
		二类				15	20	20	15	13	15	15	13

【知识链接】

（1）单层、多层戊类仓库之间的防火间距，可按表7-2-3减少2m。

（2）两座仓库的相邻外墙均为防火墙时，防火间距可以减小，但丙类仓库不应小于6m；丁、戊类仓库不应小于4m。两座仓库相邻较高一面外墙为防火墙，或相邻两座高度相同的一、二级耐火等级建筑中相邻任一侧外墙为防火墙且屋顶的耐火极限不低于1.00h，且总占地面积不大于《建筑设计防火规范（2018年版）》GB 50016—2014有关一座仓库的最大允许占地面积规定时，其防火间距不限。

（3）除乙类第6项物品外的乙类仓库，与民用建筑之间的防火间距不宜小于25m，与重要公共建筑的防火间距不应小于50m，与铁路、道路等的防火间距不宜小于表7-2-2中甲类仓库与铁路、道路等的防火间距。

三、民用建筑的防火间距

民用建筑之间的防火间距不应小于表7-2-4的规定。一、二级耐火等级民用建筑之间的防火间距，如图7-2-1所示。与其他建筑的防火间距，除应符合本节规定外，尚应符合《建筑设计防火规范（2018年版）》GB 50016—2014的有关规定。

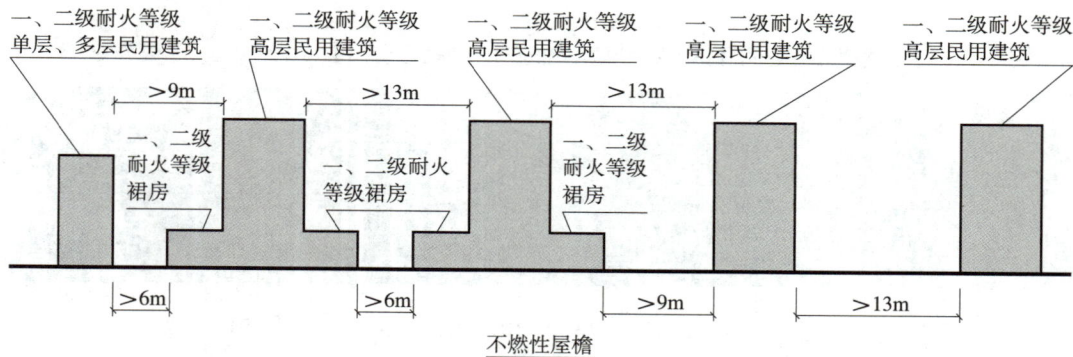

图7-2-1   一、二级耐火等级民用建筑之间的防火间距

（注：三、四级耐火等级民用建筑之间的防火间距应符合表7-2-4民用建筑之间的防火间距的规定）

民用建筑之间的防火间距（m）   表7-2-4

建筑类别		高层民用建筑	裙房和其他民用建筑		
		一、二级	一、二级	三级	四级
高层民用建筑	一、二级	13	9	11	14
裙房和其他民用建筑	一、二级	9	6	7	9
	三级	11	7	8	10
	四级	14	9	10	12

1．相邻两座单、多层建筑。当相邻外墙为不燃性墙体且无外露的可燃性屋檐，每面外墙上无防火保护的门、窗、洞口不正对开设且该门、窗、洞口的面积之和不大于外墙面积的5%时，其防火间距可按表7-2-4的规定减少25%，如图7-2-2所示。

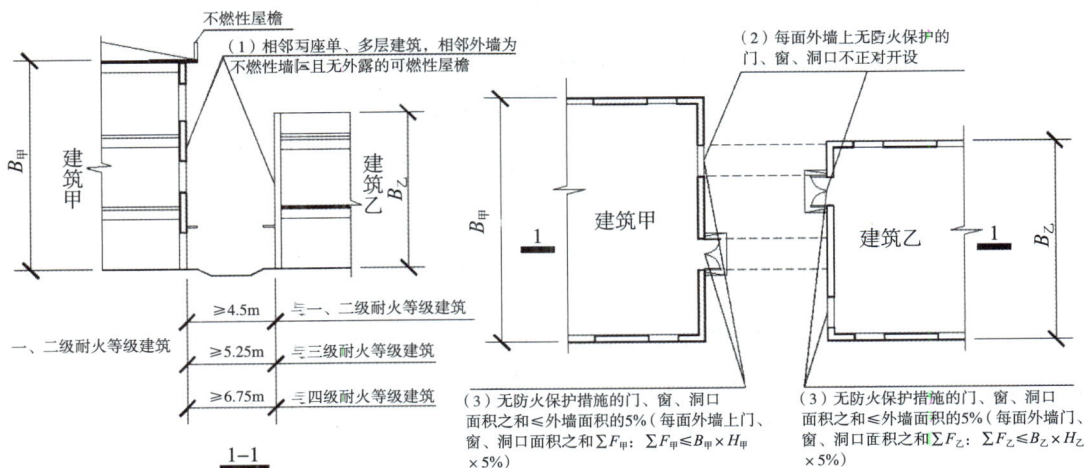

图7-2-2 相邻两座单、多层建筑的防火间距

2．两座建筑相邻较高一面外墙为防火墙，或高出相邻较低一座一、二级耐火等级建筑的屋面15m及以下范围内的外墙为防火墙时，其防火间距不限。

3．相邻两座高度相同的一、二级耐火等级建筑中相邻任一侧外墙为防火墙，屋顶的耐火极限不低于1.00h时，其防火间距不限。

4．相邻两座建筑中较低一座建筑的耐火等级不低于二级，相邻较低一面外墙为防火墙且屋顶无天窗，屋顶的耐火极限不低于1.00h时，其防火间距不应小于3.5m；对于高层建筑，不应小于4.0m。

5．相邻两座建筑中较低一座建筑的耐火等级不低于二级且屋顶无天窗。相邻较高一面外墙高出较低一座建筑的屋面15m及以下范围内的开口部位设置甲级防火门、窗，或设置符合《自动喷水灭火系统设计规范》GB 50084—2017规定的防火分隔水幕或防火卷帘时，其防火间距不应小于3.5m；对于高层建筑，不应小于4m。

6．相邻建筑通过连廊、天桥或底部的建筑物等连接时，其间距不应小于表7-2-4的规定。住宅建筑单元之间凹槽的防火间距如图7-2-3所示。

7．耐火等级低于四级的既有建筑，其耐火等级可按四级确定。低于四层的既有建筑与新建民用建筑防火间距如图7-2-4所示。

8．民用建筑与单独建造的变电站的防火间距应符合有关室外变、配电站的规定，但与单独建造的终端变电站的防火间距，可根据变电站的耐火等级按有关民用建筑的规定确定。

民用建筑与10kV及以下的预装式变电站的防火间距不应小于3m，如图7-2-5所示。

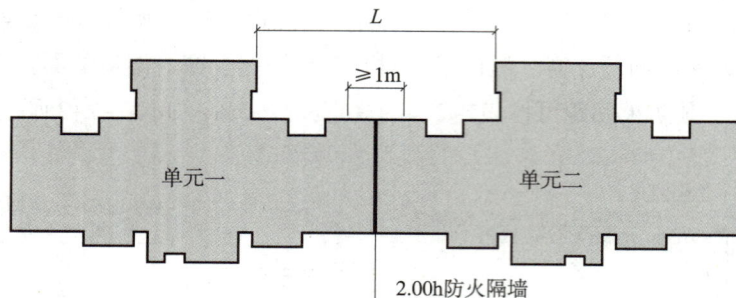

图7-2-3　住宅建筑单元之间凹槽的防火间距

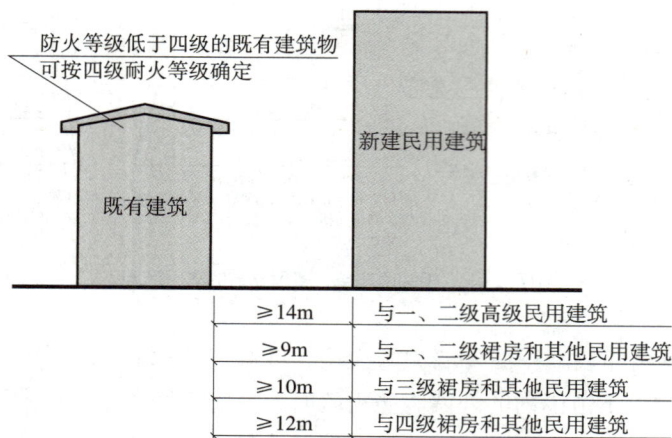

图7-2-4　低于四层的既有建筑与新建民用建筑防火间距

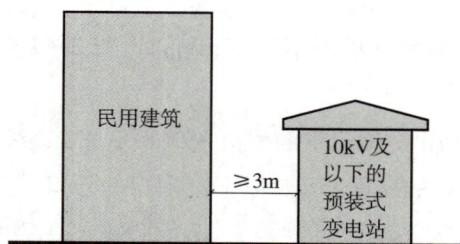

图7-2-5　民用建筑与10kV及以下的预装式变电站的防火间距

9. 民用建筑与燃油、燃气或燃煤锅炉房的防火间距应符合有关丁类厂房的规定，但与单台蒸气锅炉的蒸发量不大于4t/h或单台热水锅炉的额定热功率不大于2.8MW的燃煤锅炉房的防火间距，可根据锅炉房的耐火等级按有关民用建筑的规定确定。

10. 除高层民用建筑外，数座一、二级耐火等级的住宅建筑或办公建筑，当建筑物的占地面积总和不大于2500m²时，可成组布置，但组内建筑物之间的间距不宜小于4m。组与组或组与相邻建筑物的防火间距不应小于《建筑设计防火规范（2018年版）》GB 50016—2014的有关规定（图7-2-6）。

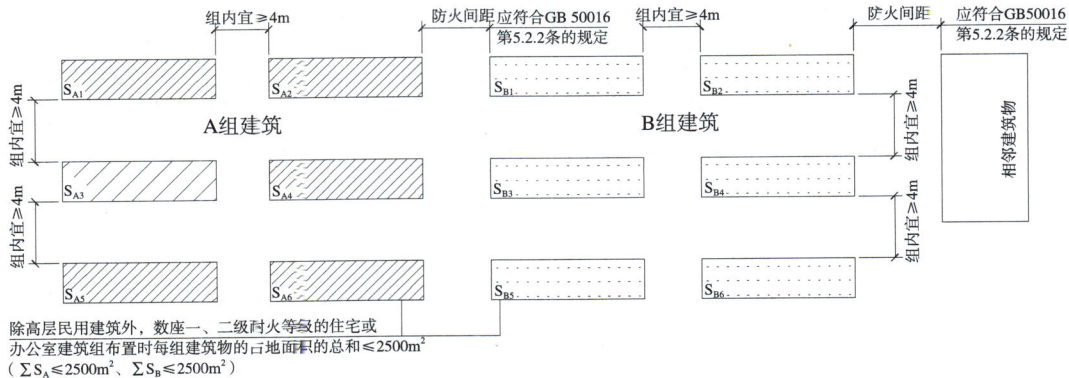

图7-2-6　平面示意图

（注：S_{A1}、S_{A2}……为A组单栋建筑占地面积。S_{B1}、S_{B2}……为B组单栋建筑占地面积）

11. 民用建筑与燃气调压站、液化石油气气化站或燃气站、城市液化石油气供应站瓶库等的防火间距，应符合《城镇燃气设计规范（2020年版）》GB 50028—2006的规定。

12. 建筑高度大于100m的民用建筑与相邻建筑的防火间距，当符合规范允许减小的条件时，仍不应减小，如图7-2-7所示。

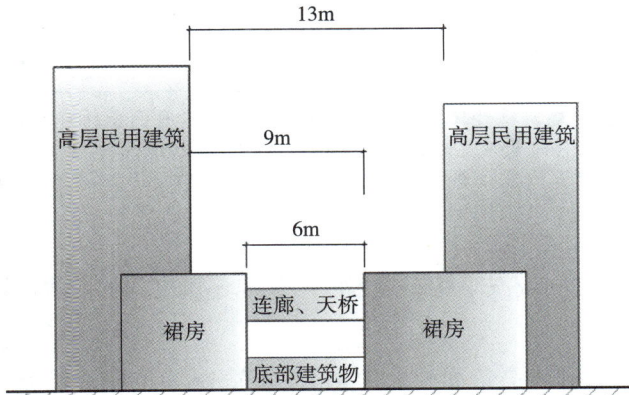

图7-2-7　高层民用建筑防火间距示意图

📋 即学即练7-2-1

某多层砖木结构古建筑，砖墙承重，四坡木结构屋顶，其东侧与一座多层的平屋面钢筋混凝土结构办公楼（外墙上没有凸出结构）相邻。该办公楼相邻侧外墙与该古建筑东侧的基础、外墙面、檐口和屋脊的最近水平距离分别为11.0m、12.0m、10.0m和14.0m。则该办公楼与该古建筑的防火间距应认定为（　　）m。

A. 10.0　　　　　B. 11.0　　　　　C. 12.0　　　　　D. 14.0

四、汽车库、修车库、停车场防火间距

1. 甲、乙类物品运输车的汽车库、修车库、停车场与民用建筑的防火间距不应小于25m，与重要公共建筑的防火间距不应小于50m。甲类物品运输车的汽车库、修车库、停车场与明火或散发火花地点的防火间距不应小于30m，与厂房、仓库的防火间距应按表7-2-5的规定值增加2m。

2. 汽车库、修车库、停车场之间及汽车库、修车库、停车场与除甲类物品仓库外的其他建筑物的防火间距，不应小于表7-2-5的规定。其中，高层汽车库与其他建筑物，汽车库、修车库与高层建筑的防火间距应按表7-2-5的规定值增加3m；汽车库、修车库与甲类厂房的防火间距应按表7-2-5的规定值增加2m。

汽车库、修车库、停车场之间及汽车库、修车库、停车场
与除甲类物品仓库外的其他建筑物的防火间距（m）　　　　表7-2-5

名称和耐火等级	汽车库、修车库		厂房、仓库、民用建筑		
	一、二级	三级	一、二级	三级	四级
一、二级汽车库、修车库	10	12	10	12	14
三级汽车库、修车库	12	14	12	14	16
停车场	6	8	6	8	10

注：1. 防火间距应按相邻建筑物外墙的最近距离算起，如外墙有凸出的可燃物构件时，则应从其凸出部分外缘算起，停车场从靠近建筑物的最近停车位置边缘算起。
　　2. 厂房、仓库的火灾危险性分类应符合《建筑设计防火规范（2018年版）》GB 50016—2014的有关规定。

汽车库、修车库之间或汽车库、修车库与其他建筑之间的防火间距可适当减少，但应符合下列规定：

1. 当两座建筑相邻较高一面外墙为无门、窗、洞口的防火墙或当较高一面外墙比较低一座一、二级耐火等级建筑屋面高15m及以下范围内的外墙为无门、窗、洞口的防火墙时，其防火间距可不限。

2. 当两座建筑相邻较高一面外墙上，同较低建筑等高的以下范围内的墙为无门、窗、洞口的防火墙时，其防火间距可按《汽车库、修车库、停车场设计防火规范》GB 50067—2014中的规定值减小50%。

3. 相邻的两座一、二级耐火等级建筑，当较高一面外墙的耐火极限不低于2.00h，墙上开口部位设置甲级防火门、窗或耐火极限不低于2.00h的防火卷帘、水幕等防火设施时，其防火间距可减小，但不应小于4m。

4. 相邻的两座一、二级耐火等级建筑，当较低一座的屋顶无开口，屋顶的耐火极

限不低于1.00h，且较低一面外墙为防火墙时，其防火间距可减小，但不应小于4m。

5．停车场与相邻的一、二级耐火等级建筑之间，当相邻建筑的外墙为无门、窗、洞口的防火墙，或比停车部位高15m范围以下的外墙均为无门、窗、洞口的防火墙时，防火间距可不限。

汽车库、修车库、停车场与甲类物品仓库的防火间距不应小于表7-2-6的规定。

汽车库、修车库、停车场与甲类物品仓库的防火间距（m）　　　　表7-2-6

名称	总容量（t）	汽车库、修车库	汽车库、修车库		停车场
			一、二级	三级	
甲类物品仓库	3、4项	≤5 >5	15 20	20 25	15 20
	1、2、5、6项	≤10 >10	12 15	15 20	12 15

注：1．甲类物品的分项应符合《建筑设计防火规范（2018年版）》GB 50016—2014的有关规定。
　　2．甲、乙类物品运输车的汽车库、修车库、停车场与甲类物品仓库的防火间距应按本表的规定值增加5m。

汽车库、修车库、停车场与易燃、可燃液体储罐，可燃气体储罐以及液化石油气储罐的防火间距，不应小于表7-2-7的规定。

汽车库、修车库、停车场与易燃、可燃液体储罐、可燃气体储罐

以及液化石油气储罐的防火间距（m）　　　　表7-2-7

名称	总容量（积）（m³）	汽车库、修车库		停车场
		一、二级	三级	
易燃液体储罐	1～50 51～200 201～1000 1001～5000	12 15 20 25	15 20 25 30	12 15 20 25
可燃液体储罐	5～250 251～1000 1001～5000 5001～25000	12 15 20 25	15 20 25 30	12 15 20 25
湿式可燃气体储罐	≤1000 1001～10000 >10000	12 15 20	15 20 25	12 15 20

续表

名称	总容量（积）（m³）	汽车库、修车库		停车场
		一、二级	三级	
液化石油气储罐	1～30	18	20	18
	31～200	20	25	20
	201～500	25	30	25
	＞500	30	40	30

注：1. 防火间距应从距汽车库、修车库、停车场最近的储罐外壁算起，但设有防火堤的储罐，其防火堤外侧基脚线距汽车库、修车库、停车场的距离不应小于10m。

2. 计算易燃、可燃液体储罐区总容量时，1m³的易燃液体按5m³的可燃液体计算。

3. 干式可燃气体储罐与汽车库、修车库、停车场的防火间距，当可燃气体的密度比空气大时，应按本表对湿式可燃气体储罐的规定增加25%；当可燃气体的密度比空气小时，可执行本表对湿式可燃气体储罐的规定。固定容积的可燃气体储罐与汽车库、修车库、停车场的防火间距，不应小于本表对湿式可燃气体储罐的规定。固定容积的可燃气体储罐的总容积按储罐几何容积（m³）和设计储存压力（绝对压力，10⁵Pa）的乘积计算。

4. 容积小于1m³的易燃液体储罐或小于5m³的可燃液体储罐与汽车库、修车库、停车场的防火间距，当采用防火墙隔开时，其防火间距可不限。

5. 停车场的汽车宜分组停放，每组的停车数量不宜大于50辆，组之间的防火间距不应小于6m。屋面停车区域与建筑其他部分或相邻其他建筑物的防火间距，应按地面停车场与建筑的防火间距确定。

📑 即学即练7-2-2

　　关于老旧小区改造项目中的小区停车位是否也需要按照《汽车库、修车库、停车场设计防火规范》GB 50067—2014要求的停车场与建筑物最小防火间距6m来执行呢？

项目 8 建筑平面布置

【学习目标】

知识目标	能力目标	素质目标
掌握建筑平面布置的基本原则,包括功能分区、流线性、空间连通性等,了解不同空间类型的布置要求	具备消防意识的建筑平面布置能力,确保布局符合消防安全规范,有效预防和控制火灾风险,提升建筑整体消防安全性能	在建筑平面布置中融入消防安全意识,培养社会责任感,确保设计符合消防规范,保障人民生命财产安全,体现个人价值与社会责任的统一

【思维导图】

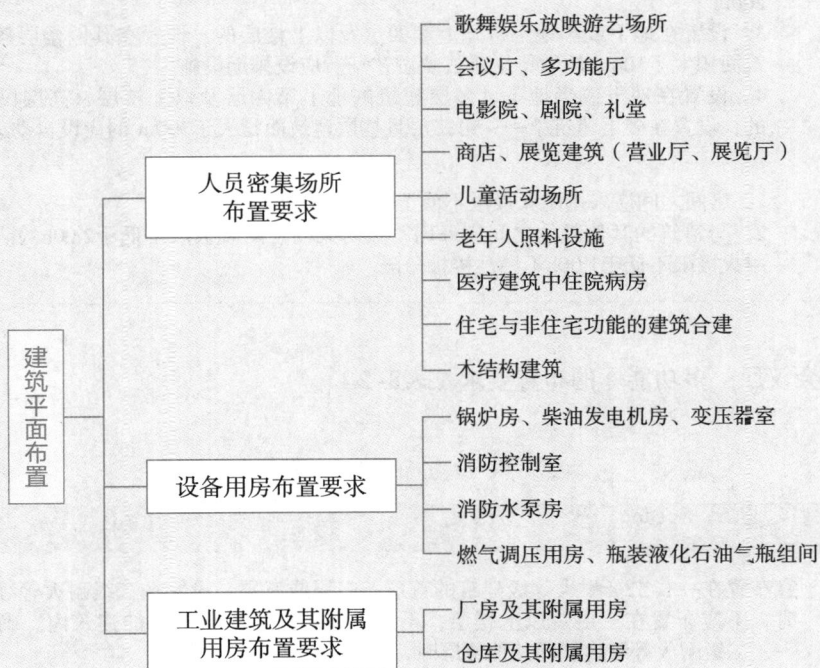

任务8　建筑平面布置要求

【岗位情景模拟】某大型商业综合体建筑，拟在其中设置超市、儿童活动用房、电影院、带歌舞娱乐的餐厅，并设置消防控制室、水泵用房、通风空调机房、柴油机房等设备用房。

【讨论】请你将它们合理进行布局，并且在消防机构检查时能顺利通过。

一、人员密集场所布置要求

（一）歌舞娱乐放映游艺场所布置要求（表8-1）

歌舞娱乐放映游艺场所布置要求　　　　　　　　　　　　　　　表8-1

内容	要求
设置部位	1. 应布置在地下一层及以上且埋深不大于10m的楼层； 2. 当布置在地下一层或地上四层及以上楼层时，每个房间的建筑面积不应大于200m^2； 3. 设置在地下或半地下、地上第四层及以上楼层的，设置在其他楼层且房间总建筑面积大于100m^{2}的歌舞娱乐放映游艺场所应设排烟设施； 4. 设置在地下或半地下、多层建筑的地上第四层及以上楼层、高层民用建筑内的，设置在多层建筑第一～第三层且楼层建筑面积大于300m^{2}的应设自动灭火系统
防火分隔	1. 房间之间应采用耐火极限不低于2.00h的防火隔墙； 2. 与建筑的其他部位之间应采用乙级防火门、耐火极限不低于2.00h的防火隔墙和耐火极限不低于1.00h不燃性楼板分隔

（二）会议厅、多功能厅的布置要求（表8-2）

会议厅、多功能厅的布置要求　　　　　　　　　　　　　　　表8-2

内容	要求
设置部位	宜布置在一、二级耐火等级建筑的首层、二层或三层。设置在三级耐火等级的建筑内时，不应布置在三层及以上楼层，不应设置在四级耐火等级的建筑内。确需布置在一、二级耐火等级建筑的其他楼层时，应符合下列规定： 1. 一个厅、室的疏散门不应少于2个，且建筑面积不宜大于400m^2； 2. 设置在地下或半地下时，宜设置在地下一层，不应设置在地下三层及以下楼层； 3. 设置在高层建筑内时，应设置火灾自动报警系统及自动喷水灭火系统等自动灭火系统

（三）电影院、剧院、礼堂的布置要求（表8-3）

电影院、剧院、礼堂的布置要求　　　　　　　　　表8-3

内容	要求
设置部位	宜设置在独立建筑内，采用三级耐火等级建筑时，不应超过2层； 附设在一、二级耐火等级的建筑内时，观众厅宜布置在首层、二层或三层；设置在三级耐火等级的建筑内时，不得布置在三层及以上楼层（不应布置在四级耐火等级建筑）； 设置在高层建筑内时，应设置火灾自动报警系统及自动喷水灭火系统等自动灭火系统； 设置在地下或地下时，宜设置在地下一层、不应设置在地下三层及以下楼层
观众厅	设置在四层及以上楼层时，每个观众厅的建筑面积不宜大于400m²，且一个厅、室的疏散门不应少于2个
防火分隔	设置在其他民用建筑内，至少设置1个独立的安全出口和疏散楼梯，并采用耐火极限不低于2.00h的防火隔墙和甲级防火门分隔

（四）商店、展览建筑（营业厅、展览厅）的布置要求（表8-4）

商店、展览建筑（营业厅、展览厅）的布置要求　　　　　　表8-4

内容	要求
设置部位	对于一、二级耐火等级建筑，应布置在地下二层及以上的楼层
	对于三级耐火等级建筑、应布置在首层或二层
	对于四级耐火等级建筑，应布置在首层
商品种类	民用建筑内不应设置经营、存放或使用甲、乙类火灾危险性物品的商店、作坊或储藏间等。民用建筑内除可设置为满足建筑使用功能的附属库房外，不应设置生产场所或其他库房，不应与工业建筑组合建造
防火分隔	总建筑面积大于20000m²的地下或半地下商店，应分隔为多个建筑面积不大于20000m²的区域且防火分隔措施应可靠、有效

（五）儿童活动场所的布置要求（表8-5）

儿童活动场所的布置要求　　　　　　　　　　表8-5

内容	要求
设置部位	不应设置在地下、半地下； 设在一、二级耐火等级建筑的首层、二层、三层； 设在三级耐火等级的建筑的首层、二层； 设在四级耐火等级建筑的首层

续表

内容	要求
安全出口	每个防火分区或一个防火分区的每个楼层的安全出口不应少于2个； 设置在高层建筑内时，应设置独立的安全出口和疏散楼梯
防火分隔	采用耐火等级不低于2.00h的防火隔墙和1.00h的楼板隔开，墙上开设的门窗应为乙级防火门、窗

（六）老年人照料设施的布置要求（表8-6）

老年人照料设施的布置要求　　　　　　　表8-6

内容	要求
设置部位	1. 对于一、二级耐火等级建筑，不应布置在楼地面设计标高大于54m的楼层上； 2. 对于三级耐火等级建筑，应布置在首层及二层； 3. 居室和休息室不应布置在地下或半地下； 4. 老年人公共活动用房，康复与医疗用房应设置在地下一层及以上楼层，当设置在半地下或地下一层、地上四层及以上楼层时，每间用房的面积不应大于200m²且人数不应大于30人
防火分隔	应采用耐火极限不低于2.00h的防火隔墙和1.00h的楼板分隔，墙上开设的门、窗应为乙级防火门窗

（七）医疗建筑中住院病房的布置要求（表8-7）

医疗建筑中住院病房的布置要求　　　　　　　表8-7

内容	要求
设置部位	不应设置在地下、半地下； 对于三级耐火等级建筑，应布置在首层或二层
防火分隔	相邻护理单元之间应采用耐火极限不低于2.00h的防火隔墙分隔，隔墙上的门应为甲级防火门，设置走道上的防火门应采用常开防火门

（八）住宅与非住宅功能的建筑合建的布置要求（表8-8）

住宅与非住宅功能的建筑合建的布置要求　　　　　　　表8-8

建筑类型	要求
住宅与非住宅功能合建	1. 除汽车库的疏散出口外，住宅部分与非住宅部分之间应采用耐火极限不低于2.00h且无开口的防火隔墙和耐火极限不低于2.00h的不燃性楼板完全分隔； 2. 住宅部分与非住宅部分的安全出口和疏散楼梯应分别独立设置； 3. 为住宅服务的地上车库应设置独立的安全出口或疏散楼梯

续表

建筑类型	要求
住宅与商业设施合建的建筑按照住宅建筑的防火要求建造的	1. 商业设施中每个独立单元之间应采用耐火极限不低于2.00h且无开口的防火隔墙分隔； 2. 每个独立单元的层数不应大于2层，且2层的总建筑面积不应大于300m²；每个独立单元中建筑面积大于200m²的任一楼层均应设置至少2个疏散出口

（九）木结构建筑的布置要求

1. Ⅰ级木结构建筑中的下列场所应布置在首层、二层或三层：

（1）商店营业厅、公共展览厅等；

（2）儿童活动场所、老年人照料设施；

（3）医疗建筑中的住院病房；

（4）歌舞娱乐放映游艺场所。

2. Ⅱ级木结构建筑中的下列场所应布置在首层或二层：

（1）商店营业厅、公共展览厅等；

（2）儿童活动场所、老年人照料设施；

（3）医疗建筑中的住院病房。

3. Ⅲ级木结构建筑中的下列场所应布置在首层：

（1）商店营业厅、公共展览厅等；

（2）儿童活动场所。

二、设备用房布置要求

（一）锅炉房、柴油发电机房、变压器室布置要求（表8-9）

锅炉房、柴油发电机房、变压器室布置要求　　表8-9

内容	要求
设置部位	单独建造：宜设置在建筑外的专用房间内；确需贴邻民用建筑布置时，应采用防火墙分隔，且不应贴邻人员密集场所，该专用房间（锅炉房）的耐火等级不应低于二级
	附设在建筑内，当位于人员密集的场所的上一层、下一层或贴邻时，应采取防止设备用房的爆炸作用危及上一层、下一层或相邻场所的措施
防火分隔	应采用耐火极限不低于2.00h的防火隔墙和耐火极限不低于1.50h的不燃性楼板分隔。确需在隔墙上开设门、窗，应采用甲级防火门、窗；变压器室之间、变压器室与配电室之间应设置耐火极限不低于2.00h的防火隔墙
疏散门	应直通室外或安全出口

续表

内容	要求
柴油发电机房 锅炉房 储油间	建筑内单间储油间的燃油存量不应大于$1m^3$，且储油间应采用耐火极限不低于3.00h的防火隔墙与发电机间、锅炉间分隔；确需在防火隔墙上设置门时，应采用甲级防火门。储油间的通气管应设置带阻火器的呼吸阀，油箱的通气管设置应满足防火要求，油箱的下部应设置防止油品流散的设施
燃油、燃气供给 管道	在进入建筑物前和设备间上均应设置具有自动和手动关闭功能的切断阀
锅炉房 储油罐	当设置中间罐时，中间罐的容量不应大于$1m^3$，并应设置在一、二级耐火等级的单独房间时，房间门采用甲级防火门
变压器容量	油浸变压器的总容量不应大于$1260kV \cdot A$，单台容量不应大于$630kV \cdot A$
锅炉房设施设置	应设置火灾报警装置、独立的通风系统、与锅炉容量及建筑规模相适应的灭火设施，燃气锅炉房应设置爆炸泄压设施，燃气、燃油锅炉房应设置独立的通风系统
变压器室设施设置	油浸变压器、多油开关室、高压电容器室，应设置防止油品流散的设施；油浸变压器下面应设置能储存变压器全部油量储油设施。 变压器室内应设置火灾报警装置以及与建筑规模相适应的灭火设施，当建筑内其他部位设置自动喷水灭火系统时，应设置自动喷水灭火系统

（二）消防控制室布置要求（表8-10）

消防控制室布置要求　　　　　　　　　　　　　表8-10

内容	要求
设置部位	单独建筑的消防控制室，耐火等级不应低于二级，附属在建筑内时，宜设置在建筑内首层或地下一层，消防控制室的环境条件不应干扰或影响消防控制室内火灾报警与控制设备的正常运行
防火分隔	采用耐火极限不低于2.00h的防火隔墙和耐火极限不低于1.50h的楼板与其他部位隔开，开向建筑内的门应为乙级防火门
疏散门	直通室外或安全出口
设施	消防控制室应采取防水淹、防潮、防啮齿动物等的措施，不应敷设或穿过与消防控制室无关的管线

（三）消防水泵房布置要求（表8-11）

消防水泵房布置要求　　　　　　　　　　　　　表8-11

内容	要求
设置部位	单独建筑耐火等级不应低于二级，除地铁工程、水利水电工程和其他特殊工程中的地下消防水泵房可根据工程要求确定其设置楼层外，其他建筑中的消防水泵房不应设置在建筑的地下三层及以下楼层

内容		要求
消防水泵房	防火分隔	采用耐火极限不低于2.00h的防火隔墙和耐火极限不低于1.50h的楼板与其他部位隔开，开向建筑内的门为乙级防火门。开向疏散走道的门应采用甲级防火门
	疏散门	直通室外或安全出口
	设施	消防水泵房的室内环境不应低于5℃；应采取防水淹等的措施

（四）燃气调压用房、瓶装液化石油气瓶组间布置要求（表8-12）

燃气调压用房、瓶装液化石油气瓶组间布置要求　　　　　表8-12

内容	要求
—	1. 应设置独立的瓶组间，瓶组间不应与居住建筑、人员密集的场所和其他高层公共建筑紧邻，贴邻其他民用建筑的，应采用防火墙分隔，门、窗应向室外开启； 2. 当与所服务建筑贴邻布置时，液化石油气瓶组的总容积不大于1m³，并应采用自然气化方式供气
设施	瓶组间应设置可燃气体浓度报警装置；总出气管道上应设置紧急事故自动切断阀

三、工业建筑及其附属用房布置要求

（一）厂房及其附属用房布置要求（表8-13）

厂房及其附属用房布置要求　　　　　表8-13

内容	要求
员工宿舍	不应设置
办公室、休息室	1. 不应设置在甲、乙类厂房内； 2. 与甲、乙类厂房贴邻的辅助用房的耐火等级不应低于二级，并应采用耐火极限不低于3.00h的抗爆墙与厂房中有爆炸危险的区域分隔，安全出口应独立设置； 3. 设置在丙类厂房内的辅助用房应采用防火门、防火窗、耐火极限不低于2.00h的防火隔墙和耐火极限不低于1.00h的楼板与厂房内的其他部位分隔，并应设置至少1个独立的安全出口
中间仓库	1. 甲、乙类：储量不宜超过一昼夜的需要量，应靠外墙布置； 2. 甲、乙、丙类：应采用防火墙和耐火极限不低于1.50h的不燃性楼板分隔； 3. 丁、戊类：用耐火极限不低于2.00h的防火隔墙和1.00h的楼板分隔； 4. 耐火等级和面积要同时符合仓库的相关规定，且与所服务车间的建筑面积之和不得大于该类厂房防火分区的最大允许建筑面积（耐火等级就高）

续表

内容	要求
中间储罐	丙类液体中间储罐应设置在单独房间内，其容量不应大于5m³，应采用耐火极限不低于3.00h的防火隔墙和1.50h的楼板与其他部位分隔，房间门应采用甲级防火门
变、配电站	与甲、乙类厂房贴邻并供该甲、乙类厂房专用的10kV及以下的变（配）电站，应采用无开口的防火墙或抗爆墙一面贴邻，与乙类厂房贴邻的防火墙上的开口应为甲级防火窗。其他变（配）电站应设置在甲、乙类厂房以及爆炸危险性区域外，不应与甲、乙类厂房贴邻

（二）仓库及其附属用房布置要求（表8-14）

仓库及其附属用房布置要求   表8-14

内容	要求
员工宿舍	不应设置
办公室、休息室	1. 不应设置在甲、乙类仓库内，不应与办公室、休息室等辅助用房及其他场所贴邻； 2. 丙、丁类仓库内的办公室、休息室等辅助用房，应采用防火门、防火窗、耐火极限不低于2.00h的防火隔墙和耐火极限不低于1.00h的楼板与其他部位分隔，并应设置独立的安全出口

📑 即学即练8-1

问题描述：1. 建筑物外单独新建的消防水泵房或消防控制室，采用简易结构搭建，其耐火等级不符合要求；

2. 采用箱体一体化设备，其围护结构和耐火等级不明确；

3. 消防水泵房和消防控制室未采取防水淹的技术措施或技术措施不到位。

请对上述存在的问题进行分析并给出解决办法和防治措施。

【实践实训】

【实训目的】通过本次实训，掌握消防车道的设置。

【实训题目】某木器厂房，地上2层，钢筋混凝土结构，耐火等级为二级，每层划分为1个防火分区，建筑面积为8000m²，厂房采用防烟楼梯间，在厂房内首层东侧设有建筑面积为599m²的独立办公、休息区，与其他部位采用耐火极限2.00h的防火隔墙、1.00h的楼板和乙级防火门进行分隔，且设有一个独立的安全出口；地上二层南侧高有一间靠外墙布置、建筑面积为60m²的中间仓库，与其他部位采用耐火极限3.00h防火墙和耐火极限1.00h的不燃性楼板分隔，储存有甲苯和二甲苯油漆和稀释剂，还有消防控制室、设备用房等布置。

请指出本厂房的布置中哪些是合理的？哪些不合理？如何改正？并对消防控制室、设备用房进行合理的布置。

【模块检测】

一、单选题

1. 两座厂房相邻较高的一面外墙为防火墙时，其防火间距不限，但甲类厂房之间不应小于（ ）m。

    A．3.5　　　　　　B．4　　　　　　C．6　　　　　　D．9

2. 甲、乙类厂房与普通的单层、多层民用建筑之间的防火间距不应小于（ ）m。

    A．20　　　　　　B．25　　　　　　C．35　　　　　　D．50

3. 一般情况下，高层民用建筑之间的防火间距不应小于（ ）m。

    A．6　　　　　　B．9　　　　　　C．10　　　　　　D．13

4. 一般情况下，一、二级耐火等级的多层民用建筑之间的防火间距不应小于（ ）m。

    A．4　　　　　　B．6　　　　　　C．5　　　　　　D．3

5. 除规范另有规定外，高层仓库与甲类物品厂房的防火间距不应小于（ ）m。

    A．10　　　　　　B．12　　　　　　C．1　　　　　　D．25

6. 一般情况下，乙醇的精制厂房与固定电焊点的防火间距不应小于（ ）m。

    A．15　　　　　　B．20　　　　　　C．25　　　　　　D．30

7. 一般情况下，木结构民用建筑与砖混结构民用建筑之间的防火间距不应小于（ ）m。

    A．6　　　　　　B．7　　　　　　C．8　　　　　　D．9

8. 除规范另有规定外，甲类厂房与明火或散发火花地点的防火间距不应小于（ ）m。

    A．20　　　　　　B．30　　　　　　C．40　　　　　　D．50

9. 两座高层民用建筑相邻较高一面外墙为防火墙时，其防火间距（ ）。

    A．不宜小于4m　　　　　　　　B．不宜小于3.5m

    C．不宜小于2m　　　　　　　　D．可不限

10. 甲类物品库房与重要的公共建筑的防火间距不应小于（ ）m。

    A．25　　　　　　B．30　　　　　　C．50　　　　　　D．80

11. 除乙类第6项物品外的乙类仓库与民用建筑之间的防火间距不应小于（ ）m。

    A．25　　　　　　B．30　　　　　　C．40　　　　　　D．50

12. 甲类物品库房之间的防火间距不应小于（   ）m。

    A. 13
        B. 15

    C. 20
        D. 25

13. 一类高层民用建筑与耐火等级为一、二级的丁、戊类厂（库）房的防火间距不应小于（   ）m。

    A. 25
        B. 20

    C. 15
        D. 18

14. 丙类液体中间储罐按规定采取防火措施后，与高层的民用建筑、厂房防火间距可不限，但储罐总储量不应大于（   ）m^3。

    A. 3
        B. 5

    C. 10
        D. 1

15. 乙类物品库房（规范另有规定者除外）与重要公共建筑之间的防火间距不宜小于（   ）m，与其他民用建筑不宜小于（   ）m。

    A. 14，12
        B. 25，20

    C. 30，25
        D. 50，25

二、多选题

1. 建筑的平面布置是针对建筑内不同功能或不同用途区域的布置与分隔、交通路线与疏散路线的规划。建筑平面布置原则有（   ）。

    A. 建筑内部某部位着火时，能限制火灾和烟气在（或通过）建筑内部和外部的蔓延，并为人员疏散、消防人员的救援和灭火提供保护

    B. 建筑物内部某处发生火灾时，减少对邻近（上下层、水平相邻空间）分隔区域强辐射热和烟气的影响

    C. 消防人员能方便地进行救援，利用灭火设施进行作战活动

    D. 有火灾或爆炸危险的建筑设备设置部位，能防止对人员和贵重设备造成影响或危害

    E. 或能采取措施防止发生火灾或爆炸，及时控制灾害的蔓延扩大

2. 确定防火间距的基本原则是（   ）。

    A. 考虑热辐射的作用

    B. 考虑灭火作战实际需要

    C. 考虑节约用地

    D. 考虑建筑物内的消防设施

    E. 防火间距以相邻建筑物外墙的最近距离计算

【数字资源】

资源名称	3.1民用建筑防火间距布局	3.2厂房防火间距布局	3.3仓库防火间距布局	3.4厂房–民建与仓库–民建间距调整布局	3.5设备用房布置
资源类型	视频	视频	视频	视频	视频
资源二维码					

资源名称	3.6人员密集场所布置	3.7民用特殊场所布置	3.8工业办公室、休息室布置	3.9工业建筑附属用房布置	
资源类型	视频	视频	视频	视频	
资源二维码					

模块 4

防火防烟分区与分隔

防火分区和防烟分区是建筑防火设计的重要组成部分。防火分区通过防火墙、防火门等设施将建筑划分为若干区域，以阻止火势蔓延，减少火灾损失；防烟分区则通过挡烟垂壁、挡烟梁等设施控制火灾产生的烟气流动，保障人员疏散和消防救援；分隔则是指采用不同材料和构造方式，提高建筑构件的耐火极限，阻止火灾蔓延。这些措施共同构成了建筑防火的防线，确保人员生命安全和财产安全。

　　通过本模块的学习，了解防火分区面积划分所需考虑的主要因素和划分防火分区的常用分隔构件，熟悉各类建筑防火分区面积要求典型（特殊）功能区或的防火分隔措施，掌握防火、防烟分区的概念以及防火墙、防火卷帘防火门、防火阀、挡烟垂壁的设置要求。熟悉防火、防烟分区的检查内容和方法，辨识和分析防火、防烟分区划分，防火、防烟分隔设施设置及防火封堵等方面存在的不安全因素，解决防火、防烟分区及防火封堵的消防技术问题。

📡 项目 9
防火、防烟分区

【学习目标】

知识目标	能力目标	素质目标
1. 熟悉防火、防烟分区的划分原则和影响因素； 2. 掌握民用建筑、厂房、库房防火分区划分的面积要求以及防火分区检查	1. 具有判断常用场所防火分区设置的能力； 2. 会分析不同功能场所防火、防烟分区的合理性； 3. 掌握在紧急情况下如何有效地控制火势蔓延和保障人员及财产安全的技能	通过防火分区与防烟分区的学习，强化学生的安全责任意识和法治观念，培养其在建筑设计中自觉遵守消防法规，确保防火分区与防烟分区划分的科学性、合理性，为构建安全、和谐的社会环境贡献力量，体现个人价值与社会责任的统一

防火、防烟分区的划分

防火分区划分及功能检查
- 防火分区
- 厂房防火分区划分
- 仓库防火分区划分

民用建筑防火分区划分与检查
- 民用建筑的防火分区
- 民用建筑的防火分区检查

防烟分区划分及检查
- 防烟分区
- 防烟分区设置原则与分隔措施
- 防烟分区及其设施的检查

任务9.1 防火分区划分及功能检查

【岗位情景模拟】某企业为了提升员工的消防安全意识和应对能力，决定举办一场消防安全专题培训。培训的目标是让员工掌握本单位建筑防火的基本知识和实践技能，特别是防火分区和防烟分区的相关知识点。

【讨论】本次培训应查阅哪些相关规范？应了解哪些防火分区的概念、划分方法？应掌握哪些防烟分区的设置要求、挡烟设施的技术规范？

一、防火分区

（一）防火分区的概念

防火分区是建筑设计中的一项重要安全措施（图9-1-1）。在建筑设计中，通过使

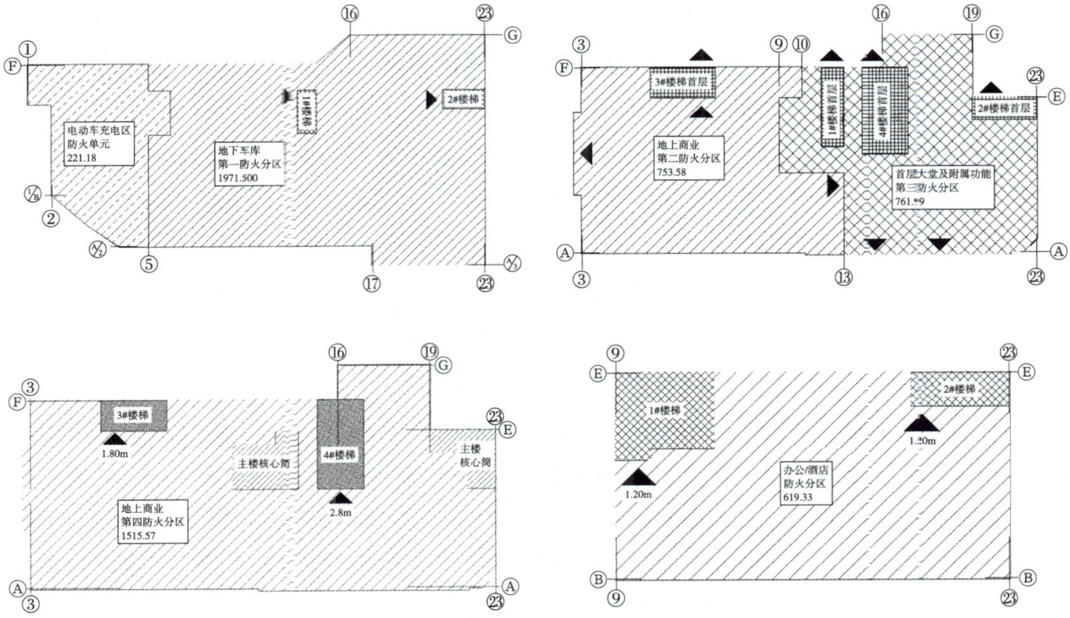

图9-1-1　水平防火分区示意图

用防火墙、防火楼板、防火卷帘门等防火隔离构件，在建筑内部划分出的独立空间单元。在建筑内设置防火分区，可有效地控制火势和烟气的扩散范围，确保在预定的时间内阻止火灾向建筑的其他部分扩散，从而保障人员的安全撤离，最大限度地减少财产损失。防火分区的设计需综合考虑建筑物的使用功能、结构特点、火灾危险性等因素，以达到最佳的安全防护效果。

（二）防火分区的类型

火势在建筑中的扩散通常沿着水平和垂直两个方向进行。为了有效控制火势的蔓延，防火分区的设计分为水平防火分区和竖向防火分区两种类型。

水平防火分区是指建筑某一楼层内采用具有一定耐火能力的防火分隔物（如防火墙、防火门、防火窗和防火卷帘等），按规定的建筑面积标准分隔的防火单元。如图9-1-1所示，建筑的首层根据功能划分为两个防火分区：地上商业的第二防火分区、首层大堂及附属功能的第三防火分区。

竖向防火分区是指采用具有一定耐火能力的楼板和窗间墙将建筑上下层隔开，如电梯井和楼梯间等上下连通的空间，一般采用防火卷帘、防火门、防火封堵等方式对上下楼层进行防火分隔，每个楼层就是一个独立的垂直防火分区。

（三）防火分区的划分原则

在进行防火分区划分时，需要全面考虑建筑物的多种属性和条件，包括用途、重要性、火灾风险水平以及经济成本等。目标是通过科学合理的规划和高效的管理策略，提高建筑的消防安全水平，保障人员安全和财产安全。防火分区划分应遵循以下关键原则：

1. 功能性原则：防火分区的划分应依据建筑的具体用途和火灾风险程度进行，确保在火灾发生时能够有效控制火势和烟雾的扩散，降低火灾对人员和财产的潜在威胁，如图9-1-1所示的地上商业第二防火分区、首层大堂及附属功能第三防火分区，地上商业部分人员集中，且火灾危险性大，因此将地上商业与酒店大堂及附属功能区分为两个防火分区。

2. 完整性原则：防火分区的划分必须保证其完整性，利用防火墙、防火卷帘等防火隔离设施将建筑内部划分为若干独立区域，防止火灾跨区域蔓延，如图9-1-1所示所有防火分区均是由防火墙以及防火卷帘等防火隔离设施所包围的完整空间。

3. 安全性原则：划分防火分区时，应优先考虑人员的安全疏散需求，确保每个防火分区内部及与其他区域之间都设有充足的安全出口和疏散路径。如图9-1-1所示，每个防火分区至少有两个安全疏散出口。

4. 合理性原则：防火分区的大小和数量应根据建筑的结构特点、平面布局和消防设施的有效配置进行合理规划，既要满足消防安全标准，也要考虑建筑的使用效能。

5. 规范性原则：防火分区的划分应严格遵循国家和地方的消防安全法规和标准，如《建筑防火通用规范》GB 55037—2022、《建筑设计防火规范（2018年版）》GB 50016—2014等，确保防火分区划分的合规性。

6. 灵活性原则：在确保消防安全的基础上，防火分区的划分应具备一定的调整空间，以适应建筑使用功能的可变性和未来的改造需求。

即学即练9-1-1

【情景描述】某晚在一商业中心，由于电气故障导致一个商铺突然发生了火灾。火灾发生时，建筑防火分区的防火卷帘立即启动，火势被限制在该商铺内，且火灾烟气也被控制在此区域，没有对人员疏散造成影响。商场内的人员根据疏散通道安全疏散到室外。请根据情景描述分析防火分区的目的。

二、厂房防火分区划分

（一）厂房的特点

厂房作为工业生产的主要场所，具有一些独特的特点，这些特点在很大程度上决定了其消防安全管理的策略和措施。厂房具备以下特点：

1. 建筑结构特点：厂房通常具有规则的外形和较大的空间，内部装修和管道使用较少可燃材料，但由于生产需要，用电设备数量多且用电负荷较大，增加了电气火灾的风险。

2. 空间开阔：厂房内部房间分隔较少、层高较高、空间开阔，有利于火情的早期发现和快速响应。

3. 生产设备与工艺复杂性：工业厂房配备的生产设备种类繁多，工艺流程复杂，可能涉及高温、高压、易燃易爆等危险因素，这些因素都可能增加火灾发生的概率和火灾控制的难度。

4. 易燃物品存储：厂房可能设有专门的仓库或存储区域，存放大量的易燃原材料、半成品或成品，一旦发生火灾，火势可能迅速蔓延，造成严重的损失。

5. 特殊作业区域需求：厂房中的特殊作业区域，如焊接区、涂装区等，可能需要采取特殊的消防安全措施，例如安装防爆设备和配置专用的灭火系统，以应对可能的火灾风险。

（二）厂房防火分区面积要求

工业厂房根据建筑高度和层数的不同，可分为单层、多层和高层三种类型。具体来说，单层工业厂房指的是建筑高度超过24m的单层建筑；多层厂房则指建筑高度等于或小于24m的二层及以上建筑；而高层厂房是指建筑高度超过24m且层数在二层及以上的建筑。

根据生产所用或产生的物质的性质和数量，生产的火灾危险性类别分为甲、乙、丙、丁、戊五个类别。厂房的防火分区面积应当根据厂房的生产火灾危险性类别、层数和耐火等级等因素综合确定。厂房的层数和每个防火分区的最大允许建筑面积见表9-1-1。

厂房的层数和每个防火分区的最大允许建筑面积　　表9-1-1

生产类别	厂房的耐火等级	最多允许层数	每个防火分区的最大允许建筑面积（m²）			
			单层厂房	多层厂房	高层厂房	地下或半地下厂房（包括地下室、半地下室）
甲	一级 二级	宜采用单层	4000 3000	3000 2000	— —	— —
乙	一级 二级	不限 6层	5000 4000	4000 3000	2000 1500	—
丙	一级 二级 三级	不限 不限 2层	不限 8000 3000	6000 4000 2000	3000 2000 —	500 500 —
丁	一、二级 三级 四级	不限 3层 1层	不限 4000 1000	不限 2000 —	4000 — —	1000 — —
戊	一、二级 三级 四级	不限 3层 1层	不限 5000 1500	不限 3000 —	6000 — —	1000 — —

注："—"表示不允许。

1. 防火墙分隔：防火分区之间应使用防火墙进行分隔。除甲类厂房外的一、二级耐火等级的厂房，当其防火分区的建筑面积大于表9-1-1规定，且设置防火墙确有困难时，可以采用防火卷帘或防火分隔水幕作为替代方案；采用防火卷帘时，应符合《建筑设计防火规范（2018年版）》GB 50016—2014第6.5.3条的规定；采用防火分隔水幕时，应符合《自动喷水灭火系统设计规范》GB 50084—2017的规定。

2. 自动灭火系统的影响：当厂房内设置自动灭火系统时，每个防火分区的最大允许建筑面积可按表9-1-1规定标准增加一倍。对于丁、戊类的地上厂房，如果设置了自动灭火系统，则每个防火分区的最大允许建筑面积不受限制。若厂房内部仅局部区域设置了自动灭火系统，那么该防火分区的增加面积可以按局部面积的一倍来计算。

3. 纺织厂房的特殊规定：除麻纺厂房外，对于一级耐火等级的多层纺织厂房和二级耐火等级的单层或多层纺织厂房，其防火分区的最大允许建筑面积可以增加50%。但厂房内的原棉开包、清花车间等关键区域应使用耐火极限不低于2.50h的防火隔墙与其他区域分隔，需要开设门、窗、洞口时，应设甲级防火门、窗。

4. 造纸厂房的特殊规定：一、二级耐火等级的单层或多层造纸生产联合厂房，其防火分区的最大允许建筑面积可以增加150%。

5. 谷物筒仓工作塔的特殊规定：一、二级耐火等级的谷物筒仓工作塔，在每层工作人数不超过2人的情况下，层数不受限制。

6. 卷烟生产厂房的特殊规定：一、二级耐火等级的卷烟生产联合厂房内的原料、备料、成组配方、制丝、储丝和卷接包等生产用房，应划分为独立的防火分隔单元。在工艺条件允许的情况下，应优先采用防火墙进行分隔。制丝、储丝和卷接包车间可以合并为一个防火分区，但这些车间之间应使用耐火极限不低于2.00h的防火隔墙和1.00h的楼板进行分隔。此外，厂房内各水平和竖向防火分隔之间的开口都应采取措施以防止火灾蔓延。

7. 操作平台与检修平台的特殊规定：使用人数少于10人时，平台的面积可不计入防火分区的建筑面积。

📖 即学即练9-1-2

1. 在一栋高层商业综合体建筑设计过程中，建筑师团队正在讨论建筑的耐火等级。耐火等级是衡量建筑在火灾情况下保持结构完整性和防止火势蔓延的能力的重要指标。为了确保设计满足国家消防安全标准，建筑师们需要确定该建筑应遵循的耐火等级。请查阅相关规范确定我国耐火等级的分级情况以及其应用范围。

2. 在一栋丙类厂房设计过程中，建筑师确定该厂房的耐火等级为3级。根据国家建筑规范，不同耐火等级的建筑物有着不同的层数限制。为了建成后有更多的空间可以使用，请问该厂房最多能建几层？

3．在一次常规的消防安全检查中，检查员来到了一栋四级丁类地上厂房。该厂房总面积为10000m²，并且设置了自动灭火系统。检查时发现该厂房划分为两个防火分区，防火分区面积分别为4500m²、5500m²。请判断本厂房每个防火分区的划分是否符合规范？

三、仓库防火分区划分

仓库防火分区面积要求：

仓库作为物资高度集中的场所，在进行防火分区划分时，需要综合考虑耐火等级、存储物品的火灾危险性以及潜在事故对社会的影响等因素，以确保合理的防火分区设计。与厂房相比，仓库防火分区的面积限制通常更为严格，这是由于仓库内存储的物品种类繁多，火灾一旦发生，可能带来更大的破坏性和更广泛的社会影响。

仓库防火分区的最大允许建筑面积应根据具体的存储物品类别、耐火等级和安全要求来确定，表9-1-2给出了仓库的层数和每个防火分区的最大允许建筑面积。

仓库的层数和每个防火分区的最大允许建筑面积　　　　　　　　　　　表9-1-2

存储物品的火灾危险性类别		仓库的耐火等级	最多允许层数（层）	每座仓库的最大允许占地面积和每个防火分区的最大允许建筑面积（m²）						
				单层仓库		多层仓库		高层仓库		地下或半地下仓库（包括地下或半地下室）
				每座仓库	防火分区	每座仓库	防火分区	每座仓库	防火分区	防火分区
甲	3、4项	一级	1	180	60	—	—	—	—	—
	1、2、5、6项	一、二级	1	750	250	—	—	—	—	—
乙	1、3、4项	一、二级	3	2000	500	900	300	—	—	—
		三级	1	500	250	—	—	—	—	—
	2、5、6项	一、二级	5	2800	700	1500	500	—	—	—
		三级	1	900	300	—	—	—	—	—
丙	1项	一、二级	5	4000	1000	2800	700	—	—	150
		三级	1	1200	400	—	—	—	—	—
	2项	一、二级	不限	6000	1500	4800	1200	4000	1000	300
		三级	3	2100	700	1200	400	—	—	—
丁		一、二级	不限	不限	3000	不限	1500	4800	1200	500
		三级	3	3000	1000	1500	500	—	—	—
		四级	1	2100	700	—	—	—	—	—
戊		一、二级	不限	不限	不限	不限	2000	6000	1500	1000
		三级	3	3000	1000	2100	700	—	—	—
		四级	1	2100	700	—	—	—	—	—

注："—"表示不允许。

1．仓库的防火分区必须采用防火墙分隔。

2．甲、乙类仓库防火分区之间的防火墙不允许开设洞口。

3．地下或半地下仓库的最大允许占地面积不应大于相应类别地上仓库最大允许占地面积。

4．仓库内不应设置员工宿舍以及与库房运行、管理无直接关系的其他用房，办公室、休息室等；甲、乙类仓库内不应设置办公室、休息室等辅助用房，且不应与办公室、休息室等辅助用房及其他场所贴邻。丙、丁类仓库内设置办公室、休息室等辅助用房，应采用耐火极限不低于2.00h的防火隔墙和1.00h的楼板与其他部分分隔，并应设置独立的安全出口。

5．仓库内设置自动灭火系统时，除冷库的防火分区外，每座仓库的最大允许建筑面积可按表9-1-2的规定增加一倍（注意：仓库全部设置自动喷水灭火系统占地面积、防火分区最大允许建筑面积可增加，局部设置不增加）。

6．甲、乙类仓库内不应设置铁道路线。

7．一、二级耐火等级的煤均化仓库，每个防火分区的最大允许建筑面积不应大于12000m^2。

8．独立建造的硝酸铵仓库、电石仓库、聚乙烯等高分子制品仓库、尿素仓库、配煤仓库、造纸厂的独立成品仓库，当建筑的耐火等级不低于二级时，每座仓库的最大允许占地面积和每个防火分区的最大允许建筑面积可按表9-1-2的规定增加一倍。

9．一、二级耐火等级粮食平房仓的最大允许占地面积不应大于12000m^2，每个防火分区的最大允许建筑面积不应大于3000m^2；三级耐火等级粮食平房仓的最大允许占地面积不应大于3000m^2，每个防火分区的最大允许建筑面积不应大于1000m^2。

10．一、二级耐火等级且占地面积不大于2000m^{2}的单层棉花库房，其防火分区的最大允许建筑面积不应大于2000m^2。

📋 即学即练9-1-3

【情景描述】在一次消防安全检查中，检查员对一座丁类、四级仓库进行了仔细的检查。该仓库占地面积2100m^2，内局部设置了自动灭火系统，其中一个防火分区为1400m^2。请根据情景描述进行判断，该仓库防火分区划分是否合理？

任务9.2　民用建筑的防火分区划分与检查

【岗位情景模拟】某医院病房楼，地下一层，地上六层，屋面为平屋面，建筑高度24.1m。该病房楼六层以下每层建筑面积为1220m²，地下室沿中轴线分开，东面为560m²，布置设备用房，西面布置成自行车库，地上一～六层均为病房层。

【讨论】地下室三少应划分几个防火分区？地上部分的防火分区如何划分？说明理由。

一、民用建筑的防火分区

1. 不同耐火等级民用建筑防火分区最大允许建筑面积见表9-2-1。

不同耐火等级民用建筑防火分区的最大允许建筑面积　　　　表9-2-1

名称	耐火等级	防火分区的最大允许建筑面积（m²）	备注
高层民用建筑	一、二级	1500	对于体育馆、剧场的观众厅，防火分区的最大允许建筑面积可适当增加
单、多层民用建筑	一、二级	2500	
	三级	1200	不超过5层
	四级	600	不超过2层
地下或半地下建筑	一级	500	设备用房的防火分区最大允许建筑面积不应大于1000m²

（1）建筑内部设置有自动灭火系统时，防火分区最大允许建筑面积可按照表9-2-1的规定增加一倍；局部设置时，防火分区增加面积按照局部面积的一倍计算。

（2）裙房：当裙房与高层建筑主体之间设置防火墙时，裙房的防火分区可按单、多层建筑要求确定。

（3）防火分区之间应采用防火墙分隔，确有困难时，可采用防火卷帘等防火分隔设施分隔。采用防火卷帘分隔时，应符合《建筑设计防火规范（2018年版）》GB 50016—2014第6.5.3条的规定。

2. 商店营业厅防火分区的特殊情况

一、二级耐火等级建筑内的商店营业厅，当设置自动喷水灭火系统和火灾自动报警系统并采用不燃或难燃装修材料时，其每个防火分区的最大允许建筑面积可适当增加，并应符合下列规定：

（1）设置在高层建筑内时，不应大于4000m²。

（2）设置在单层建筑内或仅设置在多层建筑的首层内时，不应大于10000m²。

（3）设置在地下或半地下时，不应大于2000m²。

3. 物流建筑防火分区

（1）当建筑功能以分拣、加工等作业为主时，应按《建筑设计防火规范（2018年版）》GB 50016—2014有关厂房的规定划分防火分区，其中仓储部分应按中间仓库划分防火分区。

（2）当建筑功能以仓储为主或建筑难以区分主要功能时，应按《建筑设计防火规范（2018年版）》GB 50016—2014有关仓库的规定确定，但当分拣等作业区采用防火墙与储存区完全分隔时，作业区和储存区防火要求可按《建筑设计防火规范（2018年版）》GB 50016—2014有关厂房和仓库的规定确定。其中，当分拣等作业区采用防火墙与储存区完全分隔且符合下列条件时，除自动化控制的丙类高架仓库外，储存区的防火分区最大允许建筑面积和储存区部分建筑的最大允许占地面积，可按《建筑设计防火规范（2018年版）》GB 50016—2014有关仓库的规定增加三倍：

1）储存除可燃液体、棉、麻、丝、毛及其他纺织品、泡沫塑料等物品外的丙类物品且建筑面积的耐火等级不低于一级；

2）储存丁、戊类物品且建筑的耐火等级不低于二级；

3）建筑内全部设置自动喷水灭火系统和火灾自动报警系统。

> **📋 即学即练9-2-1**
>
> 情景描述：对一个地下建筑进行消防检查，该建筑分为三个防火分区，第一防火分区为设备用房，防火分区的面积为1200m²，第二防火分区的面积200m²，第三防火分区的面积为300m²。第三防火分区有100m²区域设置了自动灭火系统。请根据情景描述进行判断，该仓库防火分区划分是否合理，以及第三防火分区的最大允许建筑面积可以是多少？

二、民用建筑的防火分区检查

民用建筑根据其性质可划分为多种类型，如住宅、商店营业厅、公共展厅、歌舞娱乐放映游艺场所等。由于这些场所的使用功能差异，防火分区的检查重点也会有所区别。总体而言，防火分区的检查应聚焦于以下几个关键方面：

1. 检查防火分区的划分是否符合规范要求：核对建筑的实际防火分区划分是否与建筑设计图纸和《建筑设计防火规范（2018年版）》GB 50016—2014的要求相符。确认防火分区的面积是否遵守了表9-2-1中规定的耐火等级和防火分区的最大允许建筑面积。

2. 检查防火分隔设施的完整性和有效性：检查防火墙、防火门、防火卷帘等防火分隔设施是否存在破损或缺失，并确保其耐火性能符合规范要求，并确认防火分隔设施在火灾时能有效阻止火势和烟气的蔓延。例如，为了确保地下车库的消防安全，我们需要检查特级防火卷帘是否能够自动起降，并验证其密封性能，同时也需要对旁边的甲级防火门进行操作测试，确保其能够正常开启和关闭。

3. 检查自动灭火系统的配置情况：对于设置有自动灭火系统的建筑，检查其是否覆盖了所有防火分区，并核实其是否符合最大允许建筑面积。确认自动灭火系统是否定期维护和检测，以确保其在紧急情况下的可靠性。

4. 检查防火分区内部的疏散通道和安全出口：确保每个防火分区内部都有足够的疏散通道和安全出口，且其位置、数量和宽度符合规范要求。并检查疏散指示标志和应急照明是否清晰可见，且功能正常。

5. 检查防火分区的特殊要求执行情况：对于特殊功能区域，如裙房、地下建筑等，检查其防火分区的划分是否符合特殊要求。确认体育馆、剧场等特殊用途的观众厅防火分区面积是否按规定适当增加。

6. 记录检查结果并提出整改建议：记录防火分区检查的详细结果，包括存在的问题和不符合规范的地方。根据检查结果，提出整改建议和预防措施，以提高建筑的防火安全性能。

任务9.3　防烟分区划分及检查

【岗位情景模拟】组织学生对某高层建筑的防烟分区进行检查，查看图纸得知：一楼的建筑高度为4m，划分三个防火分区，每个防火分区的面积为3000m²。建筑共划分八个防烟分区，每个防烟分区的面积为1200m²。

【讨论】上述描述是否正确，如何改正？检查防烟分区的过程中，还需要检查哪些防烟设施？

一、防烟分区

（一）防烟分区的概念

防烟分区是建筑内部通过使用挡烟设施如隔墙、顶棚下凸梁、防火卷帘、挡烟垂壁和吹吸式空气幕等划分出的局部空间。这些设施能在一定时间内有效防止火灾产生的烟气向同一防火分区的其余部分蔓延，从而控制烟气的扩散。

（二）防烟分区的目的

防烟分区一般应结合建筑内部的功能分区和排烟系统的设计要求进行划分，不设排烟设施的部位（包括地下室）可不划分防烟分区。防烟分区划分的主要目的：

1. 控制烟气扩散：防烟分区能够在火灾发生时将烟气控制在局部区域内，防止其向其他区域蔓延。这有助于减少烟气对人员疏散路径的影响，减少因烟气导致的能见度降低和有毒气体的危害。

2. 提高排烟效果：合理划分的防烟分区可以增强排烟口的排烟效果，因为烟气被限制在更小的空间内，排烟系统可以更高效地将烟气排出建筑物外。

📋 即学即练9-3-1

　　在一个大型商业综合体内，某商铺由于电路短路突发火灾。火灾发生时，该综合体的防烟系统迅速启动。在挡烟垂壁和隔墙的作用下，烟气被有效控制在商铺内以及相邻的有限区域内，防止了烟气的进一步扩散。同时，排烟系统启动，将着火区域的烟气高效排出，保持了其他区域的空气清洁和视线清晰。由于防烟分区的有效设置，商场内的人员得以在未受烟气影响的疏散通道中安全、迅速地疏散到室外。请根据情景描述分析防烟分区的目的。

二、防烟分区设置原则与分隔措施

（一）防烟分区的面积

公共建筑、工业建筑防烟分区的最大允许面积及其长边最大允许长度，见表9-3-1。

公共建筑、工业建筑防烟分区的最大允许面积及长边最大允许长度　　表9-3-1

空间净高H（m）	最大允许面积（m²）	长边最大允许长度（m）
$H \leq 3.0$	500	24
$3.0 < H \leq 6.0$	1000	36
$H > 6.0$	2000	60，具有自然对流条件时，不应大于75

注：1. 公共建筑、工业建筑中的走道宽度不大于2.5m时，其防烟分区的长边长度不应大于60m。
　　2. 当空间净高大于9m时，防烟分区之间可不设置挡烟设施。
　　3. 公共建筑、工业建筑防烟分区的最大允许面积及其长边最大允许长度应符合表格的规定，当工业建筑采用自然排烟系统时，其防烟分区的长边长度尚不应大于建筑内空间净高的8倍。

（二）防烟分区的设置原则

1. 同一个防烟分区应采用同一种排烟方式。

2. 防烟分区不应跨越防火分区。

3. 储烟仓厚度不应小于500mm，同时应保证疏散所需的清晰度，最小清晰高度应由计算确定，如图9-3-1所示。

4. 设置排烟设施的建筑内，敞开楼梯和自动扶梯穿越楼板的，开口部位应设置挡烟垂壁等设施。

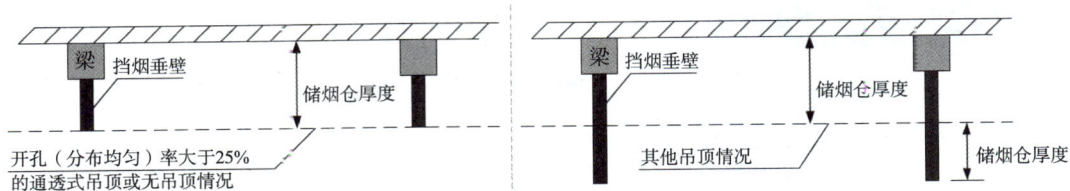

图9-3-1　不同吊顶情况储烟仓厚度计算

（三）防烟分区分隔措施

划分防烟分区的构件主要有挡烟垂壁、隔墙、防火卷帘、建筑横梁等，且挡烟分隔设施的深度不应小于储烟仓厚度。

1．挡烟垂壁

挡烟垂壁是用不燃材料制成，垂直安装在建筑顶棚、横梁或吊顶下，能在火灾时形成一定的蓄烟空间的挡烟分隔设施。挡烟垂壁按照安装方式分为固定式挡烟垂壁（D）活动式挡烟垂壁（H）；按照挡烟部件材料的刚度性能分为柔性挡烟垂壁（R）和刚性挡烟垂壁（G）。挡烟垂壁结构示意如图9-3-2所示。

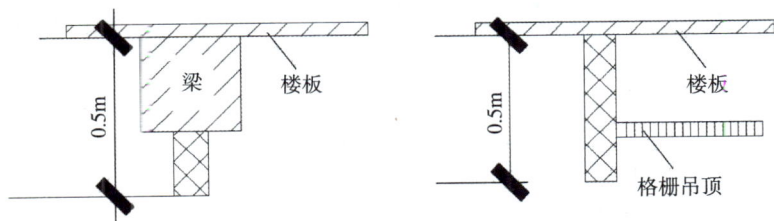

图9-3-2　挡烟垂壁结构示意

2．挡烟垂壁应符合下列要求

（1）挡烟垂壁应采用不燃材料制作。挡烟垂壁应设置永久性标牌，标牌应牢固，标识内容清楚。

（2）挡烟垂壁采用金属板材时的厚度不应小于0.8mm，其熔点不应低于750℃。

（3）挡烟垂壁采用无机复合板时的厚度不应小于10mm，其燃烧性能不低于A级。

（4）制作挡烟垂壁的玻璃材料应为防火玻璃。

（5）采用不燃无机复合板、金属板材、防火玻璃等材料制作刚性挡烟垂壁的单节宽度不应大于2000mm；采用金属板材、无机纤维织物等制作柔性挡烟垂壁的单节宽度不应大于4000mm。

（6）建筑横梁：当建筑横梁的高度超过500mm时，该横梁可作为挡烟垂壁使用。

📋 即学即练9-3-2

在一次建筑消防检查中，检查员小张负责对商业综合体内的防烟分区进行检查。检查过程中小张记录了以下事项：

1. 在同一个防烟分区中采用了两种排烟方式。

2. 防烟分区跨越了两个防火分区。

3. 采用自然对流排烟的房间，两个排烟窗位于防烟分区短边外墙面的同一高度，并且窗的底边在室内1/3高度处。

请判断这些内容的合理性，若不合理请给出正确的做法。

三、防烟分区及其设施的检查

（一）防烟分区的检查

防烟分区设施检查的主要目的是检查设施设备是否能够正常工作，防烟排烟系统维护管理工作检查项目见表9-3-2。

防烟排烟系统维护管理工作检查项目　　　　　表9-3-2

检查部位	工作内容	检查周期
风管、风口等部件	目测巡检完好状况，有无异物变形	每周
室外进风口、排烟口	巡检进风口、出风口是否通畅	每周
系统电源	巡检电源状态、电压	每周
防烟、排烟风机	手动或自动启动试运转，检查有无锈蚀、松动	每季度
挡烟垂壁	手动或自动启动、复位试验，有无升降障碍	每季度
排烟窗	手动或自动启动、复位试验，有无开关障碍	每季度
供电线路	检查供电线路有无老化，双回路自动切换电源功能	每季度
排烟防火阀	手动或自动启动、复位试验检查，有无变形、锈蚀及弹簧性能，确认性能可靠	半年
送风阀或送风口	手动或自动启动、复位试验检查，有无变形、锈蚀及弹簧性能，确认性能可靠	半年
排烟阀或排烟口	手动或自动启动、复位试验检查，有无变形、锈蚀及弹簧性能，确认性能可靠	半年
系统联动试验	检查系统的联动功能及主要技术性能参数	一年

（二）挡烟垂壁的检查

1. 活动式挡烟垂壁与建筑结构（柱或墙）面的缝隙不应大于60mm。由两块或两块以上的挡烟垂帘组成的连续性挡烟垂壁，各块之间不应有缝隙，搭接宽度不应小于

100mm。卷帘式挡烟垂壁挡烟部件或两块以上缝制时，搭接宽度不得小于20mm；当单节挡烟垂壁的宽度不能满足防烟分区要求，采用多节垂壁搭接的形式使用时，卷帘式挡烟垂壁的搭接宽度不应小于100mm。翻板式挡烟垂壁的搭接宽度不应小于20mm。

2．卷帘式挡烟垂壁的运行速度应不小于0.07m/s，翻板式挡烟垂壁的运行时间应小于7s。挡烟垂壁应设置限位装置，当其运行至上、下限位时，能自动停止。

3．切断系统供电，观察挡烟垂壁应能自动下降至挡烟工作位置。

4．活动挡烟垂壁的手动操作按钮应固定安装在距楼地面1.3～1.5m便于操作、明显可见处。

📋 即学即练9-3-3

【情景描述】某物业公司领导对其管理的小区防排烟系统维护管理工作检查台账进行检查时要求：

1．每月对防烟、排烟风机手动或自动启动试运转进行检查。

2．每半年对防排烟系统联动进行检查。

3．每半年检查供电线路有无老化、双回路自动切换电源功能。

4．每季度对挡烟垂壁手动或自动启动、复位进行检查。请判断这些内容是否符合消防管理规定，若不合理请给出正确的做法。

✖ 项目 10
防火分隔

【学习目标】

知识目标	能力目标	素质目标
1. 了解防火分隔的目的，掌握防火分隔的设计要求。 2. 学习防火分隔在不同建筑类型中的实施标准和方法。 3. 理解防火分隔在整体消防安全管理体系中的重要性	能够分析和评估建筑防火分隔的合理性和有效性；通过案例分析和现场评估，提升对防火分隔实施情况的判断能力；学习如何识别潜在的火灾蔓延风险，并提出改进建议	通过对防火分隔知识的学习和实践，培养学生的公共安全意识和社会责任感，使学生认识到防火分隔在保障人民生命财产安全中的重要作用。强化学生遵守法律法规的意识，理解防火分隔在国家消防安全体系中的地位，自觉维护社会公共安全

【思维导图】

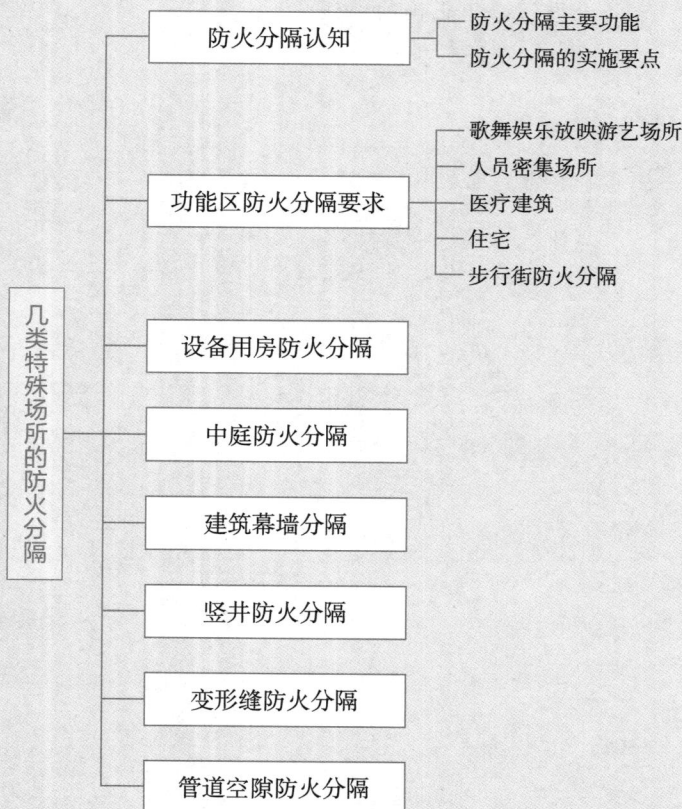

任务10　几类场所的防火分隔

【岗位情景模拟】耐火等级为一级、二级的民用建筑，疏散走道上设置了玻璃隔墙，消防救援机构在检查中发现玻璃不能满足耐火完整性达到100%的要求。

【讨论】请分析原因并给出解决方法和防治措施。

一、防火分隔认知

防火分隔是建筑消防安全设计中的一个核心组成部分，其主要作用是在发生火灾时，通过物理隔离限制火势和烟气的扩散，从而为人员疏散和火灾扑救争取宝贵时间。防火分隔设施分为水平分隔设施和竖向分隔设施，包括防火墙、防火隔墙、楼板、防火门、防火卷帘、防火窗、防火阀等。

（一）防火分隔主要功能

1. 火势限制：有效分割火区，防止火灾在建筑内部无限制蔓延。

2. 安全保障：为建筑内的人员提供安全的逃生路径，避免火灾对人员造成直接伤害。

3. 财产保护：减少火灾对建筑结构和内部设施的损害，降低经济损失。

（二）防火分隔的实施要点

1. 耐火性能：根据建筑的使用性质和火灾风险，确定防火分隔构件的耐火性能要求。

2. 密封处理：确保防火分隔构件与建筑结构之间的接缝处进行有效的密封处理。

3. 标识明确：防火门等活动式防火分隔构件应有明确的标识，指导人员在紧急情况下正确操作。

二、功能区防火分隔要求

（一）歌舞娱乐放映游艺场所

歌舞娱乐放映游艺场所的分隔应符合下列规定：

1. 房间之间应采用耐火极限不低于2.00h的防火隔墙分隔。

2. 与建筑的其他部位之间应采用防火门、耐火极限不低于2.00h的防火隔墙和耐火极限不低于1.00h的不燃性楼板分隔。同时歌舞娱乐放映游艺场所的门、窗、装饰材料应满足：

（1）房间疏散门的耐火性能不应低于乙级防火门的要求。

（2）房间开向走道窗的耐火性能不应低于乙级防火窗的要求。

（二）人员密集场所

剧场等建筑的舞台与观众厅之间的隔墙耐火极限不低于3.00h，电影放映室、卷片室的防火隔墙耐火极限不低于1.50h，观察孔和放映孔应采取防火分隔措施。舞台上部与观众厅闷顶之间的隔墙可采用耐火极限不低于1.50h的防火隔墙，隔墙上的门应采用乙级防火门。舞台下部的灯光操作室和可燃物储藏室应采用耐火极限不低于2.00h的防火隔墙与其他部位分隔。

剧场、电影院、礼堂宜设置在独立建筑内，采用三级耐火等级建筑时，不应超过2层；确需设置在其他民用建筑内时，至少应设置1个独立的安全出口和疏散楼梯，并应采用耐火极限不低于2.00h的防火隔墙和甲级防火门与其他区域分隔。

（三）医疗建筑

医疗建筑中的手术室或手术部、产房、重症监护室、贵重精密医疗装备用房、储藏间、实验室、胶片室等应采用防火门、防火窗、耐火极限不低于2.00h的防火隔墙和耐火极限不低于1.00h的楼板与其他区域分隔。医疗建筑的耐火等级不应低于三级；医疗建筑应设置室内消火栓系统。医疗建筑内相邻护理单元之间应采用耐火极限不低于2.00h的防火隔墙和甲级防火门分隔。

（四）住宅

住宅与非住宅功能合建的建筑以及住宅与商业设施合建的建筑按照住宅建筑的防火要求建造的，请见表8-8中的规定。

（五）步行街防火分隔

餐饮、商店等商业设施通过有顶棚的步行街连接，且步行街两侧的建筑需利用步行街进行安全疏散时，应符合下列规定：

1. 步行街两侧建筑的耐火等级不应低于二级。

2. 步行街两侧建筑相对面的最近距离均不应小于《建筑设计防火规范（2018年版）》GB 50016—2014对相应高度建筑的防火间距要求且不应小于9m。步行街的端部在各层均不宜封闭，确需封闭时，应在外墙上设置可开启的门窗，且可开启门窗的面积不应小于该部位外墙面积的一半。步行街的长度不宜大于300m。

3. 步行街两侧建筑的商铺之间应设置耐火极限不低于2.00h的防火隔墙，每间商铺的建筑面积不宜大于300m²。

4. 步行街两侧建筑的商铺，其面向步行街一侧的围护构件的耐火极限不应低于1.00h，并宜采用实体墙，其门、窗应采用乙级防火门、窗；当采用防火玻璃墙（包括门、窗）时，其耐火隔热性和耐火完整性不应低于1.00h；当采用耐火完整性不低于1.00h的非隔热性防火玻璃墙（包括门、窗）时，应设置闭式自动喷水灭火系统进行保护。相邻商铺之间面向步行街一侧应设置宽度不小于1.0m、耐火极限不低于1.00h的实体墙。

5. 当步行街两侧的建筑为多楼层时，每层面向步行街一侧的商铺均应设置防止火灾竖向蔓延的措施；设置回廊或挑檐时，其出挑宽度不应小于1.2m；步行街两侧的商铺在上部各层需设置回廊和连接天桥时，应保证步行街上部各层楼板的开口面积不应小于步行街地面面积的37%，且开口宜均匀布置。

📋 即学即练10-1

【情景描述】消防检查员小张对某商业步行街进行检查时发现：1. 该步行街两侧建筑二层及以上各层商铺的疏散门至该层最近疏散楼梯口或其他安全出口的直线距离为40m；2. 部分人员密集场所疏散门宽度为1.2m；3. 其中某歌舞娱乐放映游艺场所布置在地下一层，个别房间面积为240m²。请判断这些内容是否符合消防管理规定，若不合理请给出正确的做法。

三、设备用房防火分隔

图10-1给出了某项目（本模块以此项目为依托，后文中统称为"本项目"）地下一层的建筑平面图，图中包含了柴油发电机房、排风机房、配电间、生活水泵房、消防控制室、消防水泵房、弱电间、送风机房等设备用房。

1. 本项目的柴油发电机房附设在建筑内部，建筑面积49.27m²，包含了一个5.28m²的储油间。发电机房采用防火隔墙和甲级防火门与其他区域分隔。储油间与发电机房间采用防火隔墙和甲级防火门分隔，且防火门设置在比地面高200mm的混凝土门槛上，防止燃油泄漏沿门缝流入发电机房。

规范要求与项目对比：

（1）防火墙分隔：根据规范，柴油发电机房独立建造的设备用房与民用建筑贴邻时，应采用防火墙分隔，且不应贴邻建筑中人员密集的场所。本项目柴油发电机房附设在建筑内，应采用耐火极限不低于2.00h的防火隔墙和耐火极限不低于1.50h的不燃性楼板与其他部位分隔，符合规范要求。

（2）防火门、窗：若防火隔墙上开有门、窗时，应为甲级防火门、窗，符合规范要求。

（3）储油间分隔：储油间应采用耐火极限不低于3.00h的防火隔墙与发电机间分隔，单间储油间的燃油储存量不应大于1m³且油箱的通气管设置应满足防火要求，油箱的下部应设置防止油品流散的设施，符合规范要求。

2. 本项目的消防水泵房采用防火门、防火隔墙、楼板与其他部位分隔，以确保在火灾情况下，水泵房能够正常运行，为灭火提供必要的水源。水泵房的门与安全出口相连，确保在紧急情况下的人员疏散。为了应对可能的水患，水泵房四周还设置了坡度为0.5%的排水沟和集水坑，以防止水淹。

3. 本项目消防控制室附设在建筑内的地下一层，采用乙级防火门、防火隔墙、楼板与其他部位分隔，出口与安全出口直接相连。

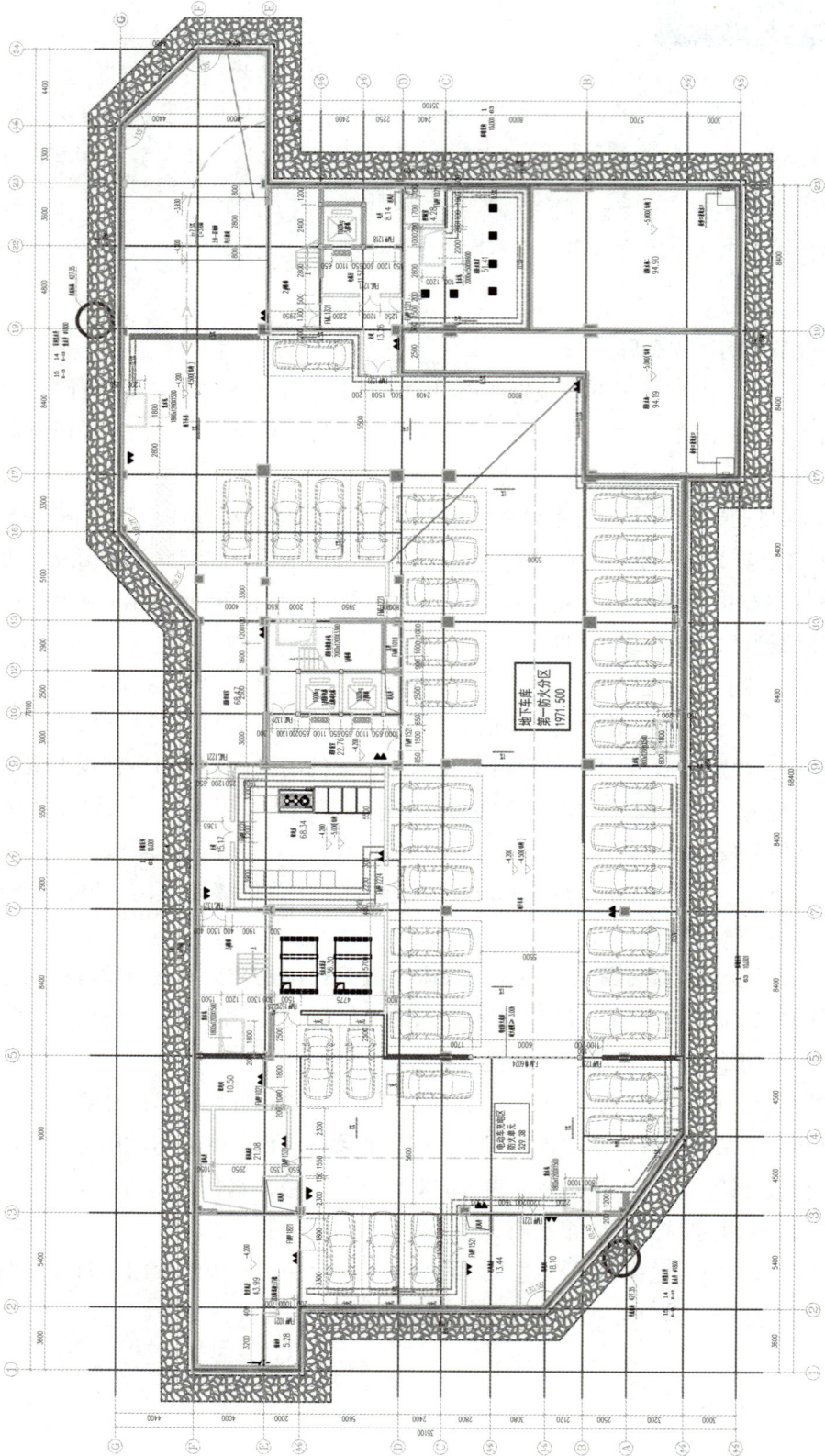

图10-1 地下一层建筑平面图

📋 即学即练10-2

【情景描述】建筑设计师李工正在审查一个商业综合体的设计方案。该建筑包括了柴油发电机房、消防控制室以及多种公共使用空间。在审查中李工特别关注了柴油发电机房、消防控制室的耐火极限，以确保特殊功能用房消防安全性能符合国家标准。请确定柴油发电机房、消防控制室的耐火极限。

四、中庭防火分隔

中庭是位于建筑物内部的开放空间，通常被建筑物的多层结构所环绕的共享空间。在大型建筑或综合体中，中庭可以连接不同的功能区域，如办公区、商业区或住宅区，并作为人们聚集、休息和活动的场所。中庭等共享空间，贯通数个楼层，甚至从首层直通到顶层，四周与建筑物各楼层的廊道、营业厅、展览厅或窗口直接连通，则防火分区面积为上下层连通的面积之和。当建筑面积之和大于该建筑类型允许的最大防火分区面积时，应进行防火分隔，并满足下列要求：

1．中庭应该采取有效措施与周围连通的空间进行分隔。在采取了能防止火灾和烟气蔓延的措施后，一般将中庭单独作为一个独立的防火单元。对于中庭部分的防火分隔物，推荐采用实体墙，有困难时可采用防火玻璃墙。采用防火隔墙时，其耐火极限不应低于1.00h；采用防火玻璃墙时，其耐火隔热性和耐火完整性不应低于1.00h，采用耐火完整性不低于1.00h的非隔热性防火玻璃墙时，应设置自动喷水灭火系统进行保护；采用防火卷帘时，其耐火极限不应低于3.00h；与中庭相连通的门、窗，应采用火灾时能自行关闭的甲级防火门、窗。

2．高层建筑内的中庭回廊应设置自动喷水灭火系统和火灾自动报警系统。

3．中庭应设置排烟设施。

4．中庭内不应布置可燃物。

📋 即学即练10-3

【情景描述】消防检查员小李在对某商业综合体进行安全检查。在检查过程中，他特别关注了中庭的防火与防烟系统设置。小李做了如下记录：1．中庭的防火分隔物为实体墙或防火玻璃墙；2．中庭回廊区域仅自动喷水灭火系统；3．防火门和防火卷帘能够正常启闭。请查阅相关规范判断商业综合体哪些问题需要整改。

五、建筑幕墙分隔

1．幕墙是一种非承重的外围护结构，它通常由金属框架和填充面板组成，靠金属骨架与建筑结构相连。建筑幕墙面板常用的材料包括玻璃（如钢化玻璃、夹层玻璃等）、天然或人造石材、金属板材（如铝板、不锈钢板等）以及复合材料等。在火灾情况下，幕墙存在如下隐患：

（1）易破损性：受到高温的影响，幕墙的玻璃面板可能会破裂或爆裂，导致其完整性受损，从而失去阻挡火势和烟气的功能。

（2）变形和脱落：高温可能导致幕墙的金属框架或其他结构部件发生变形，甚至造成面板脱落，这不仅会加速火势的蔓延，还可能对下方的人员和财产构成威胁。

（3）火灾垂直蔓延风险：当幕墙结构受损，其与水平楼板、隔墙之间的缝隙可能成为火势垂直扩散的潜在通道。

2. 建筑幕墙与基层墙体、装饰层之间的空腔，应在每层楼板处采取防火分隔与封堵措施。具有空腔结构的建筑外幕墙会导致外幕墙上下贯通，在火灾时不仅热烟和火焰局限在空腔内，而且易产生烟囱效应，甚至外幕墙自身燃烧并熔融滴落，使火势蔓延迅速扩大，扑救难度大。幕墙的防火分隔和封堵措施应根据不同幕墙构造和材料确定，可以按《建筑防火封堵应用技术标准》GB/T 51410—2020的要求采取相应的防火封堵构造措施。

建筑幕墙的层间封堵应符合下列规定：

（1）幕墙与建筑窗槛墙之间的空腔应在建筑缝隙上、下沿处分别采用矿物棉等背衬材料填塞且填塞高度均不应小于200mm；在矿物棉等背衬材料上面应覆盖具有弹性的防火封堵材料，矿物棉下面应设置承托板。

（2）幕墙与防火墙或防火隔墙之间的空腔应采用矿物棉等背衬材料填塞，填塞厚度不应小于防火墙或防火隔墙的厚度，两侧的背衬材料的表面均应覆盖具有弹性的防火封堵材料。

（3）承托板应采用钢质承托板，且承托板的厚度不应小于1.5mm。承托板与幕墙、建筑外墙之间及承托板之间的缝隙，应采用具有弹性的防火封堵材料封堵。

（4）建筑外墙设置有玻璃幕墙或采用火灾时可能脱落的墙体装饰材料或构造时，供灭火救援用的水泵接合器、室外消火栓等室外消防设施，应设置在距离建筑外墙相对安全的位置或采取安全防护措施。

（5）供消防救援人员进入的窗口的净高度和净宽度均不应小于1.0m，下沿距室内地

📋 即学即练10-4

【情景描述】消防检查员小王负责对一座商业建筑进行安全检查。在检查过程中，他特别关注了建筑外墙的玻璃幕墙以及消防救援窗口。小李做了如下记录：1. 消防救援窗口的尺寸为0.8m；2. 幕墙与建筑窗槛墙之间的空腔使用木质材料进行填塞；3. 承托板与幕墙、建筑外墙之间及承托板之间的缝隙没有进行封堵。请查阅相关规范给出整改意见。

面不宜大于1.2m，间距不宜大于20m且每个防火分区不应少于2个，设置位置应与消防车登高操作场地相对应。窗口的玻璃应易于破碎，并应设置可在室外易于识别的明显标志。

六、竖井防火分隔

竖井通常是指贯穿多个楼层或整个建筑物高度的垂直空间，它们用于布置各种垂直运输或服务设施，常见的竖井包括电梯井、管道井、电缆井、排烟道、排气道、垃圾道等。这些井道连通各楼层，形成一个竖向连通孔洞，是形成烟囱效应的主要场所，是火灾跨楼层传播的主要路径。因使用要求，竖井不可能在各层分别形成防火分区（中断），因此只能采用在必要开口部位设置防火门、防火卷帘加水幕保护，穿过楼板时采用耐火极限不低于楼板耐火性能的材料进行封堵，同时井壁要求耐火极限为1.00h以上（电梯井为2.00h）的不燃性墙体构成。高层建筑各类型竖井的防火设计构造要求，见表10-1。

高层建筑各类型竖井的防火设计构造要求　　　　　　　　　　表10-1

名称	防火要求
电梯井	1. 应独立设置； 2. 井内严禁敷设可燃气体和甲、乙、丙类液体管道，并不应敷设与电梯无关的电缆、电线等； 3. 井壁应为耐火极限不低于2.00h的不燃性墙体； 4. 井壁除设置电梯门、安全逃生门和通气孔洞外，不应开设其他洞口； 5. 电梯层门的耐火极限不应低于1.00h，并应同时符合《电梯层门耐火试验 完整性、隔热性和热通量测定法》GB/T 27903—2011规定的完整性和隔热性
电缆井、管道井、排烟道、排气道	1. 应分别独立设置； 2. 井壁应为耐火极限不低于1.00h的不燃性墙体； 3. 井壁上的检查门应采用丙级防火门； 4. 建筑内的电缆井、管道井应在每层楼板处采用不低于楼板耐火极限的不燃材料或防火封堵材料封堵； 5. 电缆井、管道井与房间、吊顶、走道等相连通的孔隙应采用防火封堵材料封堵
垃圾道	1. 宜靠外墙独立设置； 2. 垃圾道排气口应直接开向室外； 3. 井壁应为耐火极限不低于1.00h的不燃性墙体，井壁上的检查门应采用丙级防火门； 4. 垃圾斗应用不燃材料制作并能自行关闭

七、变形缝防火分隔

在建筑中，变形缝是为了适应结构变形而设置的间隙，其内部不应敷设电缆、可燃气体管道和甲、乙、丙类液体管道等。当需要穿越变形缝时，应采用穿刚性管等方法，管线与套管之间的缝隙应采用不燃材料、防火材料或耐火材料紧密封堵，以防止火势通过变形缝蔓延。此外，变形缝内的填充材料、在外墙处的连接与封堵构造以及在楼层位置的连接与封盖的构造基层，都应选用不燃烧材料。这些措施有助于确保变形缝在防火安全方面的完整性，防止火灾时火势的扩散，保障建筑的消防安全。

📋 即学即练10-5

【情景描述】建筑设计师小赵正在进行一个大型商业综合体的消防设计审查。在审查过程中，他发现变形缝内设置了管道。请查阅相关规范给出建议：采用什么样的处理措施，管道才能穿越变形缝？

八、管道空隙防火分隔

除了可燃气体和甲、乙、丙类液体的管道禁止穿越防火墙之外，其他类型的管道，如用于防烟排烟、采暖、通风空调等系统，在穿越防火隔墙、楼板或防火分区时，必须使用专用的防火封堵材料来密封管道与墙体之间的空隙，确保密封紧密，防止火势通过这些开口蔓延。

对于需要穿过防火墙的管道，其外部的保温材料应当选用不燃材料，以降低火灾风险。此外，如果管道本身由难燃或可燃材料制成，还应在防火墙两侧的管道上实施额外的防火措施，如增加防火层或使用防火包裹，以提高整体的防火性能。

项目 11
防火分隔构件

【学习目标】

知识目标	能力目标	素质目标
1. 掌握防火分隔构件的种类、功能及适用场合。 2. 了解不同防火分隔构件的安装要求和操作规范	1. 掌握防火分隔构件的调试及使用技巧。 2. 能够对现有的防火分隔设施进行安全评估和风险分析	1. 培养学生消防安全责任感，提升对建筑消防安全的重视。 2. 增强学生对防火分隔构件重要性的认识，提高实际操作能力

【思维导图】

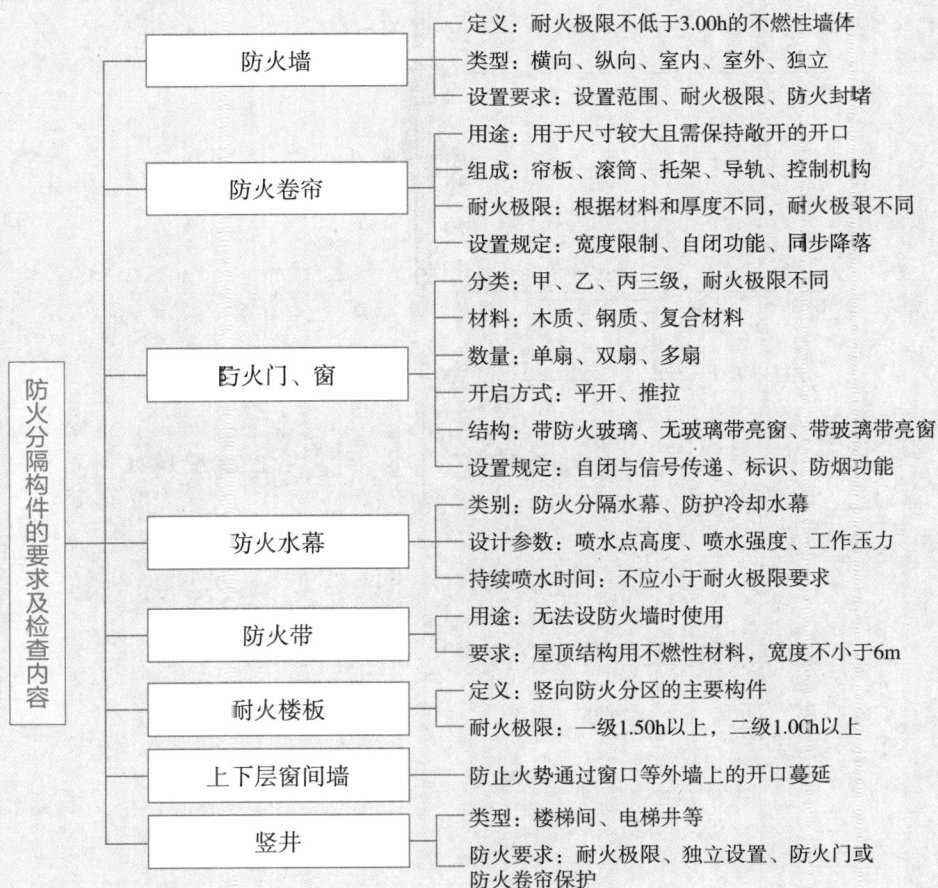

任务11　防火分隔构件的要求及检查内容

【岗位情景模拟】张某应聘到某消防服务机构从事消防日常维护保养工作，其服务的对象有商业中心、大型医院等消防重点单位，其中有一项非常重要的内容就是对防火分隔构件的检查维护。

【讨论】假如你是张某，你将制定哪些措施来确保监督和维保的顺利进行？

一、防火墙

防火墙是防止火灾蔓延至相邻建筑或相邻水平防火分区且耐火极限不低于3.00h的不燃性墙体。防火墙根据平面的布置形式可以分为横向防火墙、纵向防火墙，根据布置位置可以分为室内防火墙、室外防火墙以及独立防火墙。防火墙两侧门、窗洞口之间的距离如图11-1所示。该防火墙设计时考虑了如下因素：

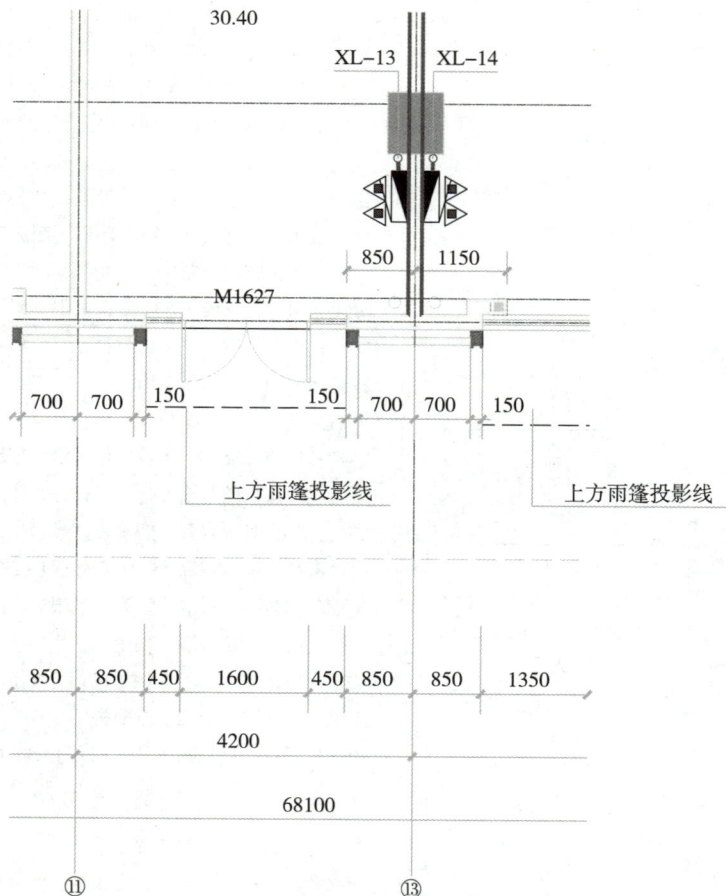

图11-1　防火墙两侧门、窗洞口之间的距离

1．防火墙直接设置在梁板上，并应从楼地面基层隔断至结构梁、楼板或屋面板的底面。

2．紧靠防火墙两侧的门、窗、洞口之间最近边缘的水平距离为2.0m（1.15+0.85）。如果装有固定窗扇的乙级防火窗或火灾时可自动关闭的乙级防火窗等防止火灾水平蔓延的设施时，该距离可不限。

除了上述要求以外，防火墙的设置与构造还应该满足如下要求：

1．防火墙任一侧的建筑结构或构件以及物体受火作用发生破坏或倒塌并作用到防火墙时，防火墙应仍能阻止火灾蔓延至防火墙的另一侧。

2．甲、乙类厂房和甲、乙、丙类仓库内的防火墙，耐火极限不应低于4.00h。

3．建筑外墙为难燃性或可燃性墙体时，防火墙应凸出墙的外表面0.4m以上，如图11-2所示，且防火墙两侧的外墙应为宽度均不小于2.0m的不燃性墙体，如图11-3所示，其耐火极限不应低于该外墙的耐火极限。

4．建筑内的防火墙不宜设置在转角处，确需设置时内转角两侧墙上的门、窗、洞口至最近边缘的水平距离不应小于4.0m，如图11-4所示，采取设置乙级防火窗等防止火灾水平蔓延的措施时，该距离可不限。设置不可开启窗扇的乙级防火墙、火灾时可自动关闭的乙级防火墙、防火卷帘或防火分隔水幕，均可视为能防止火灾水平蔓延的措施。

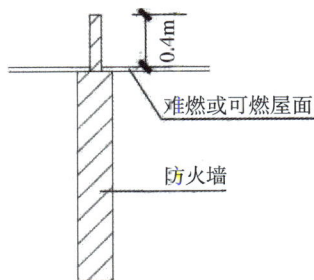

图11-2　防火墙分隔难燃可燃屋面构造要求

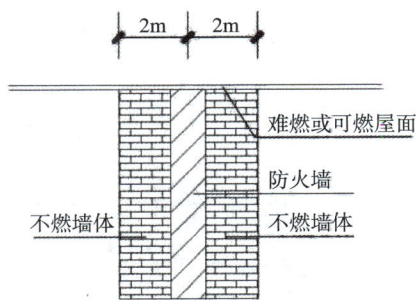

图11-3　防火墙分隔难燃可燃外墙构造要求

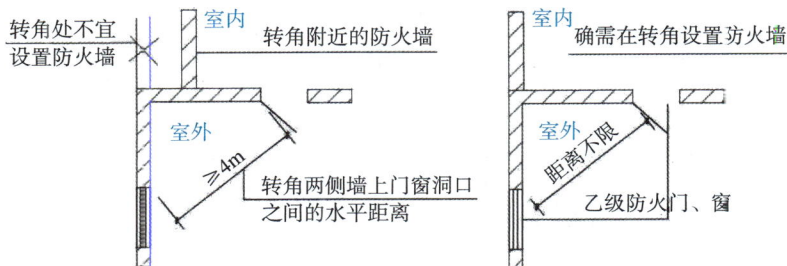

图11-4　建筑转角的防火墙

即学即练11-1

某高校老师带领学生对学校的实验大楼进行消防认知实习，防火墙是防止火灾蔓延至相邻空间且耐火极限不低于3.00h的防火分隔设施，请补充常见防火分隔设施。

二、防火卷帘

防火卷帘一般用于防火墙、防火隔墙上尺寸较大且在正常使用情况下需保持敞开的开口。其与一般卷帘在性能要求上的区别是具备耐火稳定性和完整性以及防烟性。图9-1-1中，地下车库第一防火分区中，为了将危险性大的电动车充电区与普通停车区域分隔开，设计时采用了特级防火卷帘对这个区域进行分隔。

（一）防火卷帘的分类与构造

防火卷帘由帘板、卷轴、座板、导轨、控制机构组成，如图11-5所示。帘板的卷起方式可以是手动或电动，以适应不同的使用需求。根据卷帘板的厚度可分为轻型卷帘和重型卷帘。轻型卷帘钢板厚度0.5~0.6mm，重型卷帘钢板厚度1.5~1.6mm。一般情况下，0.8~1.5mm厚度适用于楼梯间或电动扶梯的隔墙，1.5mm厚度以上适用于防火墙或防火分隔墙。根据材料可分为普通型钢质，耐火极限分别达到1.50和2.00h；复合型钢质，中间加隔热材料，耐火极限可分别达到2.50h、3.00h、4.00h；非金属材料制作的复合防火卷帘，主要材料是石棉布，有较高的耐火极限。

防火卷帘可以根据其耐风压强度、帘面数量、启闭方式、耐火极限进行分类，具体分类见表11-1。

防火卷帘构造示意如图11-5所示。

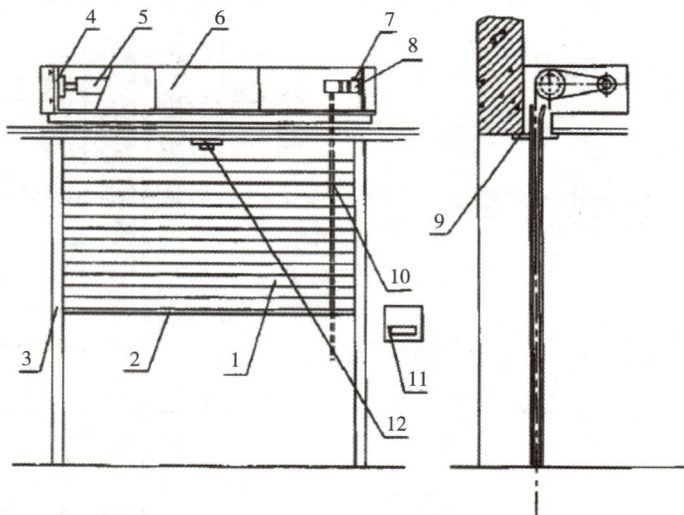

1—帘板；2—座板；3—导轨；4—支座；5—卷轴；6—箱体；7—限位器；
8—卷门机；9—门楣；10—手动拉链；11—控制机；12—温感、烟感探测器

图11-5 防火卷帘构造示意

防火卷帘分类 表11-1

	代号	耐风压强度（Pa）	帘面数量	启闭方式
按耐风压 强度分类	50	490	—	—
	80	784	—	—
	120	1177	—	—
按帘面 数量分类	D	—	1	—
	S	—	2	—
按启闭 方式分类	C_z	—	—	垂直卷
	C_x	—	—	侧向卷
	SP	—	—	水平卷

	名称	符号	代号	耐火极限	帘面漏烟量 $[m^3/(m^2 \cdot min)]$
按耐火 极限分类	钢质防火卷帘	GFJ	F2	≥2.00	
			F3	≥3.00	
	钢质防火、 防烟卷帘	GFYJ	FY2	≥2.00	≤0.2
			FY3	≥3.00	
	无机纤维复合 防火卷帘	WFJ	F2	≥2.00	
			F3	≥3.00	
	无机纤维复合 防火、防烟卷帘	WFYJ	F2	≥2.00	≤0.2
			F3	≥3.00	
	特级防火卷帘	TFJ	TF3	≥3.00	≤0.2

示例1：GFJ-300300-F2-C_z-D-80，表示洞口宽度为300cm，高度为300cm，耐火极限不小于2.00h，启闭方式为垂直卷，帘面数量为1个，耐风压强度为80型的钢质防火卷帘。示例2：TFJ（W）-300300-TF3-C_z-S-240，表示帘面由无机纤维制造，洞口宽度为300cm，高度为300cm，耐火极限不小于3.00h，启闭方式为垂直卷，帘面数量为2个，帘面间距为240mm的特级防火卷帘。防火卷帘标记如图11-6所示。

每樘防火卷帘都应在明显位置上安装永久性铭牌，铭牌上应含有：产品名称、型号、规格及商标；制造厂名称；出厂日期及产品编号或生产批号；电机功率；执行标准。

（二）防火卷帘的设置要求

图11-7给出了本项目防火卷帘的平面和剖面示意图，根据设计图纸及规范

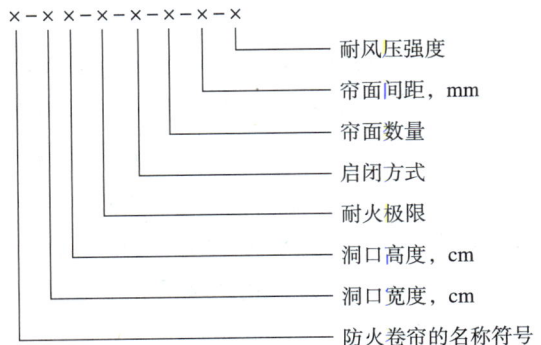

×-×-×-×-×-×-×-×
—— 耐风压强度
—— 帘面间距，mm
—— 帘面数量
—— 启闭方式
—— 耐火极限
—— 洞口高度，cm
—— 洞口宽度，cm
—— 防火卷帘的名称符号

图11-6　防火卷帘代号

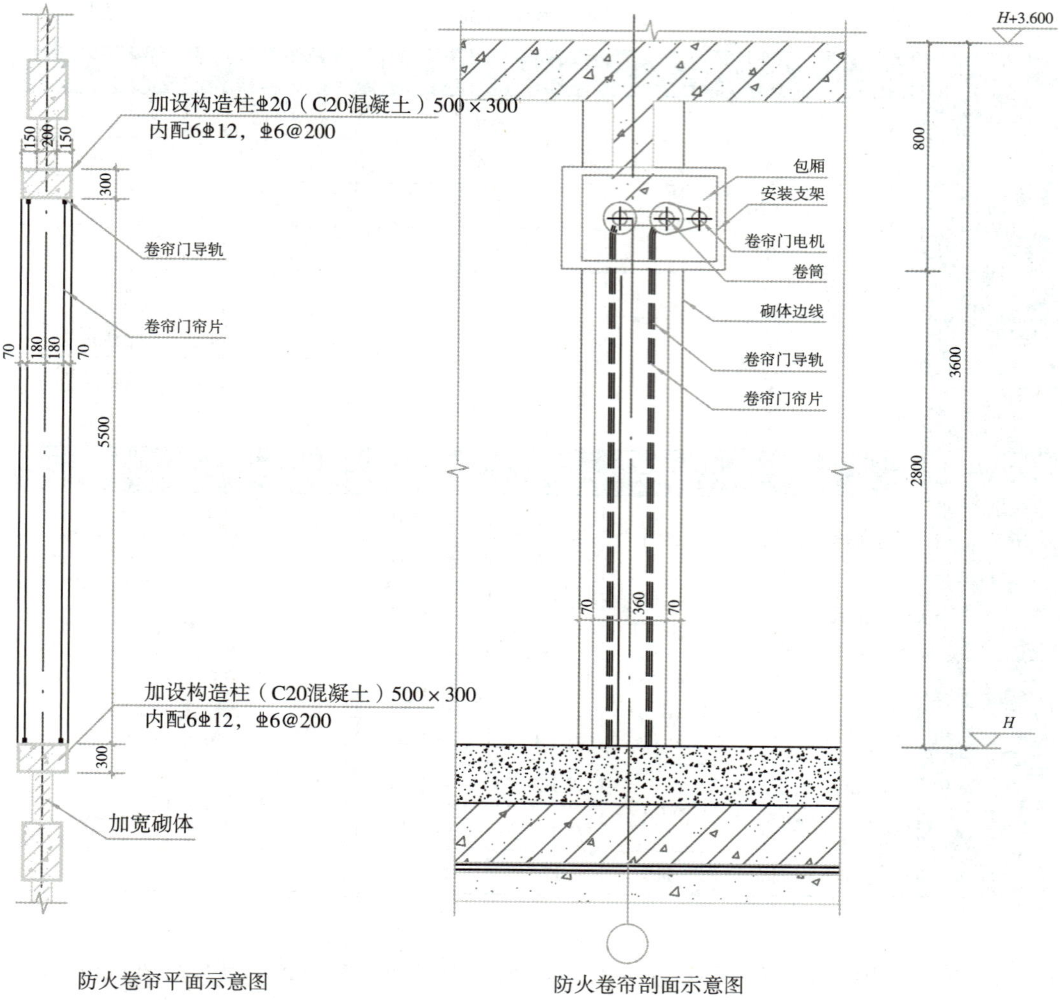

防火卷帘平面示意图   防火卷帘剖面示意图

图11-7 防火卷帘详图

要求在安装防火卷帘时应保证：

1. 防火卷帘与楼板、梁和墙、柱之间密贴，且空隙应采用防火封堵材料封堵，达到防烟效果。

2. 防火卷帘应具有火灾时靠自重自动关闭功能，且具有信号反馈功能。

3. 特级防火卷帘耐火极限不小于3.00h，不低于所设置部位墙体的耐火极限。

除此之外，防火卷帘还应符合下列规定：

1. 当防火分隔部位的宽度不大于30m时，防火卷帘的宽度不应大于10m；当防火分隔部位的宽度大于30m时，防火卷帘的宽度不应大于该部位宽度的1/3，且不应大于20m。

2. 在同一防火分隔区域的界限处采用多樘防火卷帘分隔时，应具有同步降落封闭开口的功能。

3. 当防火卷帘的耐火极限符合《门和卷帘的耐火试验方法》GB/T 7633—2008有关

耐火完整性和耐火隔热性的判定条件时，可不设置自动喷水灭火系统保护。当防火卷帘的耐火极限仅符合《门和卷帘的耐火试验方法》GB/T 7633—2008有关耐火完整性的判定条件时，应设置自动喷水灭火系统保护。自动喷水灭火系统的设计应符合《自动喷水灭火系统设计规范》GB 50084—2017的规定，但火灾延续时间不应小于该防火卷帘的耐火极限。

（三）防火卷帘的检查

作为消防安全管理员，对防火卷帘进行日常检查是一项重要的工作，以确保其在紧急情况下能够正常工作。以下是常规检查的主要内容：

1. 外观检查：检查卷帘是否有损坏、变形或腐蚀的迹象。

2. 操作检查：检查手动释放装置是否容易操作，确保在紧急情况下可以手动降下卷帘。

3. 控制面板：检查控制面板是否工作正常，指示灯是否正常显示。

4. 电源供应：确认卷帘的电源供应是否稳定，电池是否需要更换。

5. 导轨和滑轮：检查卷帘的导轨和滑轮是否有磨损、堵塞或损坏。

6. 防火密封：检查卷帘的周围密封是否完好，确保没有缝隙可以让烟雾或火焰通过。

7. 限位开关：确保卷帘的限位开关工作正常，卷帘可以在指定位置停止。

8. 报警系统：如果卷帘与火灾报警系统相连，检查其联动功能是否正常。

9. 维护记录：检查并更新维护记录，记录每次检查的时间和发现的问题。

10. 测试报告：检查最近的测试报告，确保卷帘通过了所有必要的安全测试。

三、防火门、窗

防火门、窗是具有一定耐火极限，在火灾时能够自动关闭的门，其除具有普通门的功能外，还有防火隔烟的功能。

（一）防火门、窗的分类

防火门、窗按耐火极限分为甲、乙、丙三级，耐火极限应分别不低于1.50h、1.00h和0.50h。甲级防火门、窗一般用于防火墙上的门、窗、洞口或部分重要机房的门窗等部位；乙级防火门、窗可用于疏散楼梯间及其前室等部位；丙级防火门、窗多为建筑竖向井道的检查门等。

防火门标记如图11-8（a）所示。示例1：GFM-0924-bslk5A1.50（甲级）-1。表示隔热（A类）钢质防火门，其洞口宽度为900mm，洞口高度为2400mm，门扇镶玻璃、门框双槽口、带亮窗、有下框，门扇顺时针方向关闭，耐火完整性和耐火隔热性的时间均不小于1.50h的甲级单扇防火门。示例2：MFM-1221-d6B1.00-2。表示部分隔热（B类）木质防火门，其洞口宽度为1200mm，洞口高度为2100mm，门扇无玻璃、门框单槽口、无亮窗、无下框门扇逆时针方向关闭，其耐火完整性的时间不小于1.00h、耐火隔热性的时间不小于0.50h的双扇防火门。

防火窗标记如图11-8（b）所示。示例1：防火窗的型号为MFC 0909-D-A1.00（乙级），表示木质防火窗，规格型号为0909（即洞口标志宽度900mm，标志高度900mm），使用功能为固定式，耐火等级为A1.00（乙级）（即耐火隔热性≥1.00h，且耐火完整性≥1.00h）。示例2：防火窗的型号为GFC 1521-H-C2.00，表示钢质防火窗，规格型号为1521（即洞口标志宽度1500mm，标志高度2100mm），使用功能为活动式，耐火等级为C2.00（即耐火完整性时间不小于2.00h）。

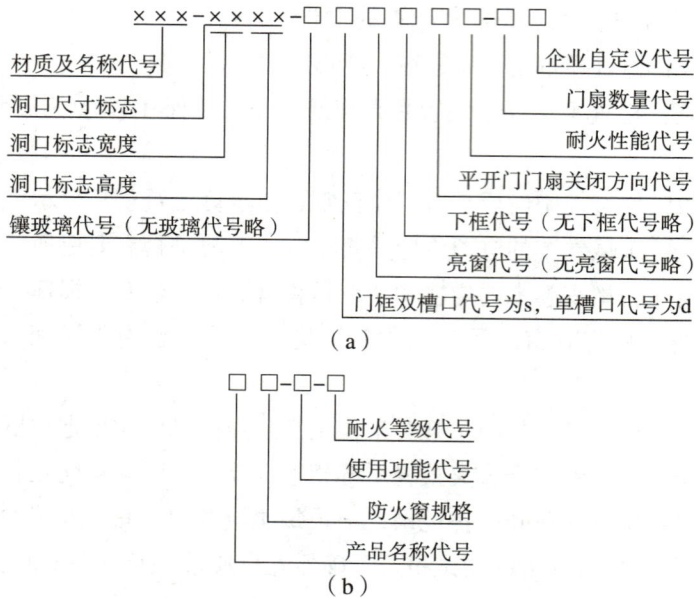

（a）

（b）

图11-8 防火门、窗标记

（a）防火门标记；（b）防火窗标记

防火门的分类如下：

1. 按材料：木质、钢质、复合材料。

2. 按门扇数量：单扇、双扇、多扇。

3. 按开启方式：平开、推拉。

4. 按结构形式：带防火玻璃、无玻璃带亮窗、带玻璃带亮窗。

防火窗的分类如下：

1. 按材料：钢质、木质、钢木复合。

2. 按使用功能：固定式、活动式。

3. 按开启方式：平开、推拉。

4. 按特殊功能分类：防火隔声窗、防火保温窗。

防火门、窗具体分类以及耐火性能见表11-2。

常用防火门见表11-3。

防火门、窗具体分类以及耐火性能　　　　　表11-2

名称	代号（对应级别）	耐火性能	
隔热防火门 隔热防火窗 （A类）	A0.50（丙级）	耐火隔热性≥0.50h，耐火完整性≥0.50h	
	A1.00（乙级）	耐火隔热性≥1.00h，耐火完整性≥1.00h	
	A1.50（甲级）	耐火隔热性≥1.50h，耐火完整性≥1.50h	
	A2.00	耐火隔热性≥2.00h，耐火完整性≥2.00h	
	A3.00	耐火隔热性≥3.00h，耐火完整性≥3.00h	
部分隔热防火门 （B类）	B1.00	耐火隔热性≥0.50h	耐火完整性≥1.00h
	B1.50		耐火完整性≥1.50h
	B2.00		耐火完整性≥2.00h
	B3.00		耐火完整性≥3.00h
非隔热防火窗（C类）	C0.5	耐火完整性≥0.50h	
非隔热防火门 非隔热防火窗 （C类）	C1.00	耐火完整性≥1.C0h	
	C1.50	耐火完整性≥1.50h	
	C2.00	耐火完整性≥2.00h	
	C3.00	耐火完整性≥3.00h	

常用防火门　　　　　表11-3

类别	用途	描述	特点	耐火极限	标准厚度
单扇钢质 防火门	工业用	无框门，框架由薄壁型钢或角钢制成，外覆1.5mm以上冷轧薄钢板，内填矿棉	耐火极限达1.50h，适用于工业环境	1.50h	60mm
	民用	有框门，门框用1.5mm厚冷轧薄钢板成型，内填充水泥砂浆或珍珠岩水泥砂浆	适用于民用建筑，耐火性能好	根据耐火等级不同，极限时间不同	45mm
双扇钢质 防火门	—	结构与单扇钢质防火门相似，需注意门锁和铰链的耐火性能，中缝处理	需装设闭门器和顺序器，常开防火门需加设释放器	根据耐火等级不同，极限时间不同	根据单扇门调整
单扇木质 防火门	—	门框木料经阻燃处理，门扇由胶合板面板、木骨架和填芯材料组成，填充陶瓷棉或岩棉	装修效果好，适用于多种环境	根据耐火等级不同，极限时间不同	（45±2）mm
双扇木质 防火门	—	结构与单扇木质防火门相同，对门锁、铰链和中缝的要求与双扇钢质防火门一致	应用广泛，尤其适合装修要求较高的场所	根据耐火等级不同，极限时间不同	根据单扇门调整

注：耐火极限时间根据具体的防火门等级（甲、乙、丙级）有所不同，上表中的耐火极限和标准厚度是根据一般情况提供的，具体产品需参照制造商提供的技术参数。

（二）防火门的设置要求

图11-9中，地上商业第四防火分区的通向3号、4号消防疏散楼梯处的乙级防火门为常开防火门，轴线Ⓓ与轴线㉒、㉓处的强电间、弱电间乙级防火门以及1号楼梯处水井的丙级防火门为常闭防火门。这些常开、常闭防火门的设置应满足如下要求：

1. 常开防火门，应安装火灾时能自动关闭门扇的控制、信号反馈装置和现场手动控制装置。

2. 常闭防火门应在其明显位置设置"保持防火门关闭"等提示标识。

3. 除管井检修门和住宅的户门外，常闭防火门应安装闭门器等，双扇和多扇防火门应安装顺序器，如图11-10所示。

4. 防火门应能在其内外两侧手动开启。

5. 设置在建筑变形缝附近时，防火门应设置在楼层较多的一侧，并应保证防火门开启时门扇不跨越变形缝，如图11-11所示。

6. 防火门关闭后应具有防烟性能。

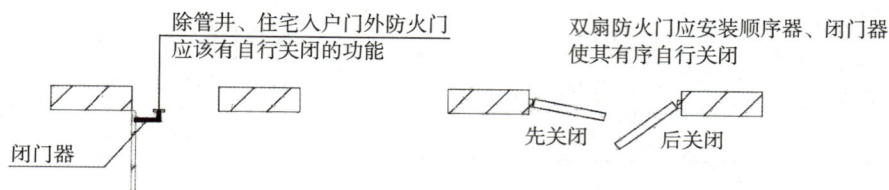

图11-10　自动关闭防火门

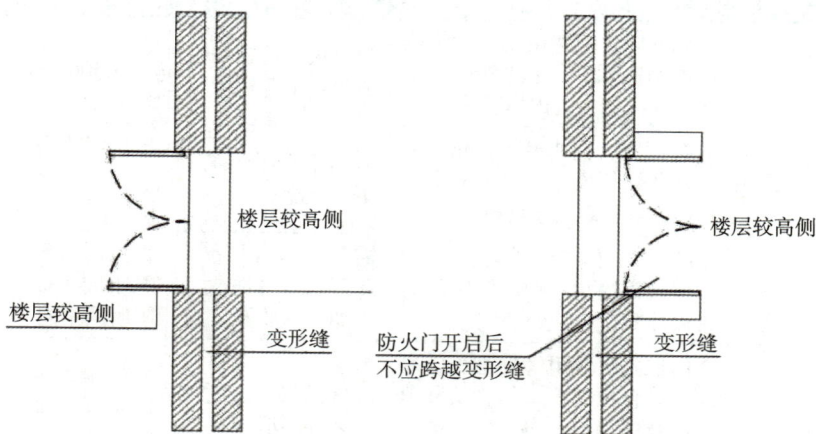

图11-11　防火门与变形缝的位置关系

（三）防火门的类型选用

本项目中，管道井门为丙级常闭防火门，楼梯间、电梯前室疏散门为乙级防火门，电梯机房设备房均为甲级防火门。防火门的选择应遵循以下原则：

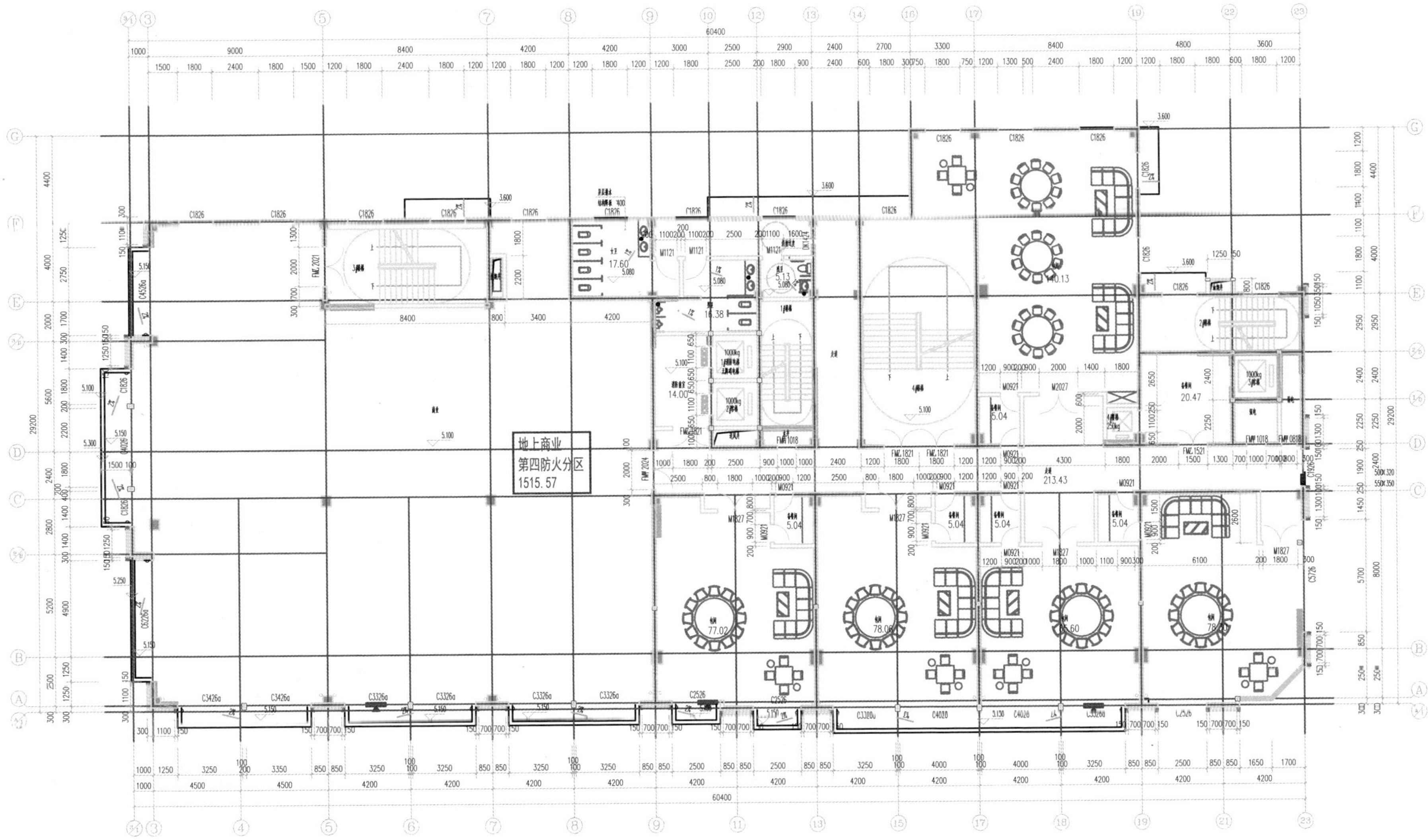

图11-9 地上商业第四防火分区平面图

地上商业
第四防火分区
1515.57

1. 设置甲级防火门的部位

（1）防火墙上的门以及防火分区内的疏散走道处的门。

（2）耐火极限不低于3.00h的防火隔墙上的门。

（3）电梯间、疏散楼梯间通往汽车库的门。

（4）室内开向避难走道前室的门以及避难间的疏散门。

（5）多层乙类仓库、地下、半地下以及多层和高层丙类仓库中，从库房通往疏散走道或疏散楼梯间的门。

2. 设置乙级防火门的部位

（1）甲、乙类厂房，多层丙类厂房，人员密集的公共建筑和其他高层工业与民用建筑中封闭楼梯间的门。

（2）防烟楼梯间及其前室的门。

（3）消防电梯前室或合用前室的门。

（4）前室开向避难走道的门。

（5）地下、半地下及多、高层丁类仓库中从库房通向疏散走道或疏散楼梯的门。

（6）歌舞娱乐放映游艺场所中的房间疏散门。

（7）从室内通向室外疏散楼梯的疏散门。

（8）设置在耐火极限要求不低于2.00h的防火隔墙上的门。

（1）～（8）条中如果建筑高度大于100m的建筑相应部位的门应为甲级防火门。

3. 设置在竖井井壁上的检查门

（1）对于埋深大于10m的地下建筑或地下工程，应为甲级防火门。

（2）对于建筑高度大于100m的建筑，应为甲级防火门。

（3）对于层间无防火分隔的竖井和住宅建筑的合用前室，门的耐火性能不应低于乙级防火门的要求。

（4）对于其他建筑，门的耐火性能不应低于丙级防火门的要求，当竖井在楼层处无水平防火分隔时，门的耐火性能不应低于乙级防火门的要求。

（四）防火门的检查

对防火门进行日常检查是确保建筑物消防安全的重要环节。以下是一些应检查的主要内容：

1. 门体完整性：检查门体是否有损坏、变形或腐蚀、防火玻璃确保其完好无损。

2. 关闭情况：确保防火门能够完全关闭，且关闭后无缝隙。

3. 开启方向：检查门的开启方向是否正确，以确保紧急情况下人员可以顺利疏散。

4. 门把手和锁具：检查门把手是否牢固，锁具是否能够正常工作。

5. 防火密封：检查门框与门扇之间的密封条是否完好，无损坏或脱落。

6. 闭门器：检查闭门器是否工作正常，能够自动关闭防火门。

7. 铰链和紧固件：检查铰链是否牢固，所有紧固件是否紧固无松动。

8. 标识和指示：确保防火门上有清晰的防火标识和疏散指示。

9. 报警系统：如果防火门与报警系统相连，检查其联动功能是否正常。

10. 防火门释放装置：检查手动释放装置是否易操作，确保在紧急情况下可以快速打开。

11. 维护记录：检查并更新维护记录，记录每次检查的时间和发现的问题。

12. 合规性：确保防火门的安装和维护符合当地的建筑和消防安全规范。

通过这些检查，可以确保防火门在紧急情况下能够发挥其应有的作用，保护人员安全和减少火灾损失。

四、防火水幕

（一）防火水幕的构造要求

防火水幕包括防火分隔水幕、防护冷却水幕。防护冷却水幕应直接将水喷向被保护对象，防火分隔水幕不宜用于尺寸超过15m（宽）×8m（高）的开口（舞台口除外）。

防火分隔水幕由开式洒水喷头或水幕喷头、雨淋报警阀组或感温雨淋报警阀等组成，发生火灾时密集喷洒形成水墙或水帘的水幕系统，防护冷却水幕由水幕喷头、雨淋报警阀组或感温雨淋报警阀等组成，发生火灾时用于冷却防火卷帘、防火玻璃墙等防火分隔设施的水幕系统。表11-4给出了水幕系统的基本设计参数。

水幕系统的基本设计参数　　　　　　　　　　　　　表11-4

水幕系统类别	喷水点高度h（m）	喷水强度［L/（s·m）］	喷头工作压力（MPa）
防火分隔水幕	$h \leqslant 12$	2.0	0.1
防护冷却水幕	$h \leqslant 4$	0.5	

注：1. 防护冷却水幕的喷水点高度每增加1m，喷水强度应增加0.1L/（s·m），但超过9m时喷水强度仍采用1.0L/（s·m）。
　　2. 系统持续喷水时间不应小于系统设置部位的耐火极限要求。

防护冷却系统保护防火卷帘、防火玻璃墙等防火分隔设施时，系统应独立设置，且应符合下列要求：

1. 喷头设置高度不应超过8m；当设置高度为4~8m时，应采用快速响应洒水喷头。

2. 喷头设置高度不超过4m时，喷水强度不应小于0.5L/（s·m）；当超过4m时，每增加1m，喷水强度应增加0.1L/（s·m）。

3. 喷头设置应确保喷洒到被保护对象后布水均匀，喷头间距应为1.8~2.4m；喷头溅水盘与防火分隔设施的水平距离不应大于0.3m。

4. 持续喷水时间不应小于系统设置部位的耐火极限要求。

（二）防火水幕的检查

对防火水幕系统进行日常检查是确保其在紧急情况下能够正常工作的重要环节。以

下是应检查的内容:

1. 系统完整性:确保整个系统无损坏或缺失部件。
2. 水源与水压:检查水源供应是否稳定,水压是否符合设计要求。
3. 水泵功能:确认水泵能够正常启动,运行无异常。
4. 管道与阀门:检查管道无泄漏,阀门操作是否顺畅。
5. 喷头状态:确认喷头未被堵塞或损坏,分布是否均匀。
6. 控制系统:检查控制面板和指示灯是否正常工作。
7. 电源供应:确保主电源和备用电源系统均能正常供电。
8. 联动与报警:进行联动测试,确保与火灾报警系统连接正常。
9. 维护与记录:更新维护记录,记录检查结果和必要的维护措施。
10. 应急与操作培训:确保操作人员熟悉系统操作,应急计划更新且有效。

通过这些检查,可以确保防火水幕系统在火灾发生时能够及时启动,有效地控制火势蔓延,保护人员安全和减少财产损失。

📑 **即学即练11-2**

　　消防检查员小王负责对一座高层商业建筑进行消防检查。在检查过程中,小王做了如下记录:1.同一防火分隔区域的界限处的多樘防火卷帘不能同时降落;2.在建筑内经常无人通行处的防火门处于常开状态;3.疏散楼梯间通往汽车库的门为乙级防火门;4.某冷却防护水幕系统(喷头的设置高度为6m)喷水强度为0.5L/(s·m)。请查阅相关规范判断上述内容的合规性,如果不符合规范请给出整改意见。

五、防火带

(一)防火带的构造要求

当厂房内由于生产工艺连续性的要求等原因无法设防火墙时,可以改设防火带。防火带是在有可燃构件的建筑物中间划出一段区域,将这个区域内的建筑构件全部改用不燃性材料,并采取措施阻挡防火带一侧的烟火蔓延至另一侧,从而起到防火分隔的作用。防火带应符合下列要求:

1. 防火带中的屋顶结构应用不燃性材料制作,其宽度不应小于6m,并高出相邻屋脊0.7m,如图11-12所示。

2. 防火带最好设置在厂房、仓库内的通道部位,以利于火灾

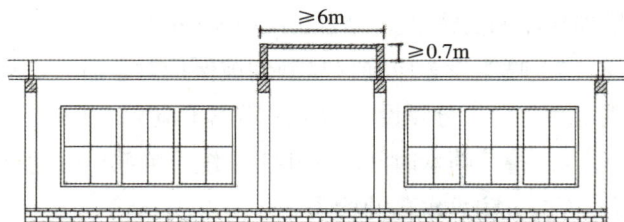

图11-12　防火带分割示意图

时的安全疏散和扑救工作。

3. 防火带下不得堆放可燃物资或搭建可燃建（构）筑物。

（二）防火带的检查

对厂房内的防火带进行日常检查时，应重点检查防火带以下内容：

1. 清洁状况：检查防火带区域是否保持清洁，是否堆放可燃物资，是否搭建任何可燃建（构）筑物。

2. 疏散通道：确认防火带内的疏散通道畅通无阻，且标识清晰。

3. 照明和指示：检查防火带区域的照明设施是否正常工作，疏散指示标志是否清晰可见。

4. 应急设施：确认防火带附近的消防设施，如灭火器、消防栓等，是否完好且易于使用。

通过这些检查，可以确保防火带在关键时刻能够有效地发挥其防火分隔作用，保障人员安全和减少火灾损失。

六、耐火楼板

耐火楼板为竖向防火分区的主要构件，主要由具有一定耐火能力的钢筋混凝土构成。凡符合建筑耐火设计要求的楼板即为耐火楼板。一级耐火等级建筑物的楼板应为不燃性楼板，耐火极限应在1.50h以上，二级耐火等级建筑物的楼板应为不燃性楼板，耐火极限应在1.00h以上。本项目的耐火等级是一级，楼板为耐火极限不低于1.50h的不燃性楼板。

七、上下层窗间墙

建筑外窗等外墙上的开口是火灾通过外立面蔓延的主要途径，应采取措施防止火势从室内通过窗口等外墙上的开口向上、向下或横向蔓延，如窗间墙。火灾层在轰燃之后，窗玻璃破碎，火焰经外窗喷出，在浮力及风力作用下，火向上蹿烧，将上层窗口及其附近的可燃物烤着，进而蹿到上层室内，逐层甚至越层向上蔓延，致使整个建筑物起火。防止火灾从外墙窗口向上层蔓延，最有效的办法就是减小窗口面积，或增加窗间墙的高度，或在窗口上方设置阳台、挑檐等措施。

如图11-13给出的裙楼和主楼的墙身断面大样图，裙楼1层与2层之间窗间墙高度2.5m、挑檐1m，裙楼2层与3层之间窗间墙高度1.6m，主楼偶数层到奇数层之间窗间墙高度1.6m，奇数层到偶数层之间窗间墙高度1.9m，满足规范要求的上、下层开口之间设置高度不小于1.2m的实体墙或挑出宽度不小于1.0m、长度不小于开口宽度的防火挑檐。

当室内设置自动喷水灭火系统时，上、下层开口之间的实体墙高度不应小于0.8m。当上、下层开口之间设置实体墙确有困难时，可设置防火玻璃墙，但高层建筑的防火玻璃墙的耐火完整性不应低于1.00h，单、多层建筑的防火玻璃墙的耐火完整性不应低于0.50h。外窗的耐火完整性不应低于防火玻璃墙的耐火完整性要求。住宅建筑外墙上相邻户开口之间与墙体宽度不应小于1.0m；小于1.0m时，应在开口之间设置突

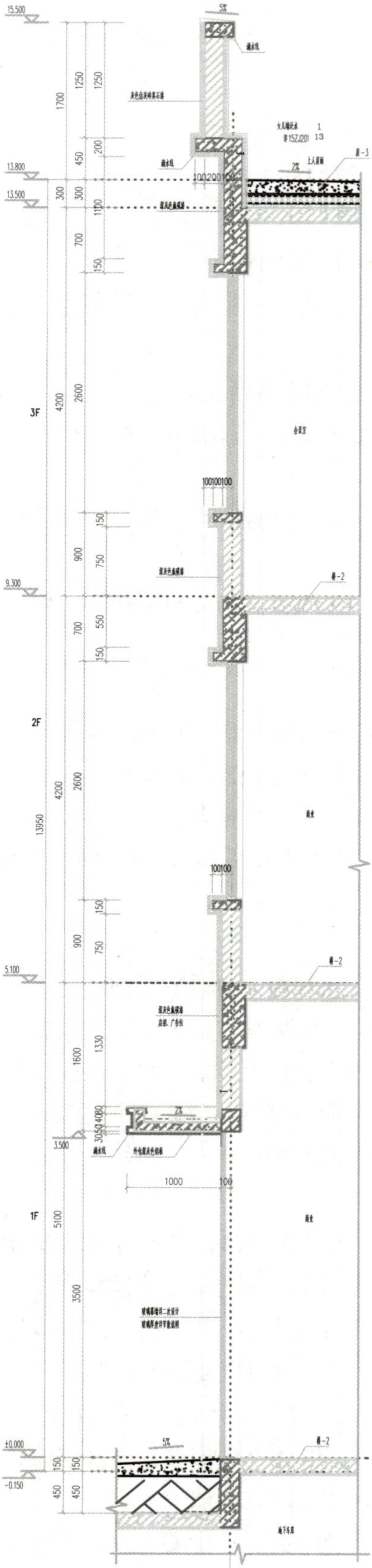

图11-1-13 裙楼和主楼的墙身断面大样图

墙身断面大样一　　　　墙身断面大样七

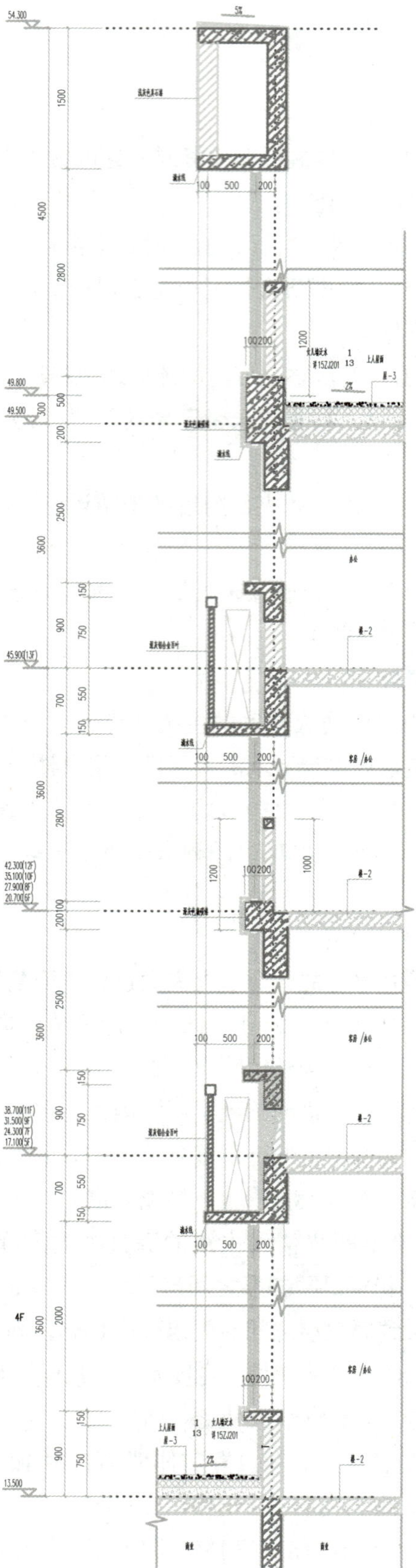

出外墙不小于0.6m的隔板。实体墙、防火挑檐和隔板的耐火极限和燃烧性能，均不应低于相应耐火等级建筑外墙的要求。

八、竖井

本项目中包含了电梯井、电气竖井、管道井、排烟或通风道等，这些井道连通各楼层，形成一个竖向连通孔洞，是形成烟囱效应的主要场所，是火灾跨楼层传播的主要路径。因使用要求，竖井不可能在各层分别形成防火分区（中断），因此只能采用在必要开口部位设置防火门、防火卷帘加水幕保护，穿过楼板时采用耐火极限不低于楼板耐火性能的材料进行封堵，同时井壁要求耐火极限为1.00h以上（电梯井为2.00h）的不燃性墙体构成。

【数字资源】

资源名称	4.1.1防火分区1	4.1.2防火分区2	4.1.3防火分区3	4.1.4防火分区4	4.2.1防火分隔1
资源类型	视频	视频	视频	视频	视频
资源二维码					

资源名称	4.2.2防火分隔2	4.3.1防火分隔设施与措施1	4.3.2防火分隔设施与措施2	4.4防烟分区	4.5建筑防火封堵
资源类型	视频	视频	视频	视频	视频
资源二维码					

模块 5

安全疏散与避难

安全疏散与避难是确保人员生命安全的重要措施。在紧急情况下，通过有序地离开危险区域，使用最近的安全出口，遵循指示并保持冷静，可以最大限度地减少人员伤亡。避难设施如避难层、避难间等则为人员提供了临时的安全庇护所，特别是在高层建筑和公共建筑中，这些设施尤为重要。它们应设置在合理的位置，并配备必要的消防设施，以确保在火灾等紧急情况下人员能够迅速到达并得到有效保护。

通过本模块的学习，了解常用的疏散设施，熟悉工业与民用建筑安全疏散距离的要求，以及安全出口、疏散走道、避难走道、避难层（间）的概念及其设置要求，掌握不同使用功能民用建筑的百人宽度指标、疏散人数的确定方法、安全出口和疏散走道等宽度计算方法以及楼梯间等防火设计要求。熟悉安全疏散及避难设施的检查内容和方法，根据消防技术标准规范，辨识和分析安全疏散及避难设施方面存在的不安全因素，解决建筑中安全疏散的消防技术问题。

项目 12
安全疏散

【学习目标】

知识目标	能力目标	素质目标
应熟悉掌握安全疏散距离的计算方法及疏散距离确定的方法	掌握安全疏散基本参数的计算与确定方法，确保疏散设计、监督检查符合规范，提高紧急疏散效率与安全性	强化学生消防安全意识，培养社会责任感，确保公共安全。通过对疏散走道、疏散门等安全疏散设施设置合理性的检查，注重培养学生责任感和规范意识，加强风险管控能力

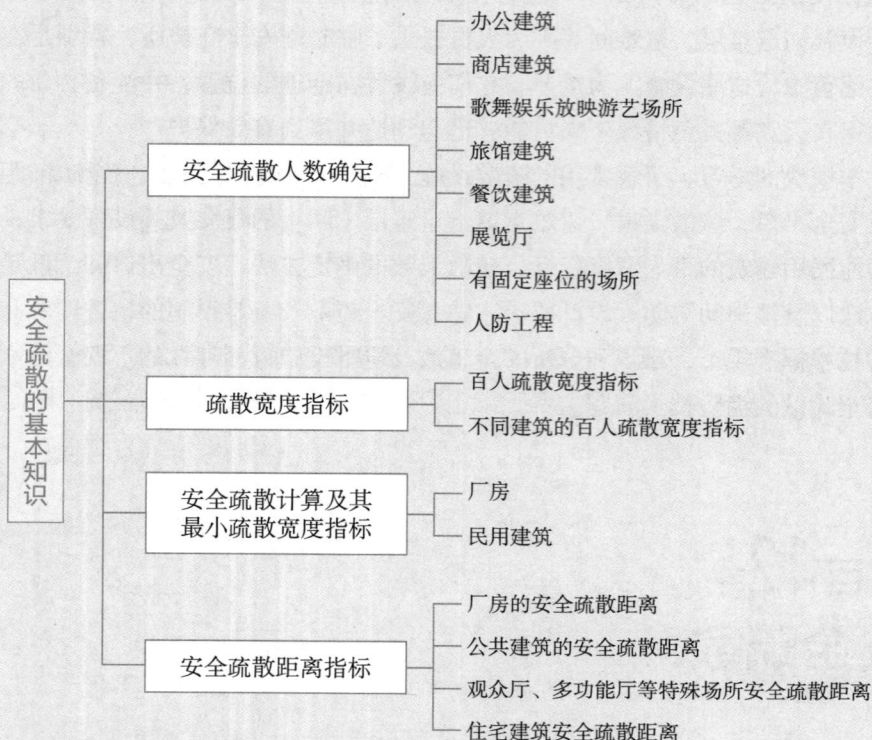

安全疏散人数确定
- 办公建筑
- 商店建筑
- 歌舞娱乐放映游艺场所
- 旅馆建筑
- 餐饮建筑
- 展览厅
- 有固定座位的场所
- 人防工程

安全疏散的基本知识

疏散宽度指标
- 百人疏散宽度指标
- 不同建筑的百人疏散宽度指标

安全疏散计算及其最小疏散宽度指标
- 厂房
- 民用建筑

安全疏散距离指标
- 厂房的安全疏散距离
- 公共建筑的安全疏散距离
- 观众厅、多功能厅等特殊场所安全疏散距离
- 住宅建筑安全疏散距离

任务12　安全疏散的基本知识

【岗位情景模拟】某市一栋塔式三星级宾馆，地上13层，地下2层，建筑高度52m，框架剪力墙结构，耐火等级一级，首层主要使用功能为消防控制室、接待大厅、咖啡厅和餐厅的宴会厅（容纳人数上限均为280人），地上二层主要使用功能为健身房和餐厅的包房（容纳人数上限均为250人），地上三层主要使用功能为办公室和会议室（容纳人数上限均为200人），地上四～十三层主要使用功能均为客房（各层容纳人数上限均为300人）。该宾馆各层均划分为两个防火分区，每个防火分区均设有两个上下直通的防烟楼梯间。该宾馆按有关国家工程建设消防技术标准配置了消防设施器材。

【讨论】本栋建筑的安全疏散设施如何设置才能满足消防的要求？

安全疏散是指人员由危险区域向安全区域撤离的行为，也称"逃生"。与人员安全疏散密切相关的因素主要包括建筑特征（建筑高度、规模、使用性质、耐火等级等）、人员特点（人在火灾时的心理状态与行为特点）和火灾特性（火灾发展规律与烟气产生及蔓延特性）等。综合考虑上述影响因素及其耦合效应，安全疏散基本参数主要包括安全疏散人数、疏散宽度指标、疏散距离。

一、安全疏散人数确定

火灾中人员是疏散的主体，也是火灾中被伤害的对象。实际应用中，只能根据建筑使用功能及其人员主要特征，确定人员密度和安全疏散总人数，作为安全疏散设施、措施设定的基本依据。

（一）办公建筑

办公建筑是指供机关、团体和企事业单位办理行政事务和从事各类业务活动的建筑物。

1. 办公建筑的人员密度指标

（1）普通办公室每人使用面积不应小于$6m^2$，单间办公室使用面积不宜小于$10m^2$。

（2）专用办公室应符合下列规定：

1）手工绘图室，每人使用面积不应小于$6m^2$；研究工作室每人使用面积不应小于$7m^2$。

2）中、小会议室可分散布置。小会议室使用面积不宜小于$30m^2$，中会议室使用面积不宜小于$60m^2$。中、小会议室每人使用面积：有会议桌的不应小于$2.00m^2$/人，无会议桌的不应小于$1.00m^2$/人。

（二）商店建筑

计算方法：

建筑面积（m^2）× 人员密度（人/m^2）= 疏散人数

疏散人数 × 百人宽度指标（m/百人）= 设计疏散总宽度（m）

商店的疏散人数应按每层营业厅的建筑面积乘以表12-1规定的人员密度计算。对于建材商店、家具和灯布展示建筑，其人员密度可按表12-1规定值的30%确定。但当一座商店建筑内设置多种商业用途时考虑到不同用途区域可能随经营状况或经营者的变化而变化，人员密度需按照该建筑的主要商业用途来确定，不能按上述方法扩减。商场建筑的疏散指标如图12-1所示。

商店营业厅内的人员密度指标（人/m^2）　　　　　　　　表12-1

楼层位置	地下第二层	地下第一层	地上第一、二层	地上第三层	地上第四层及以上各层
人员密度	0.56	0.60	0.43 ~ 0.60	0.39 ~ 0.54	0.30 ~ 0.42

注：营业厅的建筑面积小于$3000m^2$时宜取上限值，当建筑规模较大时，可取下限值。

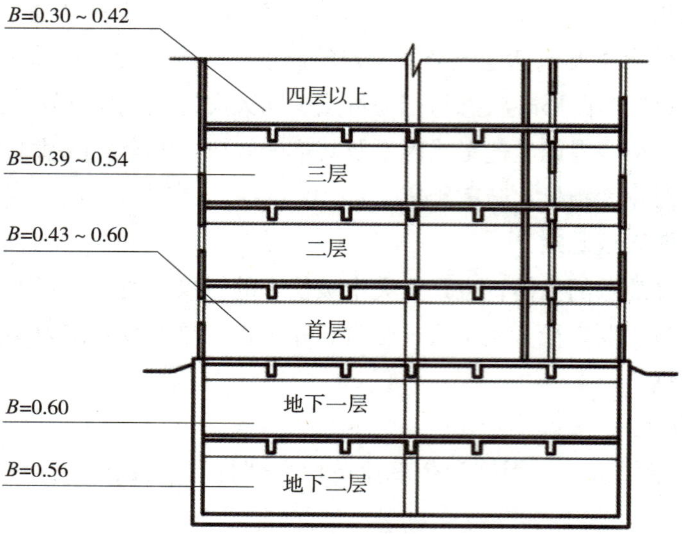

图12-1　商场建筑的疏散指标

（三）歌舞娱乐放映游艺场所

歌舞娱乐放映游艺场所主要包括歌舞厅、卡拉OK（含具有卡拉OK功能的餐厅）、夜总会、录像厅、桑拿浴室等，在计算疏散人数时，可以不计算该场所内疏散走道、卫生间等辅助用房的建筑面积，而可以只根据该场所内具有娱乐功能的各厅、室的建筑面积确定，内部服务和管理人员的数量可根据核定人数确定。歌舞娱乐放映游艺场所中录像厅的疏散人数，应根据厅、室的建筑面积按不小于1.0人/m²计算；其他歌舞娱乐放映游艺场所的疏散人数，应根据厅、室的建筑面积按不小于0.5人/m²计算。

（四）旅馆建筑

旅馆建筑主要是提供住宿及餐饮、会议、健身和娱乐等全部或者部分服务的公共建筑，也称酒店、饭店、宾馆、度假村。一~三级旅馆的中餐厅、自助餐厅（咖啡厅）的人均使用面积按照1.0~1.2m²/人确定，四级和五级旅馆建筑的中餐厅、自助餐厅（咖啡厅）人均使用面积按照1.5~2m²/人确定，特色餐厅、外国餐厅、包房的人均使用面积按照2.0~2.5m²/人确定，宴会厅、多功能厅人均使用面积按照1.5~2.0m²/人确定，会议室的人均使用面积按照1.2~1.8m²/人确定。

（五）餐饮建筑

餐饮建筑主要是指有就餐空间的建筑，包括单建和附建的旅馆、商业、办公室等公共建筑中的餐饮建筑。用餐区域疏散人数按照用餐区域建筑面积除以每座最小使用面积确定，用餐区域每座最小使用面积按照表12-2取值。

（六）展览厅

展览厅的疏散人数应根据展览厅的建筑面积和人员密度计算，展览厅内的人员密度不宜小于0.75人/m²。

用餐区域每座最小使用面积（单位：m²/座）　　　　　　表12-2

分类	指标	分类	指标
餐馆	1.3	饮品店	1.5
快餐店	1.0	食堂	1.0

注：附建在旅馆、商业建筑中的餐饮场所、其疏散人数分别按照"（二）商店建筑"营业厅的人员密度标准、"（四）旅馆建筑'的餐厅人均面积数进行计算，有固定座位的餐饮场所的疏散人数按照实际座位数的1.1倍计算，附建在办公建筑内的员工餐厅的疏散人数按照表12-2确定的座位数确定。

（七）有固定座位的场所

除剧场、电影院、礼堂、体育馆外，其他有固定座位的场所的疏散人数可按实际座位数的1.1倍计算。

（八）人防工程

地下商店每个防火分区的疏散人数，按照该防火分区内营业厅使用面积乘以面积折算值和疏散人数换算系统确定。面积折算值宜为70%，疏散人数换算系统按照地下一层为0.85人/m²、地下二层为0.80人/m²的标准确定；经营丁、戊类物品的专业商店，按照上述标准计算确定减少50%。

歌舞娱乐放映游艺场所最大容纳人数按照该场所建筑面积乘以人员密度指标来计算，其人员密度指标按照录像厅、放映厅人员密度指标为1.0人/m²，其他歌舞娱乐放映游艺场所人员密度指标为0.5人/m²。

二、疏散宽度指标

（一）百人疏散宽度指标

百人疏散宽度指标是指在一定疏散时间内，每100人以单股人流进行疏散所需要的疏散宽度，采用下面公式计算百人疏散宽度指标：

百人宽度指标=（单股人流宽度×100）÷（疏散时间×每分钟每股人流通过人数）（m/百人）

一般，一、二级耐火等级建筑疏散时间控制为2min，三级耐火等级建筑疏散人数控制为1.5min，单股人流宽度：0.55～0.6m。

每分钟每股人流通过人数，平坡地面按43人/min，楼座阶楼地面按37人/min。

📋 即学即练12-1

某观众厅的疏散时间控制为2min。如果每股人流通过能力为37人/min，单股人流宽度为0.55m。求百人疏散宽度指标。

（二）不同建筑的百人疏散宽度指标

1. 厂房

厂房内疏散楼梯、疏散走道和疏散门的百人疏散宽度指标见表12-3。厂房疏散楼梯净宽度如图12-2所示。

厂房内疏散楼梯、疏散走道和疏散门的百人疏散宽度指标（m/百人）　表12-3

厂房层数	一、二层	三层	≥四层
百人疏散宽度指标	0.60	0.80	1.00

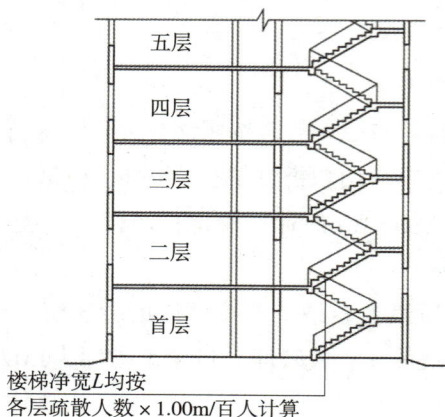

楼梯净宽L均按
各层疏散人数×1.00m/百人计算

图12-2　厂房疏散楼梯净宽度

2. 公共民用建筑的疏散宽度指标

（1）电影院、礼堂、剧院、体育馆的疏散宽度

剧院、电影院、礼堂供观众疏散的所有内门、外门、楼梯和走道的各自总净宽度，应根据疏散人数按每100人的最小疏散净宽度不小于表12-4的规定计算确定。

剧院、电影院、礼堂内门、外门、楼梯和走道的
百人疏散宽度指标（m/百人）　　　　表12-4

观众厅座位数（座）			≤2500	≤1200
耐火等级			一、二级	三级
疏散部位	门和走道	平坡地面	0.65	0.85
		阶梯地面	0.75	1.00
	楼梯		0.75	1.00

（2）体育馆供观众疏散的所有内门、外门、楼梯和走道的各自总净宽度，应根据疏散人数按每100人的最小疏散净宽度不小于表12-5的规定计算确定。

体育馆内门、外门、楼梯和走道的百人疏散宽度指标（m/百人）　　表12-5

观众厅座位数（座）			3000 ~ 5000	5001 ~ 10000	10001 ~ 20000
疏散部位	门和走道	平坡地面	0.43	0.37	0.32
		阶梯地面	0.50	0.43	0.37
	楼梯		0.50	0.43	0.37

注：本表中对应较大座位数范围按规定计算的疏散总净宽度，不应小于对应相邻较小座位数范围按其最多座位数计算的疏散总净宽度。对于观众厅座位数少于3000个的体育馆，计算供观众疏散的所有内门、外门、楼梯和走道的各自总净宽度时，每100人的最小疏散净宽度不应小于表12-4的规定。

观众厅内疏散走道的净宽度，应按每百人不小于0.6m的净宽度计算，且不应小于1.0m，边走道的净宽度不宜小于0.8m。

在布置疏散走道时，横走道之间的座位排数不宜超过20排，纵走道之间的座位数，剧院、电影院、礼堂每排不宜超过22个，体育馆每排不宜超过26个，前后排座位的排距不小于0.9m时，可增加一倍，但不得超过50个，仅一侧有纵走道时，座位数应减少一半。剧院、礼堂、体育馆座位排数如图12-3所示。

（3）其他公共建筑。除剧院、电影院、礼堂、体育馆外的其他公共建筑，其房间疏散门、安全出口、疏散走道和疏散楼梯的百人疏散宽度指标，按照不小于表12-6的标准确定，如图12-4所示。

其他公共建筑中房间疏散门、安全出口、疏散走道和疏散楼梯的
百人宽度指标（m/百人）　　表12-6

建筑层数		建筑的耐火等级		
		一、二级	三级	四级
地上楼层	一 ~ 二层	0.65	0.75	1.00
	三层	0.75	1.00	—
	≥四层	1.00	1.25	—
地下楼层	与地面出入口地坪的高差 $\Delta H \leqslant 10m$	0.75	—	—
	与地面出入口地坪的高差 $\Delta H > 10m$	1.00	—	—

地下或者半地下人员密集的厅、室和歌舞娱乐放映游艺场所，其房间疏散出口、疏散走道和疏散楼梯的百人宽度指标按照不小于1.00m/百人的标准确定。

注意：净宽度指标应按照建筑整体楼层数取值，不应按照各层取值。比如四层的建筑中的三层百人净宽度应为1.00m。

舞台

宜≤20排

横走道之间的座位
排数不宜超过20排

应≥1.00m

宜≥0.80m — 应≥1.00m

宜≤20排

前后排座椅的排距<0.90m时	宜≤22座	宜≤22座	≤11座
前后排座椅的排距≥0.90m时	宜≤44座	宜≤44座且应<50座	≤22座

仅一侧有纵走道时，
座位数应减少一半

观众厅内疏散走道的净宽
度应按每100人≥0.60m计
算，且应≥1.00m；边走
道的净宽度宜≥0.80m

观众厅（剧院、电影院、礼堂）
平面示意图

比赛场地

宜≥0.80m   应≥1.00m

应≥1.00m

宜≤20排

宜≤20排

横走道之间的座位
排数不宜超过20排

前后排座椅的排距<0.90m时	宜≤26座	宜≤26座	≤13座
前后排座椅的排距≥0.90m时	≤50座	≤50座	≤25座

仅一侧有纵走道时，
座位数应减少一半

观众厅（体育馆）
平面示意图

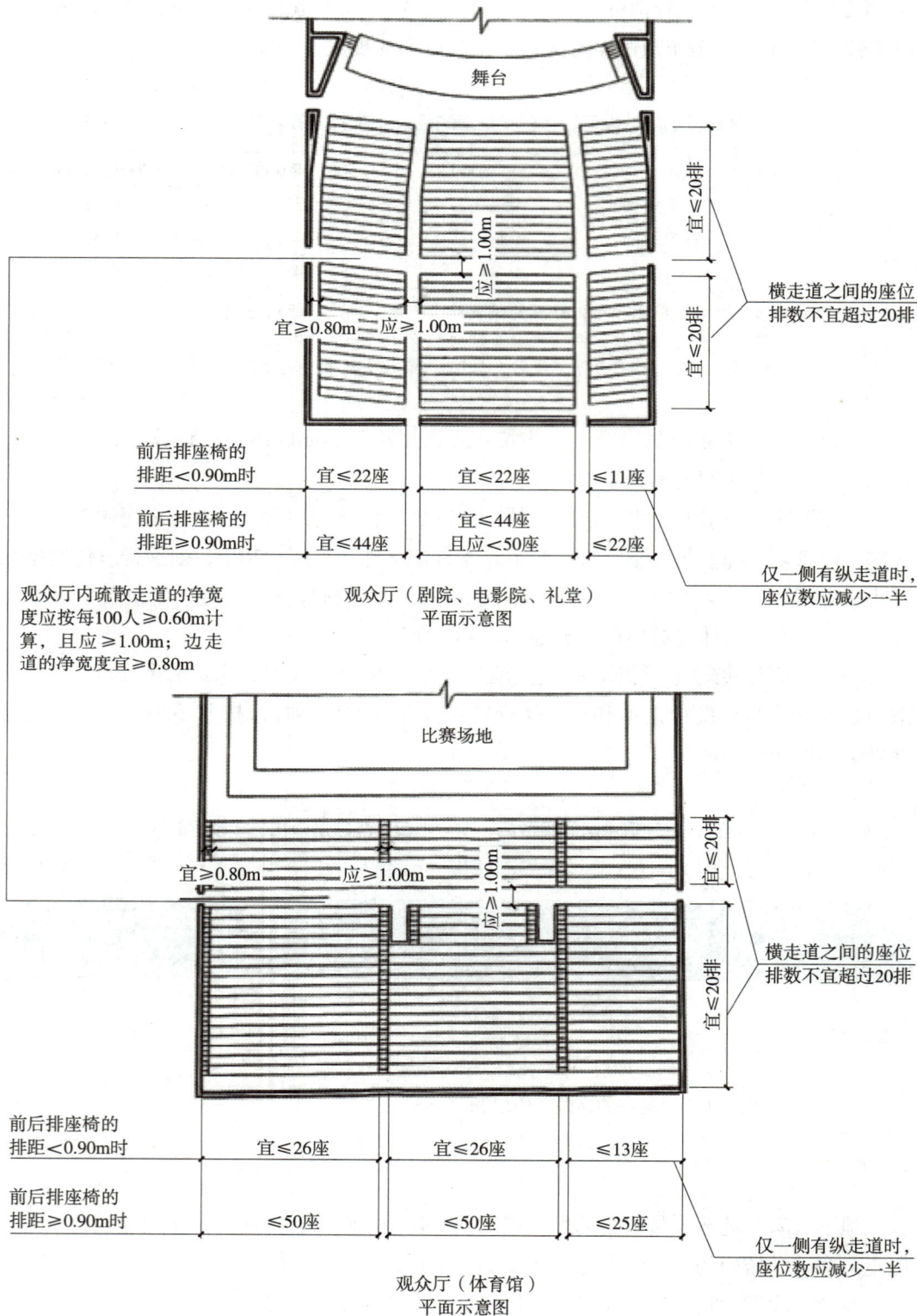

图12-3　剧院、礼堂、体育馆座位排数

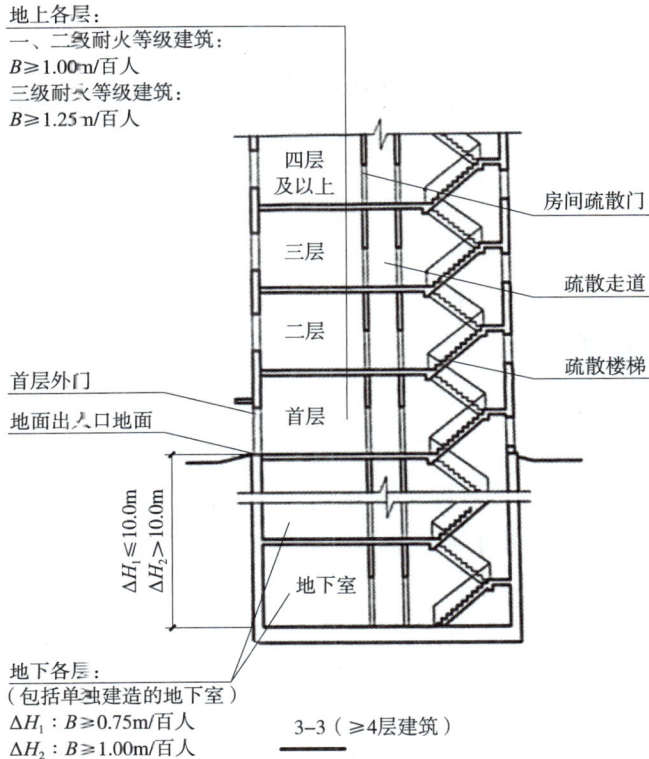

图12-4　其他公共建筑中房间疏散门、安全出口、疏散走道和疏散楼梯的百人宽度指标

3．人防工程

人防工程百人疏散宽度指标按照下列标准确定：

（1）室内地面与室外出入口地坪高差不大于10m的防火分区，百人疏散指标不得小于0.75m/百人。

（2）室内地面与室外出入口地坪高差大于10m的防火分区，百人疏散宽度指标不得小于1.00m/百人。

（3）人员密集的厅、室以及歌舞娱乐放映游艺场所，百人疏散宽度指标不得小于1.00m/百人。

设置有固定座位的电影院、礼堂等的观众厅，其疏散走道、疏散出口等百人疏散宽度指标按照下列标准确定：

（1）厅内的疏散走道的百人宽度指标不得小于0.8m/百人。

（2）疏散出口与厅外疏散走道的总宽度，平坡地面不得小于0.65m/百人，阶梯地面不得小于0.80m/百人。

4．木结构建筑

木结构建筑内疏散走道、安全出口、疏散楼梯和房间疏散门的百人疏散宽度指标，按照不得小于表12-7的标准确定。

木结构建筑内疏散走道、安全出口、疏散楼梯和房间疏散门的
百人疏散宽度指标（m/100人）   表12-7

层数	百人疏散宽度指标
地上一～二层	0.75
地上三层	1.00

📋 即学即练12-2

　　某商业建筑，地上四层，地下二层，耐火等级一级，建筑高度22m。地上各层为百货、小商品和餐饮，地下一层为超市，地下二层为汽车库。地下一层设计疏散人数为1500人，地上一～三层每层设计疏散人数为2000人，四层设计疏散人数为2200人。地上一～三层疏散楼梯的最小总净宽度应是（　　）m。

A. 22　　　　　　　B. 15　　　　　　　C. 20　　　　　　　D. 18

　　5. 地下或半地下人员密集场所

　　地下或半地下人员密集的厅、室和歌舞娱乐放映游艺场所，其房间疏散门、疏散走道、安全出口和疏散楼梯的各自总宽度，应按每100人不小于1.00m计算确定。

　　（1）公共建筑内安全出口和疏散门的净宽度不应小于0.80m，疏散走道和疏散楼梯的净宽度不应小于1.10m。

　　（2）净宽度大于4.00m的疏散楼梯，室内疏散台阶或坡道，应设置扶手栏杆分隔为宽度均不大于2.00m的区段。

　　（3）人员密集的公共场所，当其面积较大时，同一时间聚集人数较多的场所，疏散门的净宽度不应小于1.40m，且紧靠门口内外各1.40m范围内不应设置踏步。室外疏散小巷的净宽度不应小于3.00m。人员密集场所出口及小巷出口示意图如图12-5所示。

　　【知识链接】人员密集的场所主要指营业厅、观众厅、礼堂、电影院、剧院和体育场馆的观众厅、公共娱乐场所中的出入大厅、舞厅、候机（车、船）厅及医院的门诊大厅等面积较大、同一时间聚集人数较多的场所。

　　6. 住宅建筑

　　住宅建筑的户门、安全出口、疏散走道和疏散楼梯的各自总净宽度应经计算确定，且户门和安全出口的净宽度不应小于0.8m，疏散走道、疏散楼梯和首层疏散外门的净宽度不应小于1.1m。

　　建筑高度不大于18m的住宅一侧设有栏杆的疏散楼梯，其最小宽度不可小于1.0m。

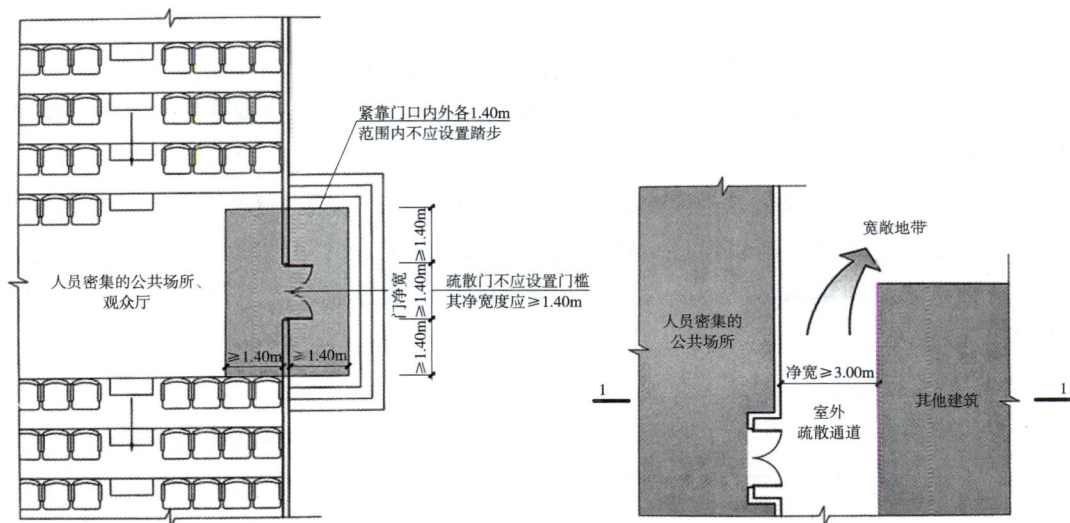

图12-5　人员密集场所出口及小巷出口示意图

疏散宽度计算

1. 通过面积得出人数：$S \times$ 人员密度 $=N$（人数）
2. 通过人数得出疏散宽度：$N \times$ 百人净宽度 $=X$（宽度）

即学即练12-3

某商业建筑在六层设置歌舞厅，该层总建筑面积1200m²，共设有建筑面积为200m²大包房间2个，建筑面积为50m²中型包间6个，建筑面积为20m²小包间12个，分别布置在面积为100m²的走道两端，走道两端各设置一个建筑面积为20m²的卫生间，KTV共设置管理服务人员30人，该KTV首层疏散外门疏散总净宽度为（　　）m。

A. 4.7　　　　B. 5.0　　　　C. 5.4　　　　D. 5.7

三、安全疏散计算及其最小疏散宽度指标

计算时需注意：当每层疏散人数不等时，疏散楼梯的总宽度可分层计算。地上建筑内下层楼梯的总宽度按该层及以上疏散人数最多一层的疏散人数计算；地下建筑内上层楼梯的总宽度按该层及以下疏散人数最多一层的人数计算；除不用作其他楼层人员疏散并直通室外地面的外门总净宽度，可按本层的疏散人数计算确定外，首层外门的总净宽度应按该建筑疏散人数最多一层的人数计算确定。

（一）厂房

厂房内的疏散楼梯、走道和门的总净宽度根据厂房内疏散人数经计算确定，但应符合如下要求：

1. 疏散出口门的净宽度不小于0.8m。

2. 疏散走道、首层疏散外门、室内疏散楼梯净宽度不应小于1.1m。

3. 净宽度大于4.0m的疏散楼梯，室内疏散台阶或坡道、应设置扶手栏杆分隔为宽度不大于2.0m的区段。

特别强调：在疏散通道、疏散走道、疏散出口处，不应有任何影响人员疏散的物体，并应在疏散通道，疏散走道，疏散出口的明显位置设置明显的指示标志。疏散通道、疏散走道、疏散出口的净高度不应小于2.1m。疏散走道在防火分区分隔处应设置疏散门。

（二）民用建筑

民用建筑分为公共建筑与住宅建筑。最小疏散宽度指标仅为建筑疏散走道、安全出口和疏散楼梯等基准性指标，上述所有指标需经计算后核定。

除另有规定外，民用建筑（含住宅）的安全出口和疏散楼门的净宽度不得小于0.8m，疏散走道和疏散楼梯的净宽度不得小于1.1m。

1. 办公建筑

办公建筑走道的最小疏散宽度指标按照表12-8的标准确定。

办公建筑走道的最小疏散宽度指标（m）　　　　　　　表12-8

走道长度	走道的最小疏散宽度	
	单面布置房间	双面布置房间
≤40	1.30	1.50
>40	1.50	1.80

2. 高层公共建筑

高层公共建筑内楼梯间的首层疏散门、首层疏散外门、疏散走道和疏散楼梯的最小疏散宽度指标按照表12-9的标准确定。

高层公共建筑内楼梯间的首层疏散门、首层疏散外门、疏散走道

和疏散楼梯的最小疏散宽度指标（m）　　　　　　　表12-9

建筑类别	楼梯间的首层疏散门、首层疏散外门	走道		疏散楼梯
		疏散楼梯	双面布置房间	
高层医疗建筑	1.30	1.40	1.50	1.30
其他高层公共建筑	1.20	1.30	1.40	1.20

四、安全疏散距离指标

（一）厂房的安全疏散距离

厂房内任一点至最近安全出口的直线距离应符合表12-10要求，如图12-6所示。

厂房内任一点至最近安全出口的直线距离（m）　　　　　　表12-10

生产的火灾危险性类别	耐火等级	单层厂房	多层厂房	高层厂房	地下或半地下厂房
甲	一、二级	30	25	—	—
乙	一、二级	75	50	30	—
丙	一、二级	80	60	40	30
丙	三级	60	40	—	—
丁	一、二级	不限	不限	50	45
丁	三级	60	50	—	—
丁	四级	50	—	—	—
戊	一、二级	不限	不限	75	60
戊	三级	100	75	—	—
戊	四级	60	—	—	—

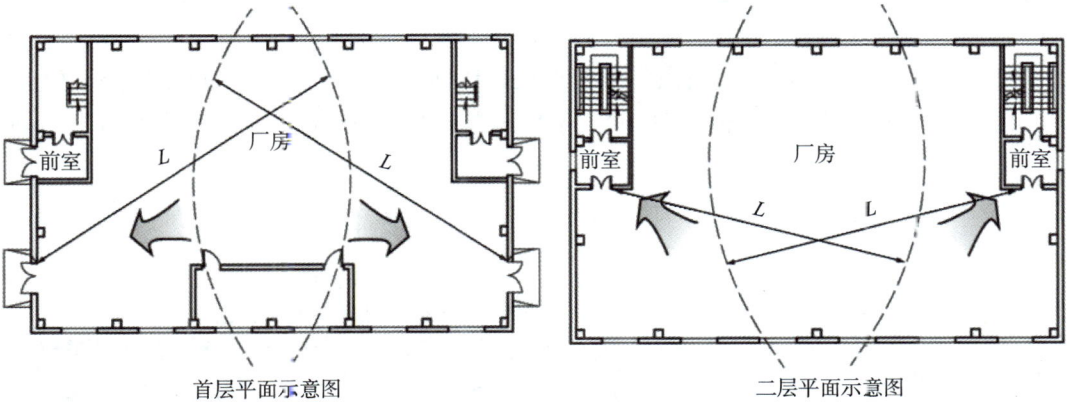

首层平面示意图　　　　　　　　　　　　　二层平面示意图

图12-6　厂房内任一点到安全出口的距离

（二）公共建筑的安全疏散距离

公共建筑的安全疏散距离为房间内任一点到疏散门距离+疏散门到安全出口间的距离。直通疏散走道的房间疏散门至最近安全出口的直线距离见表12-11。

需要注意：

1. 建筑物内全部设置自动喷水灭火系统时，安全疏散距离可按规定增加25%。

直通疏散走道的房间疏散门至最近安全出口的直线距离（m）　　　表12-11

名称		位于两个安全出口之间的疏散门			位于袋形走道两侧或尽端的疏散门		
		耐火等级			耐火等级		
		一、二级	三级	四级	一、二级	三级	四级
托儿所、幼儿园、老年人照料设施		25	20	15	20	15	10
歌舞娱乐放映游艺		25	20	15	9	—	—
医疗建筑	单、多层	35	30	25	20	15	10
	高层病房部分	24	—	—	12	—	—
	高层其他部分	30	—	—	15	—	—
教学建筑	单、多层	35	30	25	22	20	10
	高层	30	—	—	15	—	—
高层旅馆、展览建筑		30	—	—	15	—	—
其他建筑	单多层	40	35	25	22	20	15
	高层	40	—	—	20	—	—

2. 直通疏散走道的房间疏散门至最近敞开楼梯间的直线距离：当房间位于两个楼梯间之间时，按规定减少5m；当房间位于袋形走道两侧或尽端时，按规定减少2m，如图12-7所示。

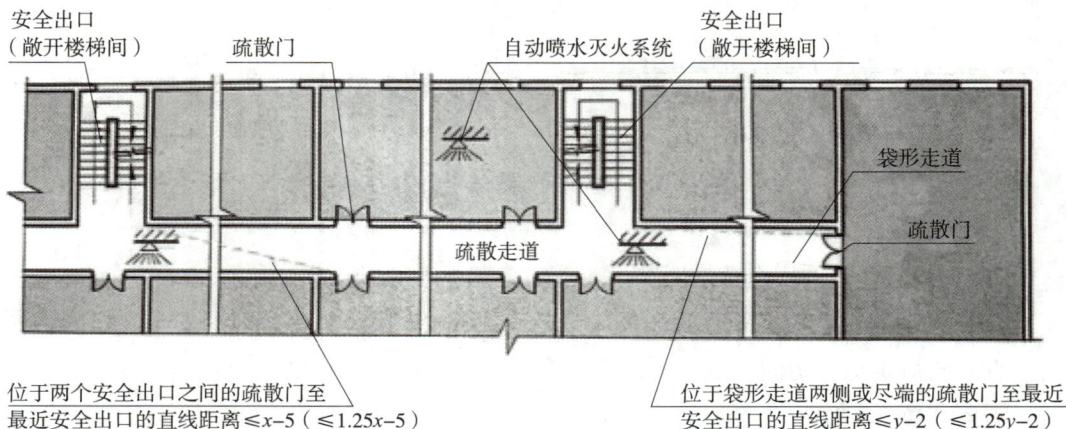

位于两个安全出口之间的疏散门至最近安全出口的直线距离≤x−5（≤1.25x−5）

位于袋形走道两侧或尽端的疏散门至最近安全出口的直线距离≤y−2（≤1.25y−2）

图12-7　直通疏散走道的房间疏散门至最近敞开式楼梯间的直线距离

3．直通敞开式外廊的房间疏散门至最近安全出口的直线距离：疏散门至最近安全出口的距离可按规定增加5m，如图12-8所示。

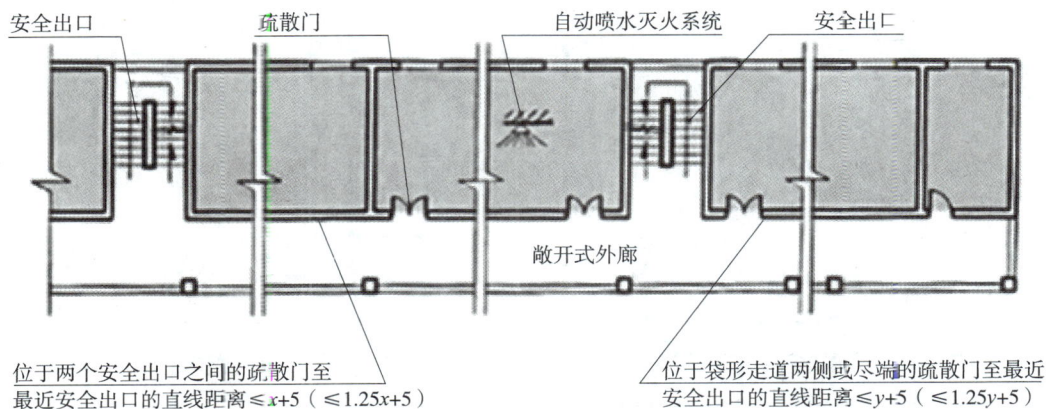

图12-8　直通敞开式外廊的房间疏散门至最近安全出口的直线距离

即学即练12-4

　　某医院住院部，地上10层，建筑高度为40m，该建筑内全部设置了自动喷水灭火系统，当建筑内某一房间直通疏散走道的房间门位于两个安全出口之间时，该房间内任意一点至最近疏散楼梯间的距离不应超过（　　　）m。

A. 36　　　　　　　B. 45　　　　　　　C. 52.5　　　　　　　D. 56.25

（三）观众厅、多功能厅等特殊场所安全疏散距离

1．一、二级耐火等级建筑内疏散门或安全出口不少于2个的观众厅、多功能厅、展览厅、餐厅、营业厅等，其室内任一点至疏散门或安全出口的直线距离不应大于30m。

2．当疏散门不能直通室外地面或疏散楼梯间时，应采用长度不大于10m的疏散走道通至最近的安全出口。

3．当该场所设置自动喷水灭火系统时，室内任一点至安全出口的安全疏散距离可分别增加25%，如图12-9所示。

（四）住宅建筑安全疏散距离

住宅建筑直通疏散走道的户门至最近安全出口的距离见表12-12。

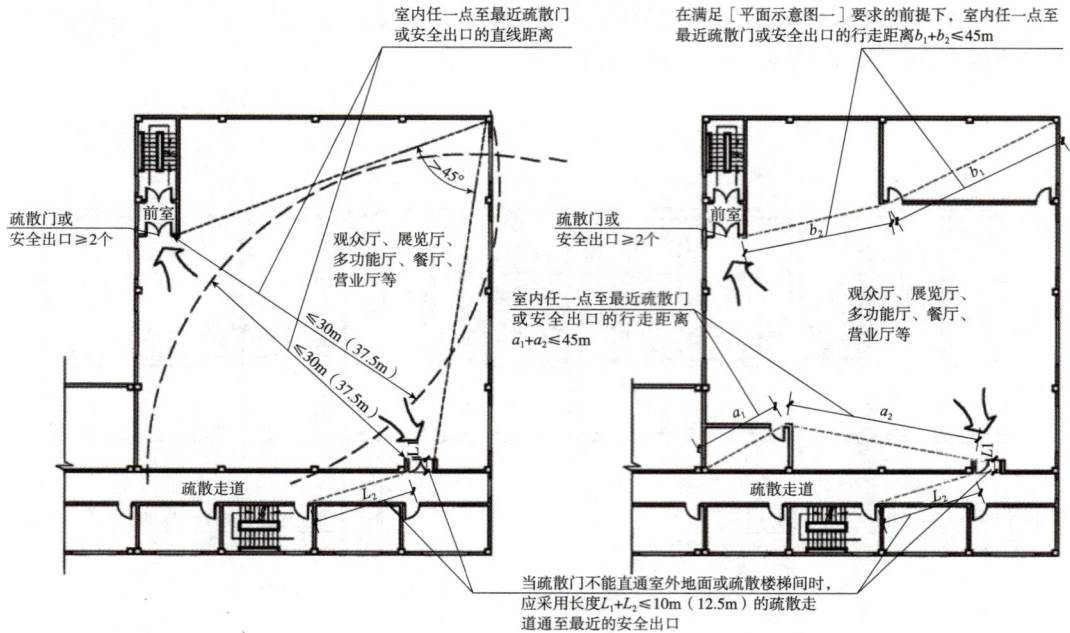

室内任一点至最近疏散门或安全出口的直线距离

在满足［平面示意图一］要求的前提下，室内任一点至最近疏散门或安全出口的行走距离$b_1+b_2 \leqslant 45m$

疏散门或安全出口≥2个

前室

观众厅、展览厅、多功能厅、餐厅、营业厅等

≤30m（37.5m）

≤30m（37.5m）

疏散走道

L_2

室内任一点至最近疏散门或安全出口的行走距离$a_1+a_2 \leqslant 45m$

疏散门或安全出口≥2个

前室

观众厅、展览厅、多功能厅、餐厅、营业厅等

a_1

a_2

疏散走道

L_2

当疏散门不能直通室外地面或疏散楼梯间时，应采用长度$L_1+L_2 \leqslant 10m$（12.5m）的疏散走道至最近的安全出口

图12-9　一、二级耐火等级公共建筑的安全疏散距离示意

住宅建筑直通疏散走道的户门至最近安全出口的距离（m）　　　　表12-12

名称	位于两个安全出口之间的疏散门			位于袋形走道两侧或尽端的疏散门		
	耐火等级			耐火等级		
	一、二级	三级	四级	一、二级	三级	四级
单层或多层	40	35	25	22	20	15
高层	40			20		

注：1. 设置敞开式外廊的建筑，开向该外廊的房间疏散门至安全出口的最大距离可按表增加5m。
　　2. 建筑内全部设置自动喷水灭火系统时，其安全疏散距离可比规定值增加25%。
　　3. 直通疏散走道的户门至最近敞开楼梯间的距离，当房间位于两个楼梯间之间时，应按表的规定减少5m，当房间位于袋形走道两侧或尽端时，应按表的规定减少2m。

📋 即学限练12-5

某一级耐火等级的展览建筑，设置自动喷水灭火系统，建筑高度为23.9m，一字形疏散内走道的东、西端外墙上均设置采光、通风窗，在走道的两端各设置了一座疏散楼梯间，其中一座紧靠东侧外墙，另一座与西侧外墙有一定距离。建筑在该走道西侧尽端的房间门与最近一座疏散楼梯间入口间的允许最大直线距离为（　　）m。

A. 15　　　　　　　B. 10　　　　　　　C. 22　　　　　　　D. 27.5

✖ 项目 13
安全出口与疏散门

【学习目标】

知识目标	能力目标	素质目标
掌握安全出口与疏散门的设置要求，包括分散布置、数量充足、宽度达标、无障碍及疏散距离合理等，确保紧急疏散安全高效	能够熟练运用安全出口与疏散门的设置原则，合理规划布局，确保符合规范要求，提高建筑疏散安全性能	通过学习安全出口与疏散门的设置，提升建筑应急疏散能力。增强学生社会责任感，引导学生关注公共安全、遵守相关法律

【思维导图】

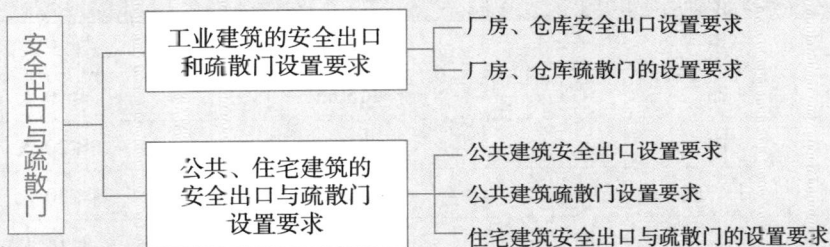

任务13.1　工业建筑的安全出口和疏散门设置要求

【岗位情景模拟】某消防服务机构承接了某市乙醇工业厂房的检查任务，需要对该厂房进行消防安全检查。

【讨论】消防服务机构如何对该厂房的安全出口与疏散门进行检查？应检查哪些主要指标？

一、厂房、仓库安全出口设置要求

1. 厂房的安全出口应分散布置。每个防火分区或一个防火分区的每个楼层，其相邻2个安全出口最近边缘之间的水平距离不应小于5m。厂房仅设一个安全出口时，应符合表13-1-1的要求。

厂房仅设置一个安全出口的基本要求　　　　　　　　表13-1-1

厂房类别		每层建筑面积	且同一时间的使用人数
甲		≤100m²	≤5人
乙		≤150m²	≤10人
丙		≤250m²	≤20人
丁、戊		≤400m²	≤30人
地下或半地下	丙	≤50m²	≤15人
	丁、戊	≤200m²	≤15人

2. 仓库符合下列条件时，可设置1个安全出口：

（1）一座仓库的占地面积不大于300m²或防火分区的建筑面积不大于100m²（图13-1-1）。

（2）地下、半地下仓库或仓库的地下室、半地下室，建筑面积不大于100m²。

仓库内每个建筑面积大于100m²的房间的疏散出口不应少于2个。需要特别强调的是：地下、半地下建筑每个防火分区的安全出口数目不应少于2个。但由于地下建筑设置较多的地上出口有困难，因此当有2个或2个以上防火分区相邻布置时，每个防火分区可利用防火墙上一个通向相邻分区的甲级防火门作为第二个安全出口，但每个防火分区必须有一个直通室外的安全出口。

二、厂房、仓库疏散门的设置要求

1. 疏散门应向疏散方向开启，但人数不超过60人的房间且每樘门的平均疏散人数不超过30人时，其门的开启方向不限（除甲、乙类生产车间外）。除设置在丙、丁、戊类仓库首层靠墙外侧的推拉门或卷帘门可用于疏散门外，疏散出口门应为平开门或在火

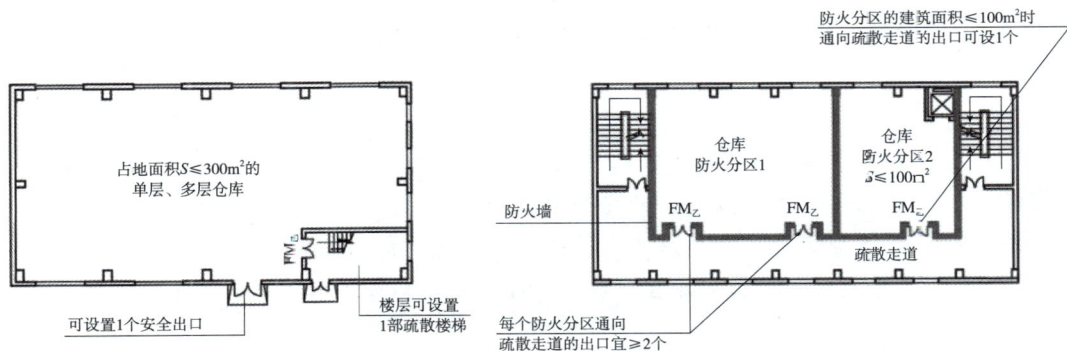

图13-1-1　仓库设置1个安全出口的条件

灾时具有平开功能的门，且下列场所或部位的疏散出口门应向疏散方向开启：

（1）甲、乙类生产场所。

（2）甲、乙类物质的储存场所。

2. 甲、乙类厂房、多层丙类厂房，人员密集的公共建筑和其他高层工业与民用建筑中封闭楼梯间的门的耐火性能不应低于乙级防火门的要求，并应向疏散方向开启；建筑直通室外和屋面的门可采用普通门。

3. 多层乙类仓库和地下、半地下及多、高层丙类仓库中从库房通向疏散走道或疏散楼梯间的门应为甲级防火门。地下、半地下及多、高层丁类仓库中从库房通向疏散走道或疏散楼梯的门的耐火性能不应低于乙级防火门的要求。

📑 即学即练13-1-1

某一级耐火等级的服装厂房，共7层，建筑高度32m，每层划分为一个防火分区。各层使用人数为：第二层350人，第三层300人，第四层280人，第五～七层每层290人，每层设置两条疏散走道。关于该厂房安全疏散的说法，正确的有（　　　）。

A．三～四层的疏散楼梯总净宽度不应小于2.9m

B．厂房内任一点至最近疏散楼梯间的距离不应大于50m

C．疏散楼梯的门应向疏散方向开启

D．二层疏散走道总净宽度不应小于2.2m

E．疏散楼梯应采用封闭楼梯间

任务13.2 公共、住宅建筑的安全出口与疏散门设置要求

【岗位情景模拟】消防救援机构对某市设置在某大型商业综合体内的培训机构进行消防监督检查，发现该建筑的安全出口的宽度为1.3m，室内一房间有80人参加培训，只有一个疏散门，为了防盗，一楼、二楼的外窗全部加装防盗网。

【讨论】上述检查中存在哪些问题？消防救援机构还要检查哪些方面？

一、公共建筑安全出口设置要求

公共建筑每个防火分区或者一个防火分区每个楼层的安全出口不得少于2个，仅设置1个安全出口或1部疏散楼梯的公共建筑应符合下列条件之一：

1. 除托儿所、幼儿园外，建筑面积不大于200m²且人数不超过50人的单层公共建筑或者多层公共建筑的首层；对于多层公共建筑还要满足一部疏散楼梯要求。

2. 除医疗建筑，老年人照料设施，托儿所、幼儿园的儿童用房，儿童游乐厅等儿童活动场所和歌舞娱乐放映游艺场所等外，应符合表13-2-1规定。

公共建筑可设置一个安全出口（疏散楼梯）的条件   表13-2-1

耐火等级	最多层数	每层最大建筑面积（m²）	人数
一、二级	3层	200	第二层和第三层的人数之和不超过50人
三级	3层	200	第二层和第三层的人数之和不超过25人
四级	2层	200	第二层人数不超过15人

3. 一、二级耐火等级公共建筑内，当一个防火分区的安全出口全部直通室外确有困难时，符合下列规定的防火分区可利用通向相邻防火分区的甲级防火门作为安全出口，但应符合下列要求：

（1）利用通向相邻防火分区的甲级防火门作为安全出口时，应采用防火墙与相邻防火分区进行分隔。

（2）建筑面积大于200m²的防火分区，直通室外的安全出口数量不应少于2个；建筑面积不大于50m²的防火分区，直通室外的安全出口数量不应少于1个。

（3）该防火分区通向相邻防火分区的疏散净宽度不应大于其按规定计算所需总净宽度的30%（30%只适合于公共建筑，工业建筑没有此类要求）。

（4）除歌舞娱乐放映游艺场所外，防火分区建筑面积不大于200m²的地下或半地下设备间，防火分区建筑面积不大于50m²且经常停留人数不超过15人的其他地下或半地下建筑，可设置1个安全出口或1部疏散楼梯。

建筑内的安全出口应分散布置，且建筑内每个防火分区或一个防火分区的每个楼层、每个单元相邻 2 个安全出口最近边缘之间的水平距离不应小于 5m，如图 13-2-1 所示。

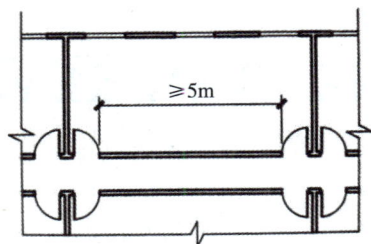

图 13-2-1 两个安全出口最近边缘之间的水平距离

二、公共建筑疏散门设置要求

（一）疏散门的数量

1. 公共建筑内每个房间的疏散门不应少于 2 个；儿童活动场所、老年人照料设施中的老年人活动场所、医疗建筑中的治疗室和病房、教学建筑中的教学用房，当位于走道尽端时，疏散门不应少于 2 个。

2. 公共建筑内房间满足如图 13-2-2 所示的要求，可仅设置 1 个疏散门。

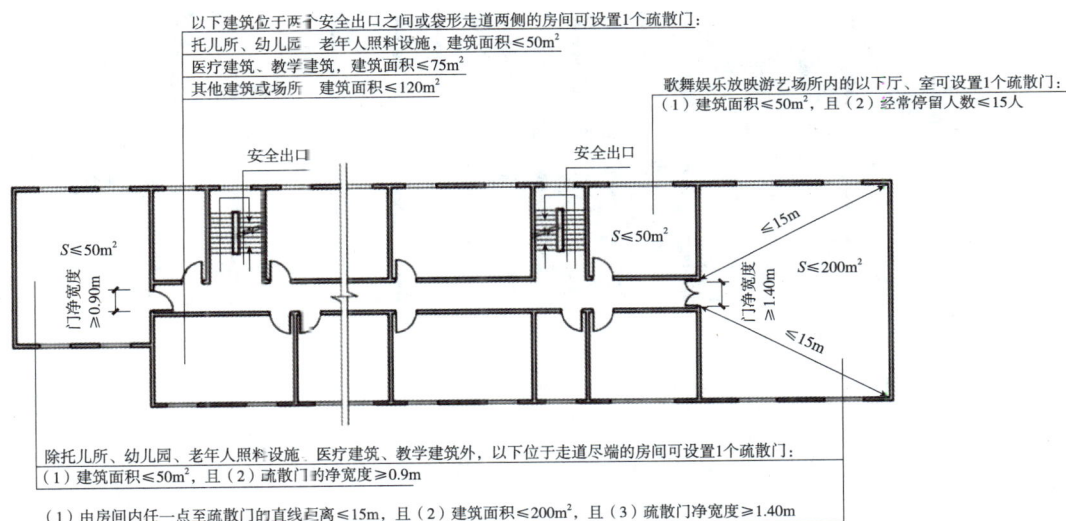

以下建筑位于两个安全出口之间或袋形走道两侧的房间可设置 1 个疏散门：
托儿所、幼儿园 老年人照料设施，建筑面积 ≤50m²
医疗建筑、教学建筑，建筑面积 ≤75m²
其他建筑或场所 建筑面积 ≤120m²

歌舞娱乐放映游艺场所内的以下厅、室可设置 1 个疏散门：
（1）建筑面积 ≤50m²，且（2）经常停留人数 ≤15 人

安全出口

安全出口

S≤50m²
门净宽度 ≥0.90m

S≤50m²

≤15m
S≤200m²
门净宽度 ≥1.40m
≤15m

除托儿所、幼儿园、老年人照料设施、医疗建筑、教学建筑外，以下位于走道尽端的房间可设置 1 个疏散门：
（1）建筑面积 ≤50m²，且（2）疏散门的净宽度 ≥0.9m

（1）由房间内任一点至疏散门的直线距离 ≤15m，且（2）建筑面积 ≤200m²，且（3）疏散门净宽度 ≥1.40m

公共建筑 平面示意图

图 13-2-2 公共建筑设置 1 个疏散门的条件

（二）疏散门的最小净宽度

营业厅，观众厅，公共娱乐场所中出入大厅、舞厅，候机（车、船）厅及医院的门诊大厅等直接对外的安全出口或通向楼梯间的门，净宽度不得小于 1.4m。该疏散门不应设置门槛，且紧靠门口内外各 1.4m 范围内不应设置踏步。

三、住宅建筑安全出口与疏散门的设置要求

（一）安全出口的设置

住宅建筑安全出口的设置应符合表 13-2-2 和图 13-2-3 中的要求。

住宅建筑安全出口的设置规定 表13-2-2

建筑高度	一个安全出口的要求	附加条件
$H \leqslant 27m$	每个单元任一层建筑面积≤650m²且任一户门至最近安全出口距离≤15m	—
$27 < H \leqslant 54m$	每个单元任一层建筑面积≤650m²且任一户门至最近安全出口距离≤10m	1. 疏散楼梯应通至屋面； 2. 且单元之间的疏散楼梯应能通过屋面连通； 3. 户门的耐火完整性不应低于1.00h
$H > 54m$	必须设置为2个安全出口	—

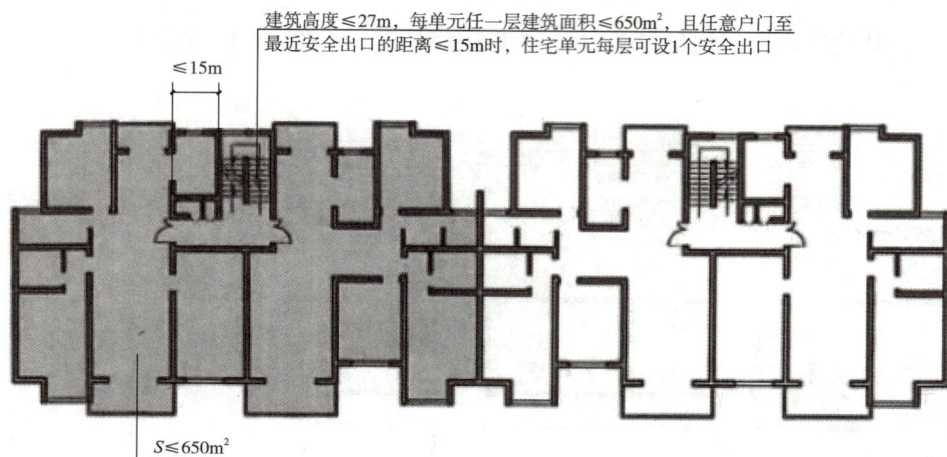

（a）

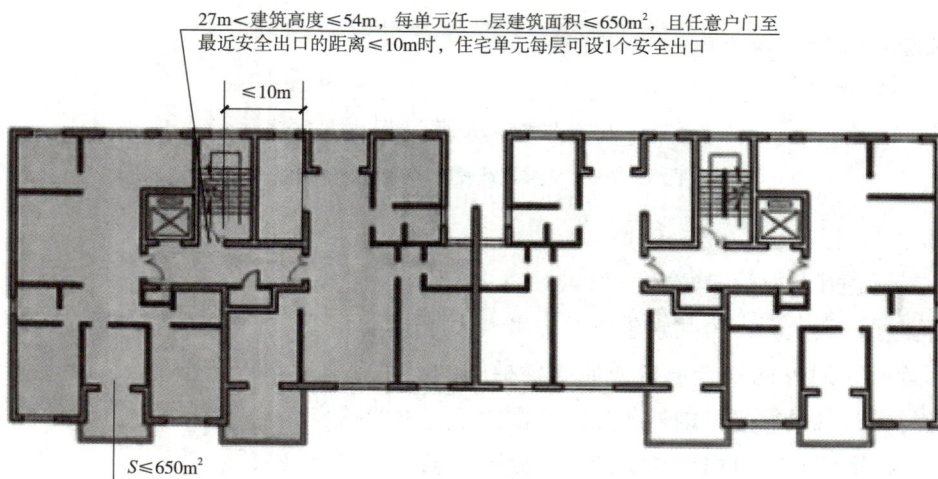

（b）

图13-2-3　住宅建筑的安全出口
（a）建筑高度≤27m的住宅建筑；（b）27m<建筑高度≤54m的住宅建筑

📋 即学即练13-2-1

下列建筑中至少设置2个安全出口或疏散楼梯的是（　　）。

A．建筑高度27m的公寓，每层建筑面积600m²且任一疏散门至最近安全出口的距离为10m

B．建筑面积200m²且人数30人的单层老年人照料设施

C．建筑高度为21m的住宅，每个单元任一层的建筑面积为650m²且任一户门至最近安全出口的距离为15m

D．建筑高度为54m的住宅，每个单元任一层的建筑面积为600m²，任一户门至最近安全出口的距离为10m，且每单元楼梯均能通过屋顶与其他单元进行连通，户门的耐火完整性不应低于1.00h

（二）疏散门的最小净宽度

1．疏散出口门：住宅建筑中直通室外地面的住宅户门均不应小于0.8m；当住宅建筑高度不大于18m且一边设置栏杆时，室内疏散楼梯的净宽度不应小于1.0m，其他住宅建筑室内疏散楼梯的净宽度不应小于1.1m。

2．疏散走道、首层疏散外门的净宽度均不应小于1.1m。

📋 即学即练13-2-2

某小区住宅楼，1号楼建筑高度为18m，每单元建筑面积650m²，任一户门至最近安全出口距离为18m。2号楼建筑高度为30m，每单元建筑面积650m²，任一户门至最近安全出口距离为10m。3号楼建筑的建筑高度为90m。下列防火检查结果中，符合现行国家标准要求的是（　　）。

A．1号楼每单元设置一座疏散楼梯，疏散楼梯与电梯井相邻，采用封闭楼梯间

B．3号楼首层疏散外门的净宽度均为0.9m

C．2号楼每单元设置一座疏散楼梯，均采用敞开楼梯间，户门采用乙级防火门

D．3号楼有4个单元，均采用剪刀楼梯间，户门到安全出口最远距离为10m

项目 14
疏散走道与避难走道

【学习目标】

知识目标	能力目标	素质目标
掌握疏散走道与避难走道的设置要求及在消防安全中的作用,确保紧急疏散路径的安全畅通	熟练掌握疏散走道与避难走道的布局、宽度等要求,确保设计符合消防规范。能够在实际工作中灵活应用相关知识,评估并优化建筑疏散系统,提高人员疏散效率与安全性	通过学习和理解疏散走道与避难走道的相关知识,使学生深刻认识它们在火灾等紧急情况下的关键作用,从而增强学生对公共安全的重视和责任感。同时,也鼓励学生积极参与消防安全工作,为构建安全、和谐的社会环境贡献自己的力量

【思维导图】

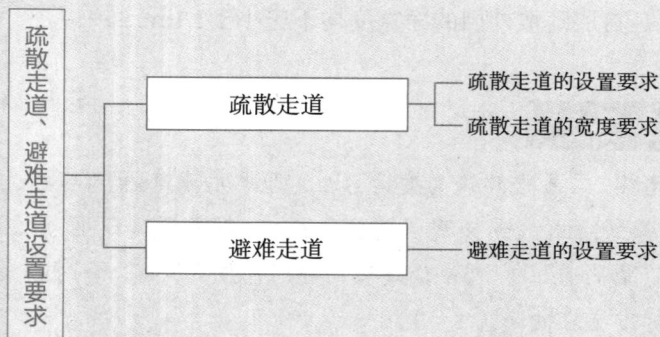

任务14 疏散走道、避难走道设置要求

【岗位情景模拟】消防救援机构对某一大型商业综合体进行消防安全检查，主要检查了安全出口、疏散楼梯、疏散走道、避难走道。根据图纸查看了疏散门到安全出口之间的距离并实地进行了测量。

【讨论】请你按标准规范的要求列出上述各项检查应达到何种标准？

一、疏散走道

（一）疏散走道的设置要求

1. 走道应简捷，并按规定设置疏散指示标志和诱导灯。

2. 尽量避免布置成S形、U形或者设置袋形走道。

3. 疏散走道在防火分区处应设置常开甲级防火门，疏散走道内不得设置阶梯、门槛、门垛、管道等影响人员疏散的凸出物和障碍物。

4. 疏散走道的两侧隔墙的耐火极限：一、二级耐火等级的建筑不应低于1.00h；三级耐火等级的建筑不应低于0.50h；四级耐火等级的建筑不应低于0.25h。

5. 建筑高度大于32m的老年人照料设施，宜在32m以上部分增设能连通老年人居室和公共活动场所的连廊，各层连廊直接与疏散楼梯、安全出口或者室外避难场所连通。32m以上老年人照料设施连廊设置示意如图14-1所示。

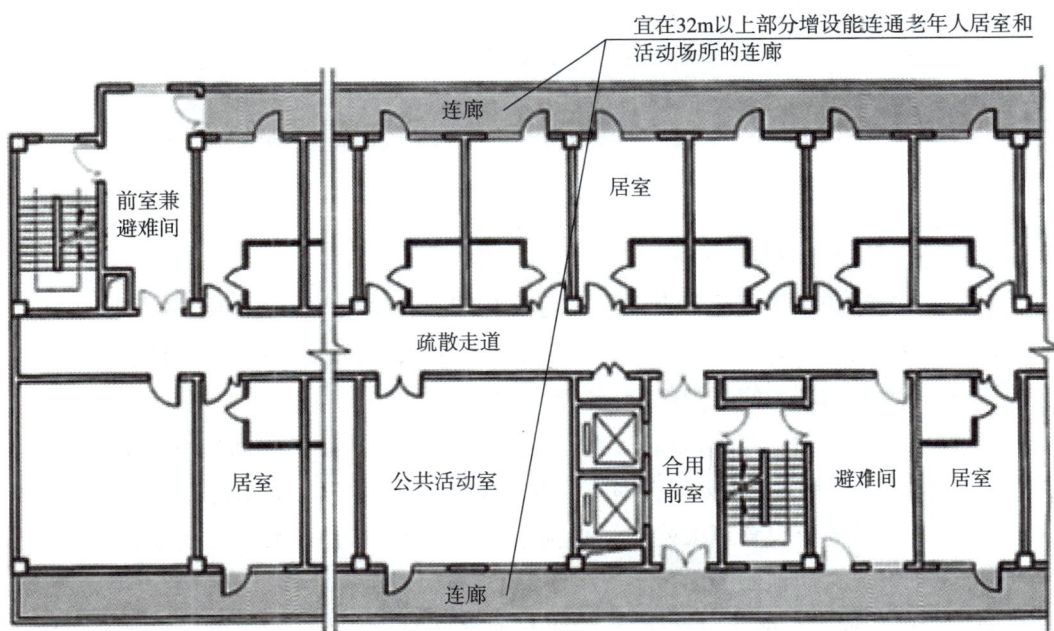

图14-1 32m以上老年人照料设施连廊设置示意

（二）疏散走道的宽度要求

1. 住宅疏散走道的净宽度不应小于1.1m。

2. 疏散通道、疏散走道、疏散出口的净高度均不应小于2.1m。疏散走道在防火分区分隔处应设置疏散门。

3. 剧院、电影院、礼堂、体育馆等人员密集场所，观众厅内疏散走道净宽度不小于1.0m，边走道的净宽度不小于0.8m。

4. 人员密集的公共场所的室外疏散通道的净宽度不应小于3.0m，并应直接通向宽敞地带。

5. 单多层公共建筑疏散走道的净宽度不应小于1.1m，高层医疗建筑单面布房疏散走道净宽度不应小于1.4m，双面布房疏散走道净宽度不应小于1.5m，其他高层公共建筑单面布房疏散走道净宽度不应小于1.3m，双面布房疏散走道净宽度不应小于1.4m。

📋 即学即练14-1

下列建筑防火检查中关于建筑安全疏散距离说法中，不符合国家工程建设消防技术标准规定的是（　　）。

A. 建筑物内全部设置自动喷淋灭火系统时，安全疏散距离可按规定增加25%

B. 建筑内开向敞开式外廊的房间，疏散门至最近安全出口的距离可按规定增加5m

C. 直通疏散走道的房间疏散门至最近敞开楼梯间的距离，当房间位于两个楼梯间之间时，按规定减少5m

D. 直通疏散走道的房间疏散门至最近敞开楼梯间的距离，当房间位于袋形走道两侧或尽端时，按规定减少5m

二、避难走道

避难走道的设置应符合下列规定：

1. 避难走道防火隔墙的耐火极限不应低于3.00h，楼板的耐火极限不应低于1.50h。

2. 避难走道的净宽度不应小于任一防火分区通向该避难走道的设计疏散总净宽度。

3. 避难走道内部装修材料的燃烧性能应为A级。

4. 防火分区至避难走道入口处应设置防烟前室，前室的使用面积不应小于6.0m²，开向前室的门应采用甲级防火门，前室开向避难走道的门应采用乙级防火门。

5. 避难走道内应设置消火栓、消防应急照明、应急广播和消防专线电话。

6. 避难走道直通地面的出口不应少于2个，并应设置在不同方向；当避难走道仅与一个防火分区相通且该防火分区至少有1个直通室外的安全出口时，可设置1个直通地面

的出口。任一防火分区通向避难走道的门至该避难走道最近直通地面的出口的距离不应
大于60m。避难走道的设置示意如图14-2所示。

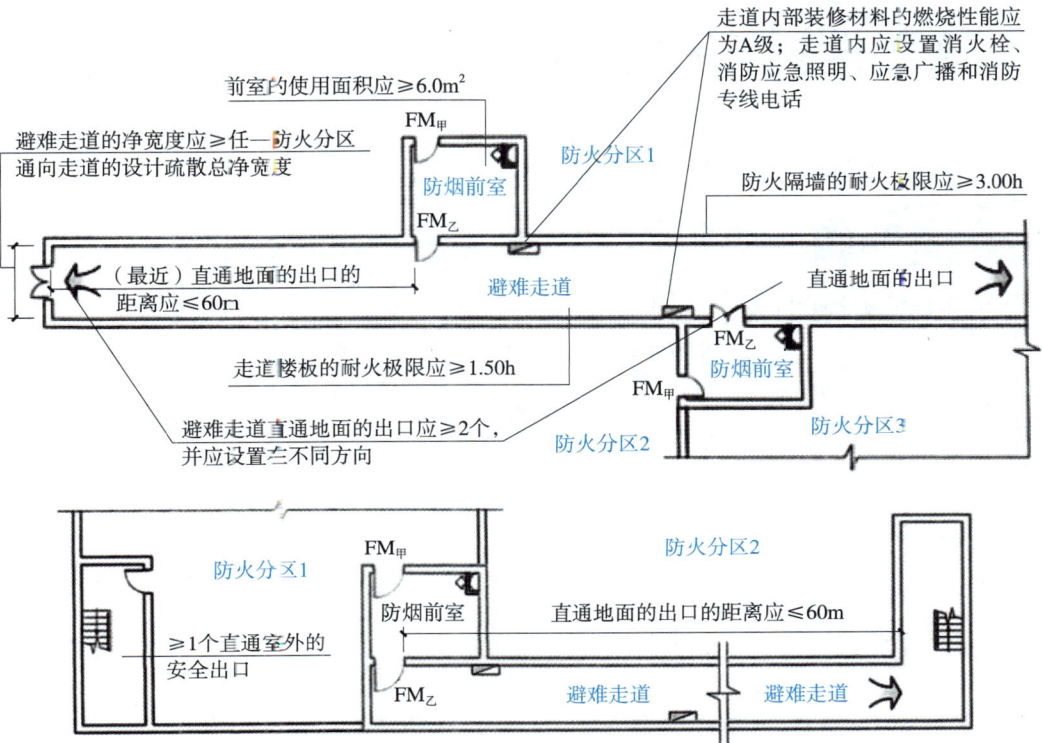

图14-2　避难走道的设置示意

即学即练14-2

（多选）某地下商场，地下1层，建筑面积60000m²，通过设置避难走道划分为
建筑面积小于20000m²的两个区域，每个区域有两个防火分区通向避难走道。下列
关于避难走道的说法，错误的是（　　）。

A. 商场至避难走道入口处设防烟前室，商场开向前室的门采用乙级防火门

B. 避难走道应设置1个直通室外地面的出口

C. 避难走道入口处防烟前室的使用面积为6.0m²

D. 避难走道的吊顶、墙壁和地面采用不燃烧材料装修

E. 避难走道净宽度为12m

项目 15
疏散楼梯与楼梯间认知

【学习目标】

知识目标	能力目标	素质目标
掌握疏散楼梯与楼梯间的设置要求及楼梯间的形式，包括防火、防烟、通风等关键要素，确保紧急疏散路径的安全性和有效性	能够根据不同建筑类型及消防安全需求，合理设计并设置疏散楼梯与楼梯间，包括选择适当的楼梯类型、确保防火防烟性能、优化疏散路径等，以提升建筑整体的安全疏散能力	培养学生对消防安全的深刻认识，严谨负责地设计、维护及检查疏散楼梯与楼梯间，确保其在紧急情况下发挥关键作用，提升公众安全意识与自救能力

【思维导图】

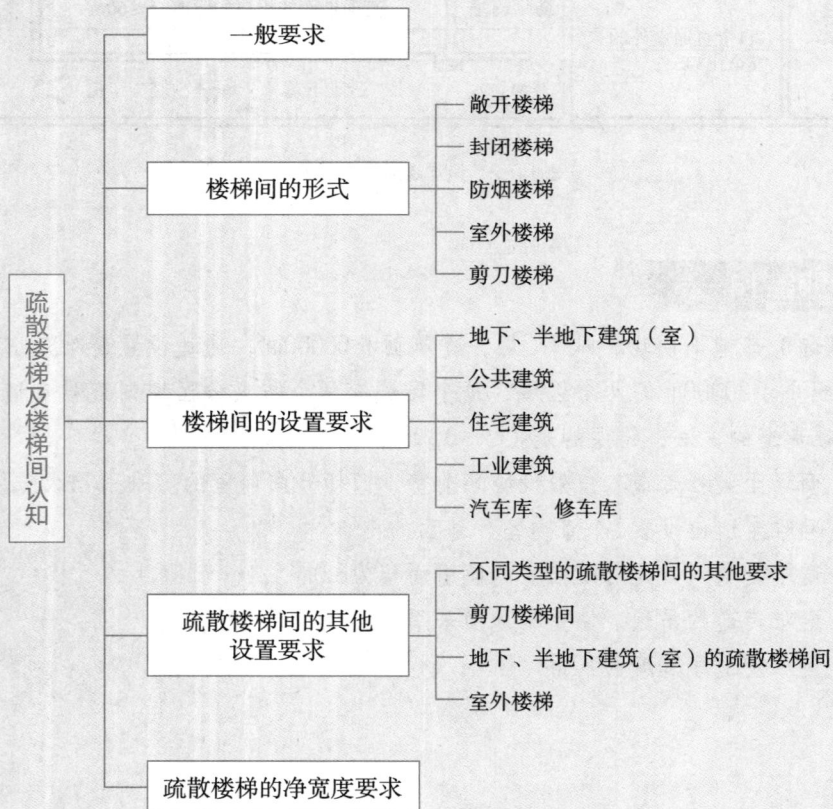

任务15　疏散楼梯及楼梯间认知

【岗位情景模拟】某工业园区有多栋不同的建筑，设置有不同类型的楼梯形式。
【讨论】请学生在现场对各类楼梯进行指认，并说出各设置要求。

一、一般要求

疏散楼梯间应符合下列规定：

1. 疏散楼梯间内不应设置烧水间、可燃材料储藏室、垃圾道及其他影响人员疏散的凸出物或障碍物。

2. 疏散楼梯间内不应设置或穿过甲、乙、丙类液体管道。

3. 在住宅建筑的疏散楼梯间内设置可燃气体管道和可燃气体计量表时，应采用敞开楼梯间，并应采取防止燃气泄漏的防护措施；其他建筑的疏散楼梯间及其前室内不应设置可燃或助燃气体管道。

4. 疏散楼梯间及其前室与其他部位的防火分隔不应使用卷帘。

5. 除疏散楼梯间及其前室的出入口、外窗和送风口，住宅建筑疏散楼梯间前室或合用前室内的管道井检查门外，疏散楼梯间及其前室或合用前室内的墙上不应设置其他门、窗等开口。

6. 除住宅建筑套内的自用楼梯外，建筑的地下或半地下室，地下楼层的疏散楼梯间与地上楼层的疏散楼梯间，应在直通室外地面的楼层采用耐火极限不低于2.00h且无开口的防火隔墙分隔。

7. 疏散用楼梯的阶梯不宜采用螺旋楼梯和扇形踏步；确需采用时，踏步上、下两级所形成的平面角不大于10°，且每组离扶手250mm处的踏步深度不小于220mm。

二、楼梯间的形式

1. 敞开楼梯间：敞开楼梯间是指建筑物内不做封闭的楼梯间。

2. 封闭楼梯间：封闭楼梯间是指设有能阻挡烟气的双向弹簧门或乙级防火门的楼梯间，封闭楼梯间有墙和门与走道分隔，比敞开楼梯间安全。但因其只设有一道门，在火灾情况下人员进行疏散时难以保证不使烟气进入楼梯间，所以应对其使用范围加以限制，如图15-1所示。

3. 防烟楼梯间：防烟楼梯间是指在楼梯间入口处设有前室或阳台、凹廊，通向前室、阳台和楼梯间的门均为防火门以防止火灾的烟和热进入楼梯间。防烟楼梯间设有两道防火门和防烟排烟设施，发生火灾时能作为安全疏散通道，是高层建筑中常用的楼梯间形式，防烟楼梯间如图15-2所示。采用机械防烟的楼梯间如图15-3所示。

4. 室外楼梯：室外楼梯是指在建筑外墙上设置全部敞开的室外楼梯，不容易受烟火的威胁，防烟效果和经济性都比较好，如图15-4所示。

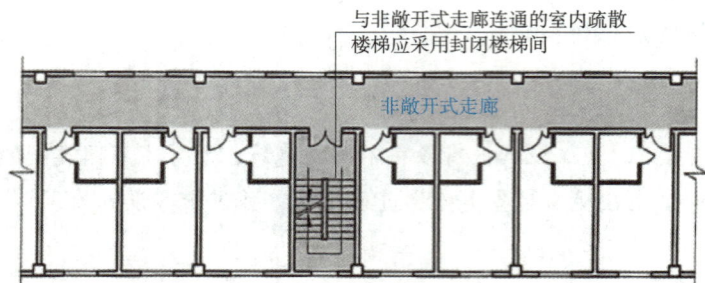

图15-1 封闭楼梯间

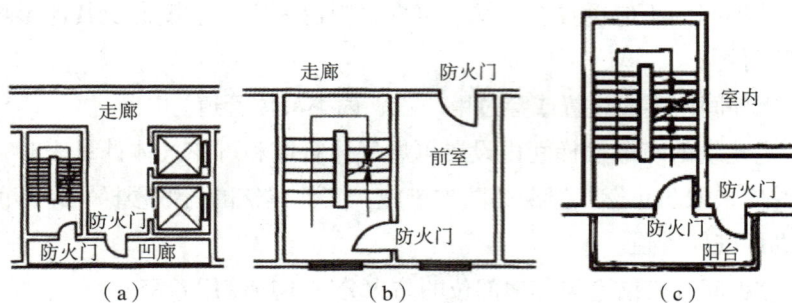

图15-2 防烟楼梯间

（a）带凹廊的防烟楼梯间；（b）靠外墙的防烟楼梯间；（c）带阳台的防烟楼梯间

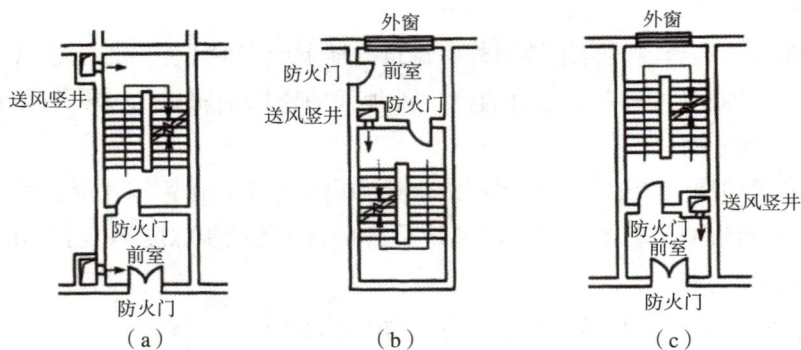

图15-3 采用机械防烟的楼梯间

（a）分别对楼梯间和前室加压；（b）仅对楼梯间加压；（c）仅对前室或合用前室加压

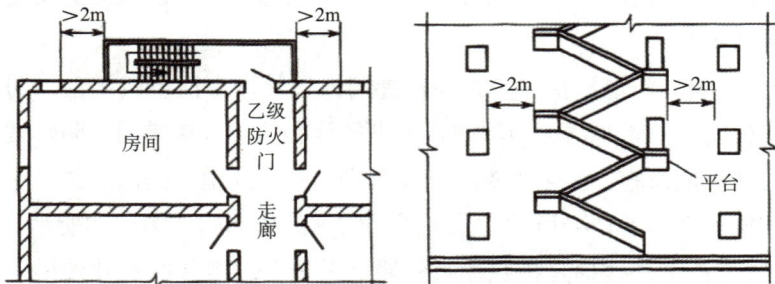

图15-4 室外楼梯

5．剪刀楼梯：剪刀楼梯又称叠合楼梯或套梯，是在同一个楼梯间内设置了一对既相互交叉、又相互隔绝的疏散楼梯。它的特点是同一个楼梯间内设有两部疏散楼梯，并构成两个出口，有利于在较为狭窄的空间内组织双向疏散，剪刀楼梯示意如图15-5所示。

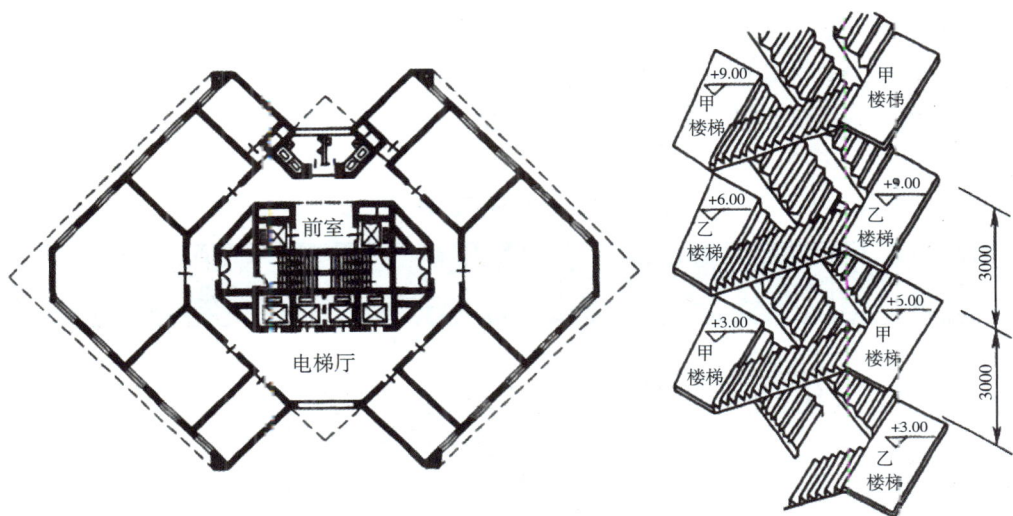

图15-5 剪刀楼梯示意

三、楼梯间的设置要求

（一）地下、半地下建筑（室）

地下、半地下建筑（室）疏散楼梯间的设置形式应符合表15-1的要求。

地下、半地下建筑（室）疏散楼梯间的设置形式　　　　表15-1

疏散楼梯间的设置形式		建筑高度/使用功能	层数
地下、半地下建筑（室）	防烟楼梯间	埋深>10m	或≥3层
	封闭楼梯间	埋深≤10m	且<3层

除住宅建筑套内的自用楼梯外，建筑的地下或半地下室、平时使用的人民防空工程、其他地下工程的疏散楼梯间的规定：室内地面与室外出入口地坪高差大于10m或层数不小于3层的地下、半地下建筑（室），其疏散楼梯应为防烟楼梯间。其他地下或半地下建筑（室），其疏散楼梯应采用封闭楼梯间。

（二）公共建筑

1．下列公共建筑的室内疏散楼梯应为防烟楼梯间：

（1）一类高层公共建筑。

（2）建筑高度大于32m的二类高层公共建筑。

2．下列公共建筑中与敞开式外廊不直接连通的室内疏散楼梯均应为封闭楼梯间：

（1）建筑高度不大于32m的二类高层公共建筑。

（2）多层医疗建筑、旅馆建筑、老年人照料设施及类似使用功能的建筑。

（3）设置歌舞娱乐放映游艺场所的多层建筑。

（4）多层商店建筑、图书馆、展览建筑、会议中心及类似使用功能的建筑。

（5）6层及6层以上的其他多层公共建筑。

公共建筑疏散楼梯间的设置形式见表15-2。

公共建筑疏散楼梯间的设置形式　　　　　　　　　　　　表15-2

公共建筑 疏散楼梯间的设置形式		建筑高度/使用功能	层数
防烟 楼梯间	高层	一类高层	—
		>32m 的二类高层	—
封闭 楼梯间	高层	≤32m 的二类高层	—
	多层（除与敞开式外廊直接相连的楼梯间外）	1．多层医疗建筑、旅馆建筑、老年人照料设施及类似使用功能的建筑； 2．设置歌舞娱乐放映游艺场所的多层建筑； 3．多层商店建筑、图书馆、展览建筑、会议中心	≥6 层的其他建筑

（三）住宅建筑

1．建筑高度不大于21m的住宅建筑，当户门的耐火完整性低于1.00h时，与电梯井相邻布置的疏散楼梯应为封闭楼梯间。

2．建筑高度大于21m、不大于33m的住宅建筑，当户门的耐火完整性低于1.00h时，疏散楼梯应为封闭楼梯间。

3．建筑高度大于33m的住宅建筑，疏散楼梯应为防烟楼梯间，开向防烟楼梯间前室或合用前室的户门应为耐火性能不低于乙级的防火门。

住宅建筑疏散楼梯间的设置形式见表15-3。

住宅建筑疏散楼梯间的设置形式　　　　　　　　　　　　表15-3

建筑高度	户门的耐火完整性	其他条件	设置形式
>33m	—	—	防烟楼梯间
>21m，≤33m	<1.0h	—	封闭楼梯间
≤21m	<1.0h	与电梯井相邻布置	封闭楼梯间

（四）工业建筑

1. 高层厂房和甲、乙、丙类多层厂房的疏散楼梯应采用封闭楼梯间或室外楼梯。建筑高度大于32m且任一层人数超过10人的厂房，应采用防烟楼梯间或室外楼梯。

2. 高层仓库的疏散楼梯应采用封闭楼梯间或室外楼梯。

工业建筑疏散楼梯间的设置形式见表15-4。

工业建筑疏散楼梯间的设置形式　　　　　　　　　　表15-4

疏散楼梯间的设置形式		建筑高度/火灾危险性类别	人数
防烟楼梯间	厂房	＞32m 的高层厂房	且任一层＞10 人
封闭楼梯间	厂房	≤32m 的高层厂房	—
		甲、乙、丙类多层厂房	—
	仓库	高层仓库	—

（五）汽车库、修车库

建筑高度超过32m的高层汽车库采用防烟楼梯间。其他汽车库、修车库采用封闭楼梯间。汽车库疏散楼梯间的设置形式见表15-5。

汽车库疏散楼梯间的设置形式　　　　　　　　　　表15-5

汽车库设置形式	高层	多层
防烟楼梯间	＞32m	—
封闭楼梯间	≤32m	均应设置

四、疏散楼梯间的其他设置要求

（一）不同类型的疏散楼梯间的其他要求

1. 自然通风条件不符合防烟要求的封闭楼梯间，应采取机械加压防烟措施或采用防烟楼梯间。

2. 防烟楼梯间前室的使用面积：公共建筑、高层厂房、高层仓库、平时使用的人防工程及其他地下工程，不应小于6.0m²；住宅建筑，不应小于4.5m²。与消防电梯前室合用的前室的使用面积，公共建筑、高层厂房、高层仓库、平时使用的人防工程及其他地下工程，不应小于10.0m²；住宅建筑，不应小于6.0m²。

3. 疏散楼梯间及其前室上的开口与建筑外墙上的其他相邻开口最近边缘之间的水平距离不应小于1.0m。当距离不符合要求时，应采取防止火势通过相邻开口蔓延的措施。

4. 楼梯间应在首层直通室外，确有困难时，可在首层采用扩大的封闭楼梯间或防烟楼梯间前室，采用乙级防火门等措施与其他走道和房间隔开。当层数不超过4层且未采用扩大的封闭楼梯间或防烟楼梯间前室时，可将直通室外的门设置在离楼梯间不大于15m处。

5. 下列部位的门的耐火性能不应低于乙级防火门的要求，且其中建筑高度大于100m的建筑相应部位的门应为甲级防火门：

（1）甲、乙类厂房，多层丙类厂房，人员密集的公共建筑和其他高层工业与民用建筑中封闭楼梯间的门。

（2）防烟楼梯间及其前室的门。

（3）地下、半地下及多、高层丁类仓库中从库房通向疏散走道或疏散楼梯的门。

（4）从室内通向室外疏散楼梯的疏散门。

（二）剪刀楼梯间

1. 高层公共建筑（住宅单元）的疏散楼梯，当分散设置确有困难且从任一疏散门至最近疏散楼梯间入口的距离不大于10m时，可采用剪刀楼梯间。

（1）楼梯间应为防烟楼梯间。

（2）梯段之间应设置耐火极限不低于1.00h的防火隔墙。

（3）采用剪刀楼梯时，其两个楼梯间及其前室的机械加压送风系统应分别独立设置。

2. 剪刀楼梯间前室设置要求：

（1）高层公共建筑楼梯间的前室应分别设置。

（2）住宅单元楼梯间的前室不宜共用；共用时，前室的使用面积不应小于6.0m²。

（3）住宅单元楼梯间的前室或共用前室不宜与消防电梯的前室合用；楼梯间的共用前室与消防电梯的前室合用时，合用前室的使用面积不应小于12.0m²，且短边不应小于2.4m。

（三）地下、半地下建筑（室）的疏散楼梯间

除住宅建筑套内的自用楼梯外，建筑的地下或半地下室、平时使用的人防工程、其他地下工程的疏散楼梯间应符合下列规定：

1. 地下楼层的疏散楼梯间与地上楼层的疏散楼梯间，应在直通室外地面的楼层采用耐火极限不低于2.00h且无开口的防火隔墙分隔。

2. 在楼梯的各楼层入口处均应设置明显的标识。

（四）室外楼梯

1. 室外疏散楼梯的栏杆扶手高度不应小于1.10m，倾斜角度不应大于45°。

2. 除3层及3层以下建筑的室外疏散楼梯可采用难燃性材料或木结构外，室外疏散楼梯的梯段和平台均应采用不燃材料。

3. 除疏散门外，楼梯周围2.0m内的墙面上不应设置其他开口，疏散门不应正对梯段。

五、疏散楼梯的净宽度要求

疏散楼梯的净宽度是指梯段一侧的扶手内侧或墙面到梯段另一侧的扶手内侧或墙面之间的最小水平距离。

1. 室外疏散楼梯的净宽度不应小于0.8m。

2. 当住宅建筑高度不大于18m且一边设置栏杆时，室内疏散楼梯的净宽度不应小于1.0m，其他住宅建筑室内疏散楼梯的净宽度不应小于1.1m。

3. 公共建筑中的室内疏散楼梯的净宽度不应小于1.1m。

4. 净宽度大于4.0m的疏散楼梯、室内疏散台阶或坡道，应设置扶手栏杆分隔为宽度均不大于2.0m的区段。

5. 厂房、汽车库、修车库≥1.10m。

6. 人防工程中商场、公共娱乐场所、健身体育场所≥1.4m，医院≥1.3m，其他建筑≥1.1m。

📋 即学即练15-1

（多选）某纺织厂房，地上3层，耐火等级为二级，建筑高度18m，建筑面积16800m²，设置4部疏散楼梯间。下列关于疏散楼梯间的做法，正确的有（　　　）。

A. 厂房的3部疏散楼梯间靠外墙布置，并具备天然采光和自然通风条件，设置为封闭楼梯间

B. 厂房的1部疏散楼梯间不能自然通风采光，因厂房的建筑高度小于32m，防烟楼梯间可不设置前室

C. 厂房的1部疏散楼梯间不能自然通风采光，将其改为防烟楼梯间

D. 封闭楼梯间、防烟楼梯间的顶棚、墙面和地面的装修材料均采用不燃烧材料

E. 其中1部封闭楼梯间开设防火门确有困难，采用防火卷帘代替

项目 16
避难疏散设施

【学习目标】

知识目标	能力目标	素质目标
掌握避难疏散设施（如避难层、避难间等）的设置要求、功能及作用，确保在紧急情况下能够有效疏散人员，保障生命安全	具备根据建筑特性和消防规范，科学规划与检查避难疏散设施（避难层、避难间等）的能力，确保在紧急情况下提供安全、高效的疏散路径与避难空间	在避难疏散设施的学习中，学生不仅要掌握其专业知识与技能，更要深刻理解其在保护人民生命财产安全中的重要意义，树立强烈的社会责任感和使命感，培养学生公共安全观念，积极参与安全文化建设，为构建安全、和谐、稳定的社会环境贡献力量

【思维导图】

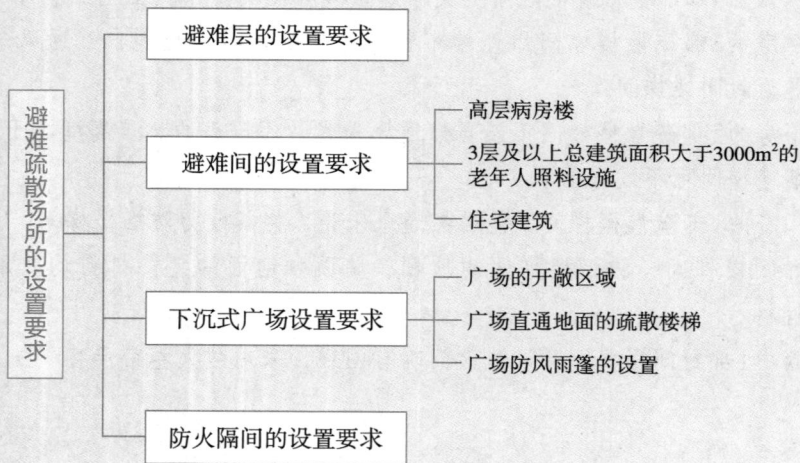

任务16　避难疏散场所的设置要求

【岗位情景模拟】某市一养老院设有避难间，作为消防救援机构中的一员，你将对该养老院进行消防安全检查，重点是检查该养老院设置的避难间。

【讨论】请你列出养老院避难间检查的要点及注意事项。

一、避难层的设置要求

建筑高度大于100m的工业与民用建筑应设置避难层，应符合下列规定：

1. 第一个避难层的楼面至消防车登高操作场地地面的高度不应大于50m。

2. 通向避难层的疏散楼梯应使人员在避难层处必须经过避难区上下。除通向避难层的疏散楼梯外，疏散楼梯（间）在各层的平面位置不应改变或应能使人员的疏散路线保持连续。

3. 避难层（间）的净面积应能满足设计避难人数避难的要求，宜按5.0人/m²计算。当需要避难的人数及其所需避难面积不需要整层面积时，可以设置避难间，采用该避难层的局部区域作为避难区，避难间的分隔及疏散等要求同避难层。

建筑高度＞100m的公共建筑避难层（间）设置位置剖面示意如图16-1所示。

建筑高度＞250m的民用建筑，避难区的净面积应能满足设计避难人数的要求，并应按不小于4.0人/m²计算。

一座建筑是设置避难层还是避难间，主要根据该建筑的不同高度段内需要避难的人数及其所需避难面积确定。

4. 避难层可兼作设备层，具体要求见表16-1。

避难层兼作设备层的设置要求　表16-1

管道类型	与避难区分隔	
设备管道区 （易燃、可燃液体或气体管道应集中布置）	3.00h 的防火隔墙	设备管道区、管道井和设备间与避难区或疏散走道连通时，应设置防火隔间。防火隔间的门应为甲级防火门
管道井、设备间	2.00h 的防火隔墙	

5. 避难层应设置消防电梯出口。

6. 应设置消火栓和消防软管卷盘。

7. 应设置消防专线电话和应急广播。

8. 在避难层（间）进入楼梯间的入口处和疏散楼梯通向避难层（间）的出口处，应设置明显的指示标志。

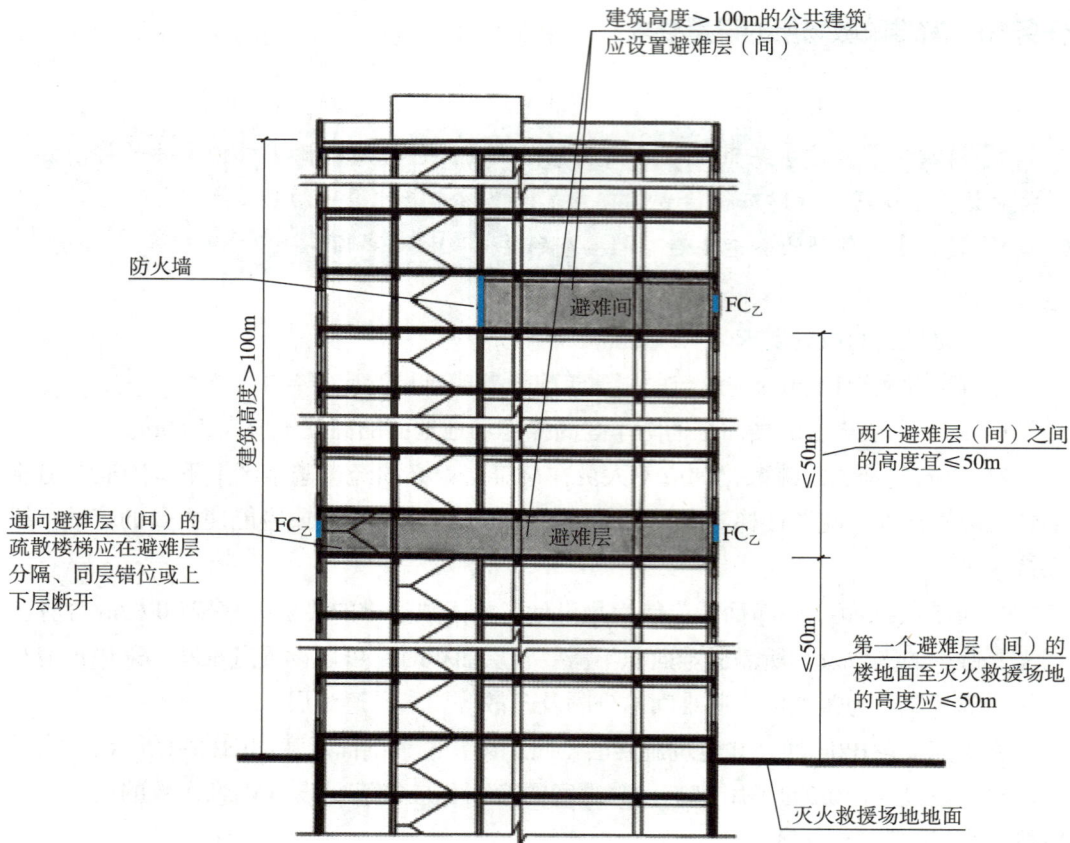

图16-1　建筑高度>100m的公共建筑避难层（间）设置位置剖面示意图

9. 应设置直接对外的可开启窗口或独立的机械防烟设施，外窗应采用乙级防火窗，如图16-2所示。

10. 避难层应设应急照明，其供电时间不应小于1.5h，照度不应低于3.00lx。

11. 建筑高度超过250m的民用建筑，其避难区对应位置的外墙处不得设置幕墙。

即学即练16-1

（多选）下列关于避难层设置的说法中，错误的是（　　）。

A. 第一个避难层的楼地面至首层室内设计地面的高度不应大于50m

B. 通向避难层的疏散楼梯应使人员在避难层处必须经过避难区上下

C. 避难层建筑面积宜按5人/m^2确定

D. 当避难层兼作设备层时，设备管道区应采用耐火极限不低于2.00h的防火隔墙与避难区分隔

E. 避难层的可开启外窗应采用甲级防火窗

避难层应设置直接对外的可开启窗口或独立的机械防烟设施，外窗应采用乙级防火窗

避难层的净面积应能满足设计避难人数避难的要求，并宜按5.0人/m²计算

在避难层进入楼梯间的入口处和疏散楼梯通向避难层的出口处应设置明显的指示标志

避难层应设置消防电梯出口

通向避难层的疏散楼梯应在避难层分隔、同层错位或上下层断开

管道井和设备间的门确需直接开向避难区时，与避难区出入口的距离应≥5m，且应采用甲级防火门

管道井和设备间应采用耐火极限≥2.00h的防火隔墙与避难区分隔，管道井和设备间的门不应直接开向避难区

设备管道宜集中布置，易燃、可燃液体或气体管道应集中布置，设备管道区应采用耐火极限≥3.00h的防火隔墙与避难区分隔

避难区　管道井　合用前室　前室　设备间　管道区　避难区

FC乙　FC乙　FM甲　FM甲　≥5m　≥5m　FC乙　FC乙　FC乙

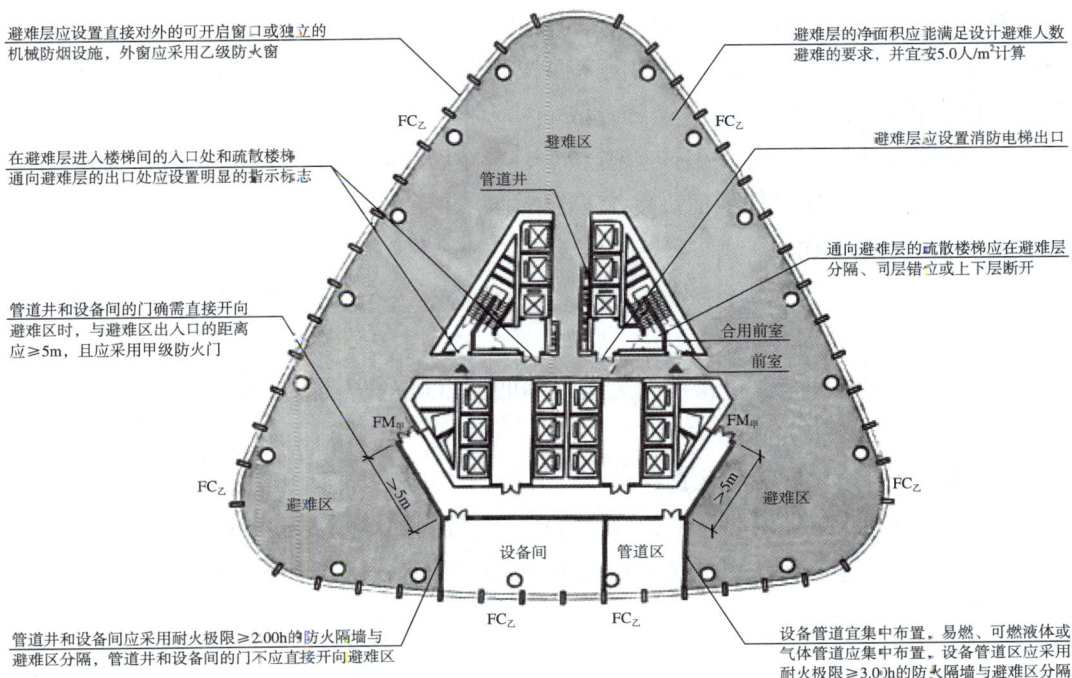

图16-2　避难层平面示意

二、避难间的设置要求

（一）高层病房楼

高层病房楼应在二层及以上的病房楼层和洁净手术部设置避难间，如图16-3所示。

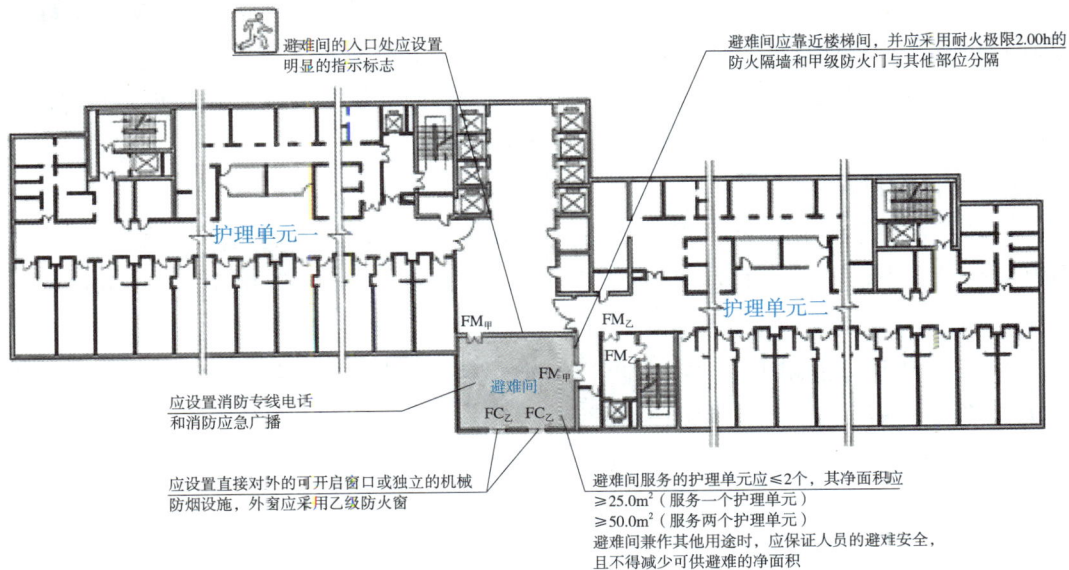

避难间的入口处应设置明显的指示标志

避难间应靠近楼梯间，并应采用耐火极限2.00h的防火隔墙和甲级防火门与其他部位分隔

护理单元一　护理单元二

应设置消防专线电话和消防应急广播

避难间

FM甲　FM甲　FM乙　FM乙　FC乙　FC乙

应设置直接对外的可开启窗口或独立的机械防烟设施，外窗应采用乙级防火窗

避难间服务的护理单元应≤2个，其净面积应≥25.0m²（服务一个护理单元）≥50.0m²（服务两个护理单元）避难间兼作其他用途时，应保证人员的避难安全，且不得减少可供避难的净面积

图16-3　高层病房楼避难间设置

避难间可以利用平时使用的房间，如每层的监护室，也可以利用电梯前室。病房楼按最少3部病床梯对面布置，其电梯前室面积一般为24～30m²。合用前室不适合用作避难间，以防止病床影响人员通过楼梯疏散。

1．避难间服务的护理单元不应超过2个，其净面积应按每个不小于25.0m²确定。

2．楼地面距室外设计地面高度大于24m的洁净手术部及重症监护区，每个防火分区应至少设置1间避难间。

3．避难间兼作其他用途时，应保证人员的避难安全，且不得减少可供避难的净面积。

4．应靠近楼梯间，并应采用耐火极限不低于2.00h的防火隔墙和甲级防火门与其他部位分隔。

5．避难间内应设置消防软管卷盘、灭火器、消防专线电话和应急广播。

6．在避难间入口处的明显位置应设置标示避难间的灯光指示标识。

7．避难间应采取防止火灾烟气进入或积聚的措施，并应设置可开启外窗，外窗应采用乙级防火窗，除外窗和疏散门外，避难门不应设置其他开口。

8．避难间应靠近疏散楼梯间，不应在可燃物库房、锅炉房、发电机房、变配电站等火灾危险性大的场所的正下方、正上方或贴邻。

9．避难间内不应敷设或穿过输送可燃液体、可燃或助燃气体的管道。

（二）老年人照料设施

本教材主要指3层及以上总建筑面积大于3000m²（包括设置在其他建筑内3层及以上楼层）的老年人照料设施，应在2层及以上各层老年人照料设施部分的每座疏散楼梯间的相邻部位设置2间避难间。

当老年人照料设施与疏散楼梯或安全出口直接连通的开敞式外廊、与疏散走道直接连通且符合人员避难要求的室外平台等时，可不设置避难间。

避难间内可供避难的净面积不应小于12m²，避难间可利用疏散楼梯间的前室或消防电梯的前室，但不可利用合用前室，如图16-4所示。

（三）住宅建筑

建筑高度大于54m的住宅建筑，住宅每户设置一定安全功能的房间。对于大于54m的住宅建筑，为增强此类建筑户内的安全性能，要求每户应有一间房间符合下列规定：

1．应靠外墙设置，并应设置可开启外窗。

2．内、外墙体的耐火极限不应低于1.00h，该房间的门宜采用乙级防火门，外窗的耐火完整性不宜低于1.00h，如图16-5所示。

房间的功能与避难间类似，用于人员暂时躲避火灾及其烟气危害。

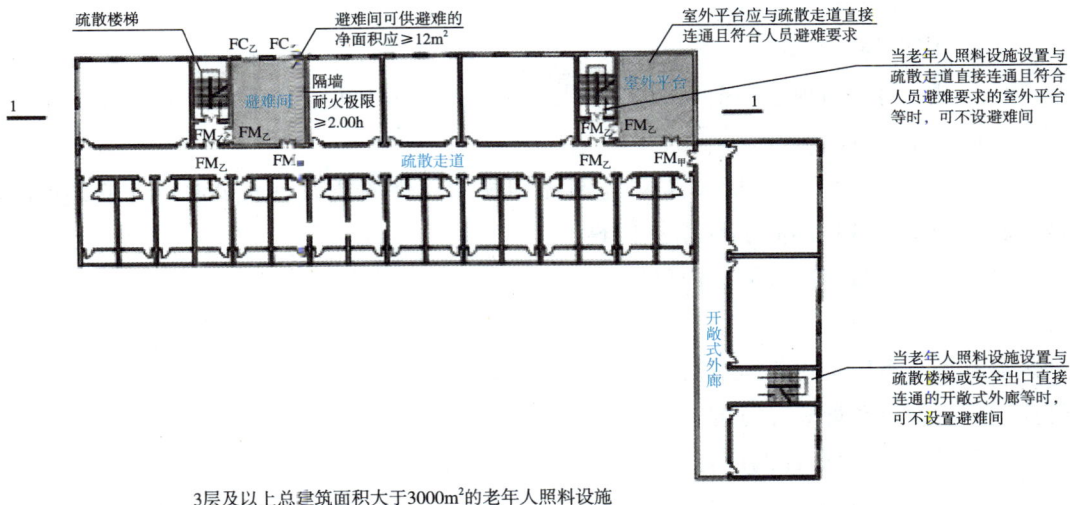

图16-4　老年人照料设施的避难间设置示意图

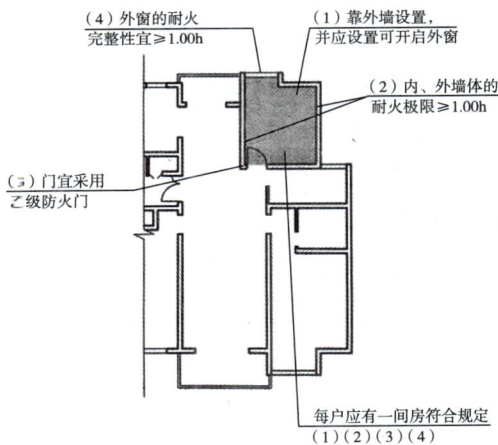

图16-5　建筑高度大于54m的住宅建筑避难层（间）设置示意图

即学即练16-2

建筑高度为30m的病房楼，共9层，每层建筑面积3000m²，划分为2个护理单元。该病房楼避难间的下列设计方案中，不正确的是（　　）。

A．避难间用于避难的净面积为50m²

B．在二～九层每层设置1个避难间

C．避难间采用耐火极限为2.00h的防火隔墙和乙级防火门与其他部位分隔

D．避难间设置可开启的乙级防火窗

三、下沉式广场设置要求

（一）广场的开敞区域

1. 分隔后的不同区域通向下沉式广场等室外开敞空间的开口最近边缘之间的水平距离不应小于13m。

2. 室外开敞空间除用于人员疏散外不得用于其他商业或供人员通行外的其他用途，其中用于疏散的净面积不得小于169m^2。

（二）广场直通地面的疏散楼梯

为保证人员逃生需要，直通地面的疏散楼梯不得少于1部。当连接下沉广场的防火分区需利用下沉广场进行疏散时，疏散楼梯的总净宽度不应小于任一防火分区通向室外开敞空间的设计疏散总净宽度。

（三）广场防风雨篷的设置

确需设置防风雨篷时，防风雨篷不应完全封闭，四周开口部位应均匀布置，开口的面积不应小于该空间地面面积的25%，开口高度不应小于1.0m；开口设置百叶时，百叶的有效排烟面积可按百叶通风口面积的60%计算。

四、防火隔间的设置要求

1. 防火隔间的墙应为耐火极限不低于3.00h防火隔墙。

2. 防火隔间的建筑面积不应小于6m^2。

3. 防火隔间的门应采用甲级防火门。

4. 不同防火分区通向防火隔间的门不应计入安全出口，门的最小间距不应小于4m。

5. 防火隔间内部装修材料的燃烧性能应为A级。

6. 防火隔间不应用于除人员通行外的其他用途。

【实践实训】

【实训目的】通过本次实训，掌握避难层设置的方法。

【实训题目】某地一座宾馆，建筑面积为38000m^2，建筑高度为105m，共计28层。耐火等级为一级，简述消防避难层设计要点。

【模块检测】

一、单选题

1. 有一住宅建筑，高度24m，每个单元任一层的建筑面积小于650m^{2}且任一户门至最近安全出口的距离小于15m。该住宅建筑每单元至少设置（   ）个安全出口或疏散楼梯。

    A. 1   B. 2   C. 5   D. 4

2．设置在袋形走道尽端的KTV厅室设计人数13人，设置一个净宽度为1.4m的疏散门，该厅室面积不应大于（　　）m²。

A．30　　　　　　　　B．50　　　　　　　　C．80　　　　　　　　D．120

3．建筑高度50m的丙类仓库，其疏散楼梯应采用（　　）。

A．敞开楼梯间　　　　　　　　　　　B．封闭楼梯间

C．防烟楼梯间　　　　　　　　　　　D．竖直金属梯

4．建筑防火检查中，对疏散门的形式、间距和畅通性等进行检查，检查中下列不符合国家工程消防技术标准规定的是（　　）。

A．民用建筑和厂房的疏散门，采用向疏散方向开启的平开门

B．人员密集场所内平时需要控制人员随意出入的疏散门和设置门禁系统的住宅、宿舍、公寓建筑的外门，要保证火灾时有专人使用钥匙打开

C．每个房间相邻2个疏散门最近边缘之间的水平距离不小于5m

D．开向疏散楼梯或疏散楼梯间的门，当门完全开启时，不得减少楼梯平台的有效宽度

5．某建筑高度为54m住宅建筑，共三个单元，每个单元设置了一部疏散楼梯间，进行防火检查时，错误的是（　　）。

A．每个单元每层建筑面积为650m²

B．任一户门到最近安全出口的距离为12m

C．户门的耐火完整性为1.00h

D．防烟楼梯间直通屋面，单元之间能通过屋面连通

二、多选题

1．下列厂房的疏散楼梯应采用封闭楼梯间或室外楼梯的有（　　）。

A．某甲类多层厂房　　　　　　　　　B．某乙类多层厂房

C．某丙类多层厂房　　　　　　　　　D．某丁类多层厂房

E．某建筑高度30m的丙类厂房

2．某老年人照料设施，地上10层，建筑高度为33m，设有2部防烟楼梯间，1部消防电梯及1部客梯，防烟楼梯间前室和消防电梯前室分开设置，标准层面积为1200m²，中间设有疏散走道，走道两侧双面布房，对该老年人照料设施进行防火检查。下列检查结果中，符合《建筑防火通用规范》GB 55037—2022的有（　　）。

A．在建筑首层设置了厨房和餐厅

B．安全出口之间房间疏散门至最近安全出口的最远距离为25m

C．房间内任一点至最近疏散门的最远距离为25m

D．第四层设有建筑面积为150m²的阅览室，最大容纳人数为20人

E．每层仅利用消防电梯的前室作为避难间，前室的建筑面积为12m²

3．某医院病房楼，建筑高度为25m，共7层，每层建筑面积为400m²，公安机关消

防机构对其进行消防监督检查。获取的下列信息中,不正确的有(　　)。

A. 该病房楼的疏散楼梯采用封闭楼梯间

B. 该病房楼未设置火灾自动报警系统

C. 该病房楼消防应急照明和灯光疏散指示标志的备用电源的连续供电时间为1.2h

D. 该病房楼避难间的最低水平照度为6.0lx

E. 该病房楼位于两个安全出口之间的疏散门至最近安全出口的直线距离为25m

4. 某地下商业建筑,总建筑面积为31580m²,根据相关规定,应采用无门、窗、洞口的防火墙和耐火极限不低于2.00h的楼板分隔为2个建筑面积不大于20000m²的区域,相邻的2个区域确需局部连通时,应采用(　　)等方式进行连通。

A. 下沉式广场　　　　　　　　　B. 防火隔间

C. 避难走道　　　　　　　　　　D. 疏散通道

E. 防烟楼梯间

【数字资源】

资源名称	5.1疏散宽度	5.2.1疏散距离1	5.2.2疏散距离2	5.3.1安全出口、疏散门数量1
资源类型	视频	视频	视频	视频
资源二维码				
资源名称	5.3.2安全出口、疏散门数量2	5.4疏散楼梯间形式	5.5避难层及疏散辅助	
资源类型	视频	视频	视频	
资源二维码				

模块 6

建筑防火防爆

建筑防火防爆是维护公共安全与保障生产顺利进行的重要措施。它要求我们在日常生活及工业生产中，严格遵守安全规范，预防火灾与爆炸事故的发生。这包括合理布局易燃易爆物品存储区域，确保其远离火源与热源；加强电气设备的安全管理，定期维护检查，防止短路、过载引发火灾；实施严格的动火作业审批制度，确保在特殊作业环境下的安全。

　　通过本模块的学习，应熟悉甲、乙类生产储存等易燃易爆场所，厨房、锅炉房等燃气使用场所的检查内容和方法，掌握易燃易爆场所、燃气使用场所的相关技术要求，辨识和分析易燃易爆场所，燃气使用场所存在的火灾、爆炸等不安全因素，解决易燃易爆场所、燃气使用场所防火防爆的技术问题。

✖ 项目 17
建筑电气防火

【学习目标】

知识目标	能力目标	素质目标
了解电气系统的主要电气火灾隐患、电线电缆选择的一般要求和常用的电气线路保护措施	具有杜绝电气系统电气火灾隐患、根据使用场所选择使用适宜电线电缆以及电气线路保护的能力	培养学生建筑电气领域安全意识，树立防火防爆责任感，践行安全规范，服务和谐社会建设

【思维导图】

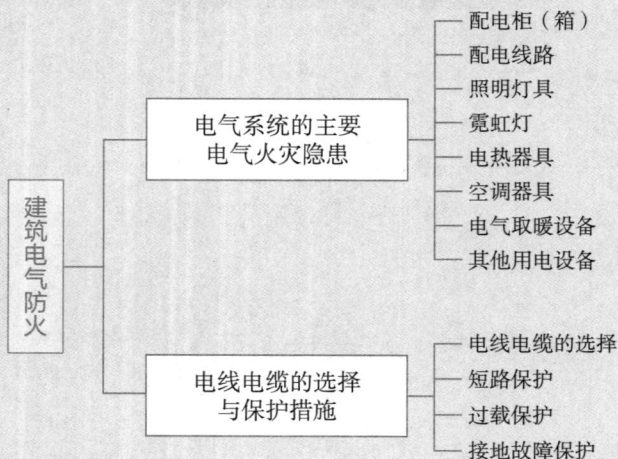

任务17.1　电气系统的主要电气火灾隐患

【岗位情景模拟】某公司计划新建厂房，你作为一名消防安全工程师，要根据客户需求和工程要求进行方案设计和图纸制作，确保产品满足设计规范及质量标准。请根据不同的厂房类型和用途，选择适合的电线电缆，并指导现场工作人员如何进行后期保养。

【讨论】如果你是消防安全工程师，你将查阅哪些资料？

一、配电柜（箱）的典型电气火灾隐患

配电柜（箱）的典型电气火灾隐患，见表17-1-1。

配电柜（箱）的典型电气火灾隐患　　　　　　　　　　　　表17-1-1

项目		电气火灾隐患
运行	周边环境	1. 下方及周围0.5m范围内可燃物堆放； 2. 在内装时配电箱（柜）的安装区域应有渗水、漏水现象
	箱内情况	1. 内部进出线接线不正确； 2. 内部导线存在明显老化、腐蚀和损伤现象； 3. 内部电接点存在明显的锈蚀、烧伤、熔焊等痕迹； 4. 内部不同相线接线端子间，相线对地有明显火花放电痕迹； 5. 内部控制电器的灭弧装置破损； 6. 连接到发热元件（如管形电阻）上的绝缘导线，未采取隔热措施； 7. 配电箱（柜）各种仪器指示不正常； 8. 同一端子上导线连接多于2根，防松圈等零件缺失

二、配电线路的典型电气火灾隐患

配电线路的典型电气火灾隐患，见表17-1-2。

配电线路的典型电气火灾隐患　　　　　　　　　　　　表17-1-2

项目		电气火灾隐患
敷设	敷设方式	1. 有可燃物体闷顶场所，未采用金属管布线，无可燃物体闷顶场所，未采用B$_1$级以上刚性塑料管布线； 2. 可燃装饰层内，未采用金属管、可弯曲金属导管布线； 3. 建筑物顶棚内墙体及顶棚的抹灰层、保温层及装饰面板内或在易受机械损伤的场所，采用护套线直敷布线； 4. 腐蚀的场所，未采用耐腐蚀性刚性塑料管配线，接头未密封，采用金属管配线时未采取防腐措施

续表

项目			电气火灾隐患
敷设	管线敷设	防护措施	**金属管布线** 1. 当穿过建筑物基础时，未加保护管保护； 2. 当穿过建筑物变形缝时，未设补偿装置； 3. 导线穿钢管时，管口处未装设护线套保护，在不进入接线盒（箱）的垂直管口，穿入导线后，未采用防火材料将管口密封； 4. 在入接线盒、灯光盒、开关盒等处，明装金属管未加锁母和护口，多尘、潮湿场所外侧未加橡皮垫圈，有振动的地方和有人进入的木质结构闷顶内的管路，入盒时未加锁母
		线路材质	**护套线直敷布线** 护套绝缘电线的燃烧性能低于 B_2 级，其截面小于 $6mm^2$
		电缆防护	**电缆室内明敷布线** 除敷设在配电间或竖井内，垂直敷设的线路 1.8m 以下未加防护措施
	导线敷设		1. 同一回路的所有相线和中性线未穿于同一根导管，槽盒内导线敷设； 2. 绝缘电线（两根除外），其总截面积（包括外护层）超过导管槽盒内截面积的40%
	管线敷设	防护措施	**敷电缆桥架布线** 1. 除敷设在配电间或竖井内，垂直敷设的线路1.8m 以下未加防护措施； 2. 当穿过建筑物变形缝时，未设补偿装置； 3. 桥架敷设液体管道的下方时，未采取防水措施
	电气连接	导线与导线连接	1. 导线在管、槽内有接头； 2. 导线接头未采用导线连接器或缠绕涮锡，未设在盒（箱）或器具内，盒（箱）配件不便，未固定牢固，在多尘和潮湿场所，未采用连接密封式盒（箱）； 3. 铜、铝导线连接处未采取铜铝过渡接续措施
设置	选型		**墙壁插座** 1. 插座的选型不符合市场准入制度要求； 2. 同一市场中，交流、直流或不同电压等级的插座没有明显区别，插头可以互换使用； 3. 落地插座未采用专用插座，面板松动； 4. 潮湿场所未采用密封型并带保护接地线触头的保护型插座
	保护措施		靠近高温物体、可燃物或安装在可燃结构上时，未采取隔热、散热和阻燃等保护措施
	接线		1. 插座接线错误； 2. 插座的保护接地导线端子与中性导体端子连接，保护接地导体（PE）在插座之间串联连接； 3. 相线与中性线导体（N）、保护接地导体（PE）利用插座本体的接线端子转接供电； 4. 导线与插座连接处松动

续表

项目	电气火灾隐患
	移动式排插
选型	1. 排插的选型不符合市场准入制度要求； 2. 电源线采用铝芯电缆或护套软线，其导线截面积未与插排额定值匹配； 3. 没有保护接地线（PE线）； 4. 引线长度超出产品标准的规定
设置	放置在可燃物上或被可燃物覆盖
运行	1. 插排面板有烧蚀、变色和熔融痕迹； 2. 串接使用； 3. 超容量使用； 4. 在工作时有过热或打火、放电现象； 5. 插排插孔处的温升超过45K
	照明开关
选型	1. 开关的选型不符合市场准入制度要求； 2. 建筑内采用开关的通断位置不一致； 3. 开关所控灯具的总额定电流值大于该灯控开关的额定电流
设置	1. 开关接在N线上； 2. 放置在可燃物上或被可燃物覆盖
运行	1. 导线与开关连接处松动，面板松动或破损； 2. 在工作时有过热或打火、放电现象； 3. 开关端子处的温升超过45K

三、照明灯具的典型电气火灾隐患

照明灯具的典型电气火灾隐患，见表17-1-3。

照明灯具的典型电气火灾隐患　　　　　　表17-1-3

项目	电气火灾隐患
选型	1. 储存可燃物的仓库及类似场所采用碘钨灯、卤素灯、60W及以上的白炽灯等高温光源灯具，灯具没有防护罩，采用移动式灯具； 2. 有腐蚀性场所未采用密闭型灯具； 3. 粉尘、潮湿场所中，灯具的防护等级不符合设置场所环境要求； 4. 灯具上所装光源的功率超过灯具的额定功率； 5. 灯饰所用材料的燃烧性能等级低于B_1级
配电回路	照明灯具的配电线路未采用独立回路
安装	1. 超过60W的白炽灯、卤钨灯、荧光高压汞灯、聚光灯、回光灯等照明灯具（含镇流器）直接安装在可燃材料或构件上； 2. 聚光灯的聚光点落在可燃物上

四、霓虹灯的典型电气火灾隐患

霓虹灯的典型电气火灾隐患，见表17-1-4。

霓虹灯的典型电气火灾隐患   表17-1-4

项目	电气火灾隐患
配电线路	1. 未由低压配电柜的单独回路供电，在配电柜处未加装避雷器保护； 2. 彩灯电源的每个支路未设置单独控制开关和熔断器保护； 3. 彩灯线路导线的截面不满足载流量要求或小于2.5mm^2，灯头线小于1.0mm^2
安装	配电线路未穿钢管敷设或挂在避雷带上

五、电热器具的典型电气火灾隐患

电热器具的典型电气火灾隐患，见表17-1-5。

电热器具的典型电气火灾隐患   表17-1-5

项目	电气火灾隐患
选型	1. 电熨斗、电饭锅、电烤箱、消毒碗柜、电磁柜、微波炉、电水壶、电热杯、饮水机、热水器等电热器具的选型不符合市场准入制度要求； 2. 使用热得快、电炉子
安装	配电线路未穿金属导管或管敷设或挂在避雷带上
配电线路	功率大于3kW电热器具配电线路未采用单独的回路
保护措施	1. 功率大于3kW电热器具配电线路未装设短路、过载及接地故障保护装置； 2. 确需安装、放置在可燃材料或可燃构件上时，未采取隔热保护措施（如用玻璃丝、石膏板、石棉板等加以隔热防护）； 3. 电热器具的引入线未采用石棉、瓷管等耐高温绝缘套管予以保护

六、空调器具的典型电气火灾隐患

空调器具的典型电气火灾隐患，见表17-1-6。

空调器具的典型电气火灾隐患   表17-1-6

项目	电气火灾隐患
运行	1. 风扇电机运行不正常、有异响，且空调内有明显火花电弧放电现象； 2. 空调0.5m范围内有可燃物堆放（包括窗帘等可燃饰物）； 3. 空调器具使用后，未切断设备电源； 4. 空调器具的电源引线绝缘护套有破损、老化等现象； 5. 空调器具压缩机、风扇电机有火花放电现象； 6. 插头、插座和开关各端子处的温升超过45K

七、电气取暖设备的典型电气火灾隐患

电气取暖设备的典型电气火灾隐患，见表17-1-7。

电气取暖设备的典型电气火灾隐患　　　　　　　　　　　表17-1-7

项目	电气火灾隐患
选型	1. 电热取暖器、PTC暖风机、对流式电暖气、电热膜取暖器、电热毯等电气取暖设备的选型不符合市场准入制度要求； 2. 使用小太阳等电热丝取暖器； 3. 使用无过热保护装置的电热毯
运行	1. 电热毯直接与人接触； 2. 电气取暖设备使用后，未切断设备电源； 3. 电气取暖设备的电源引线绝缘护套有破损、老化等现象； 4. 插头、插座和开关各端子处的温升超过45K

八、其他用电设备的典型电器火灾隐患

其他用电设备的典型电器火灾隐患，见表17-1-8。

其他用电设备的典型电器火灾隐患　　　　　　　　　　　表17-1-8

项目	电气火灾隐患
配电回路	1. 电动汽车充电桩等大功率充电设备未采用独立的配电回路； 2. 集中放置的按摩椅、电动床未采用独立的配电回路
保护措施	1. 电动汽车充电桩的配电线路未设置短路、过载保护装置； 2. 集中放置的按摩椅、电动床的配电线路未设置短路、过载保护装置
安装	1. 电动汽车充电桩、电动自行车充电器等充电设备直接安装、放置在可燃材料上，或周边有可燃物； 2. 电动汽车充电桩、电动自行车充电处置在建筑内部时，未与建筑其他区域进行有效的防火分隔； 3. 电冰箱与墙、橱柜等的散热距离小于100mm

📋 即学即练17-1-1

配电线路采用金属管布线时，下列管路的敷设做法存在电气火灾隐患的是（　　）。

A. 管路设置补偿装置后穿过建筑物变形缝

B. 导线在管口处装设护线套后穿入钢管

C. 管路未加保护管直接穿过建筑物基础

D. 导线穿过管路后采用防火材料将管口密封

任务17.2　电线电缆的选择与保护措施

【岗位情景模拟】某公司计划新建厂房，你作为一名消防安全工程师，要根据客户需求和工程要求进行方案设计和图纸制作，确保产品满足设计规范及质量标准。请根据不同的厂房类型和用途，选择适合的电线电缆，并指导现场工作人员如何进行后期保养。

【讨论】如果你是消防安全工程师，你将查阅电线电缆的哪些资料？

　　电气线路是用于传输电能、传递信息和宏观电磁能量转换的载体，电气线路火灾除了由外部的火源或火种直接引燃外，主要是由于自身在运行过程中出现的短路、过载、接触电阻过大以及漏电等故障产生电弧、电火花或电线、电缆过热，引燃电线、电缆及其周围的可燃物而引发的火灾。

一、电线电缆的选择

（一）电线电缆导体材料的选择

1. 固定敷设的供电线路宜选用铜芯线缆。

2. 重要电源、重要的操作回路及二次回路、电机的励磁回路等需要确保长期运行在连接可靠的回路；移动设备的线路及振动场所的线路；对铝有腐蚀的环境；高温环境、潮湿环境、爆炸及火灾危险环境；工业及市政工程等场所不应选用铝芯线缆。

3. 非熟练人员容易接触的线路，如公共建筑与居住建筑；线芯截面为6mm²及以下的线缆不宜选用铝芯线缆。

4. 对铜有腐蚀而对铝腐蚀相对较轻的环境、氨压缩机房等场所应选用铝芯线缆。

（二）电线电缆绝缘材料及护套的选择

1. 普通电线电缆

（1）普通聚氯乙烯电线电缆适用温度范围为−15～60℃，使用场所的环境温度超出该范围时，应采用特种聚氯乙烯电线电缆；普通聚氯乙烯电线电缆在燃烧时会散发有毒烟气，不适用于地下客运设施、地下商业区、高层建筑和重要公共设施等人员密集场所。

（2）交联聚氯乙烯电线电缆不具备阻燃性能，但燃烧时不会产生大量有毒烟气，适用于有"清洁"要求的工业与民用建筑。

（3）橡皮电线电缆弯曲性能较好，能够在严寒气候下敷设，适用于水平高差大和垂直敷设的场所，橡皮电线电缆适用于移动式电气设备的供电线路。

2. 阻燃电线电缆

阻燃电线电缆是指在规定试验条件下被燃烧，能使火焰蔓延仅在限定范围内，撤去火源后，残焰和残灼能在限定时间内自行熄灭的电线电缆。

阻燃电线电缆的性能主要用氧指数和发烟性两个指标来评定。由于空气中氧气占21%，因此氧指数超过21的材料在空气中会自熄，材料的氧指数愈高，则表示它的阻燃性愈好。

阻燃电线电缆燃烧时的烟气特性可分为一般阻燃型、低烟低卤阻燃型、无卤阻燃型三大类。电线电缆成束敷设时，应采用阻燃型。当电缆在桥架内敷设时，应考虑将来增加电缆时，也能符合阻燃等级，宜按近期敷设电缆的非金属材料体积预留20%余量。电线在槽盒内敷设时，也宜按此原则来选择阻燃等级。在同一通道中敷设的电缆，应选用同一阻燃等级的电缆。阻燃型和非阻燃型电缆也不宜在同一通道内敷设。非同一设备的电力与控制电缆若在同一通道时，宜互相隔离。

直接埋地、埋入建筑孔洞或砌体及穿管敷设的电线电缆，可选用普通型电线电缆。敷设在有盖槽盒、有盖板的电缆沟中的电缆，若已采取封堵、阻水、隔离等防止延燃的措施，可降低一级阻燃要求。

3．耐火电线电缆

耐火电线电缆是指规定试验条件下，在火焰中被燃烧一定时间内能保持正常运行特性的电线电缆。

耐火电线电缆按绝缘材质可分为有机型和无机型两种。有机型主要是采用耐高温800℃的云母带以50%的重叠搭盖率包覆两层作为耐火层。外部采用聚氯乙烯或交联聚乙烯为绝缘，若同时要求阻燃，只要绝缘材料选用阻燃型材料即可。加入隔氧层后，可以耐受950℃高温。无机型是指矿物绝缘电缆，它是采用氧化镁作为绝缘材料，铜管作为护套的电缆，国际上称为MI电缆。

耐火电线电缆主要适用于在火灾时仍需要保持正常运行的线路，如工业及民用建筑的消防系统、应急照明系统、救生系统、报警及重要的监测回路等。

耐火等级应根据一旦火灾时可能达到的火焰温度确定。火灾时，由于环境温度剧烈升高，导致线芯电阻的增大，当火焰温度为800～1000℃时，导体电阻约增大3～4倍，此时仍应保证系统正常工作，需按此条件校验电压损失。耐火电缆亦应考虑自身在火灾时的机械强度，因此，明敷的耐火电缆截面积应不小于2.5mm²。应区分耐高温电缆与耐火电缆，前者只适用于调温环境。一般有机类的耐火电缆本身并不阻燃。若既需要耐火又要满足阻燃，应采用阻燃耐火型电缆或矿物绝缘电缆。普通电缆及阻燃电缆敷设在耐火电缆槽盒内，并不一定满足耐火的要求，设计选用时必须注意这一点。

二、电气线路的保护措施

（一）短路保护

应保证在短路电流导体和连接件产生的热效应和机械力造成危害之前分断该短路电流；分断能力不应小于保护电气安装的预期短路电流，但在上级已装有所需分断能力的保护电器时，下级保护电路的分断能力允许小于预期短路电流，此时该上下级保护电器的特性必须配合，使得通过下级保护电器的能量不超过其能够承受的能量。应在短路电流使导体达到允许的极限温度之前分断该短路电流。

（二）过载保护

应在过载电流引起的导体升温对导体的绝缘、接头、端子或导体周围的物质造成损害之前分断过载电流。对于突然断电比过负载造成的损失更大的线路，如消防水泵之类的负荷，其过载保护应作为报警信号，不应作为直接切断电路的触发信号。

过载保护电器的动作特性应同时满足以下两个条件：

1. 线路计算电流小于或等于熔断器熔体额定电流，后者应小于或等于导体允许持续载流量。

2. 保证保护电器可靠动作的电流小于或等于1.45倍熔断器熔体额定电流。

注：当保护电器为断路器时，保证保护电器可靠动作的电流为约定时间内的约定动作电流；当保护电器为熔断器时，保证保护电器可靠动作的电流为约定时间内的熔断电流。

（三）接地故障保护

当发生带电导体与外露可导电部分、装置外可导电部分、PE线、PEN线、大地等之间的接地故障时，保护电器必须切断该故障电路。接地故障保护电器的选择应根据配电系统的接地形式、电气设备使用特点及导体截面等确定。

TN系统接地保护方式：

1. 当灵敏性符合要求时，采用短路保护兼作接地故障保护。

2. 零序电流保护模式适用于TN-C、TN-C-S、TN-S系统，不适用于谐波电流大的配电系统。

3. 剩余电流保护模式适用于TN-S系统，不适用于TN-C系统。

📖 **即学即练17-2-1**

普通聚氯乙烯电线电缆适用温度范围为-15~60℃，使用场所的环境温度超出该范围时，敷设电线时应采用什么类型的电线？

项目 18
用电设备防火

【学习目标】

知识目标	能力目标	素质目标
熟悉电气照明灯具的选型；掌握电气照明灯具的设置要求	具有能够检查场所使用照明器具是否符合规范的能力，具有提出火灾预防措施的能力	全面提升学生的防火安全意识，为他们的日常生活和未来的职业提供坚实的安全保障

【思维导图】

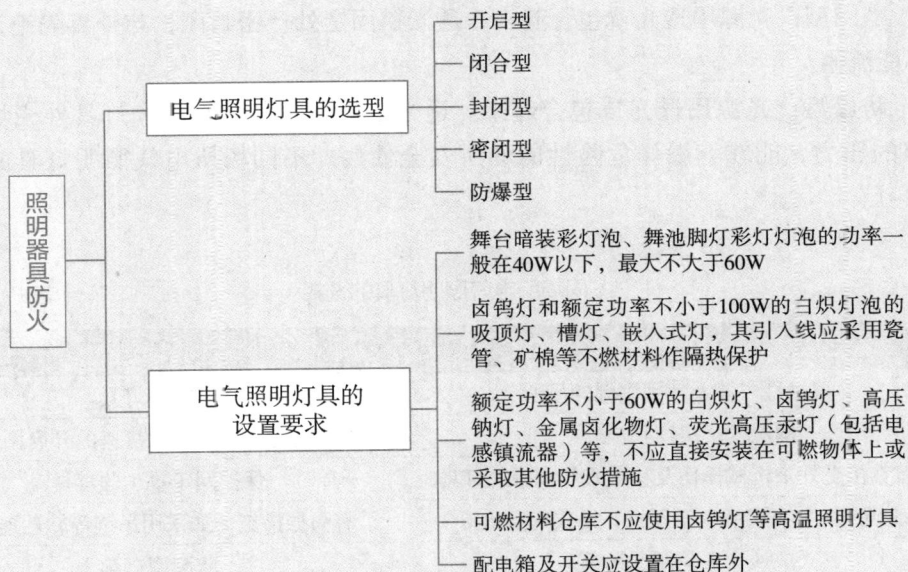

照明器具防火
- 电气照明灯具的选型
  - 开启型
  - 闭合型
  - 封闭型
  - 密闭型
  - 防爆型
- 电气照明灯具的设置要求
  - 舞台暗装彩灯泡、舞池脚灯彩灯灯泡的功率一般在40W以下，最大不大于60W
  - 卤钨灯和额定功率不小于100W的白炽灯泡的吸顶灯、槽灯、嵌入式灯，其引入线应采用瓷管、矿棉等不燃材料作隔热保护
  - 额定功率不小于60W的白炽灯、卤钨灯、高压钠灯、金属卤化物灯、荧光高压汞灯（包括电感镇流器）等，不应直接安装在可燃物体上或采取其他防火措施
  - 可燃材料仓库不应使用卤钨灯等高温照明灯具
  - 配电箱及开关应设置在仓库外

任务18　照明器具防火

【岗位情景模拟】你是一家中型企业的消防安全主管，负责整个厂房的日常管理和安全维护。近期公司拟更换所有的照明设施，为了预防火灾事故的发生，你需要设计并配置一套全面的电气照明安全方案。

【讨论】请根据规范的要求，请你从照明灯具的选型和设置要求上提出意见。

一、电气照明灯具的选型

照明灯具的主要形式有：

1. 开启型：光源与外界空间直接接触。

2. 闭合型：用透光罩将光源包合起来但内外空气仍能自由流通。

3. 封闭型：光源用透光罩包合起来，透光罩固定处加一般封闭，与外界隔绝，但内外空气仍可有限流通。

4. 密闭型：光源用透光罩包合起来，透光罩固定处严密封闭，与外界隔绝，内外空气不能流通。

5. 防爆型：光源用透光罩包合起来。透光罩本身及其固定处和灯具外壳均能承受要求的压力，能在有爆炸危险性的场所安全使用。不同场所电气照明灯具的选择见表18-1。

不同场所电气照明灯具的选择　　　　　　　　表18-1

场所类型		灯具选择
有腐蚀性气体及特别潮湿的场所		密闭型灯具
潮湿的厂房内和户外		封闭型灯具或有防水灯座的开启型灯具
可能直接受外来机械损伤及移动式和携带式灯具		保护网（罩）的灯具
振动场所（如有锻锤、空压机、桥式起重机等）		有防振措施（如采用吊链等软性连接）
人防工程	潮湿场所	防潮型灯具
	柴油发电机房的储油间、蓄电池室等房间	密闭型灯具
	可燃物品库房	不应设置卤钨灯等高温照明灯具

二、电气照明灯具的设置要求

1. 照明电压一般采用220V。携带式照明灯具（俗称行灯）的供电电压不应超过36V，如在金属容器内及特别潮湿场所内作业，行灯电压不得超过12V。

2. 36V以下和220V以上的电源插座应有明显区别，低压插头应无法插入较高电压的插座内。

3．插座不宜和照明灯接在同一分支回路。

4．明装吸顶灯具采用木质底台时，应在灯具与底台中间铺垫石板或石棉布。附带镇流器的各式荧光吸顶灯，应在灯具与可燃材料之间加垫瓷夹板隔热。禁止直接安装在可燃吊顶上。

5．可燃吊顶上所有暗装、明装灯具、舞台暗装彩灯、舞池脚灯的电源导线，均应穿钢管敷设。

6．舞台暗装彩灯泡，舞池脚灯彩灯灯泡的功率均宜在40W以下，最大不应超过60W。彩灯之间导线应焊接，所有导线不应与可燃材料直接接触。

7．照明与动力合用一电源时，应有各自的分支回路，所有照明线路均应有短路保护装置。

8．配电盘盘后接线要尽量减少接头，接头应采用锡、钎焊焊接并应用绝缘布包好，金属盘面还应有良好接地。

9．开关、插座和照明灯具靠近可燃物时，应采取隔热、散热等防火措施。额定功率不小于60W的白炽灯、卤钨灯、高压钠灯、金属卤化物灯、荧光高压汞灯（包括电感镇流器）等，不应直接安装在可燃物体上或采取其他防火措施。卤钨灯和额定功率不小于100W的白炽灯泡的吸顶灯、槽灯、嵌入式灯，其引入线应采用瓷管、矿棉等不燃材料作隔热保护。

10．可燃材料仓库为宜使用低温照明灯具，并应对灯具的发热部件采取隔热等防火措施，不应使用卤钨灯等高温照明灯具。配电箱及开关应设置在仓库外。

📋 即学即练18-1

在某次现场安全检查中，小王有以下几个作业：

1．在照明灯具靠近可燃物处采取隔热防火措施。

2．额定功率为1OW的吸顶白炽灯的引入线采用陶瓷管保护。

3．额定功率为60W的白炽灯直接安装在木梁上。

4．可燃材料仓库内使用密闭型荧光灯具。

你作为现场安全检查的负责人，请判断哪些行为是错误的？

项目 19
建筑防爆

【学习目标】

知识目标	能力目标	素质目标
掌握建筑防爆技术中的基本概念和理论，掌握建筑防爆基本原理	能准确识别建筑防爆危险源，合理规划建筑防爆布局，有效进行防爆泄压面积的计算、防爆材料的选择等，熟练选择与安装防爆电气设备，高效制定并实施防爆安全管理措施，有效降低爆炸风险，保障建筑及人员安全	培养具有高尚品德、扎实专业基础、良好职业素养、健康身心素质和较强创新能力的高素质建筑防爆技术人才

【思维导图】

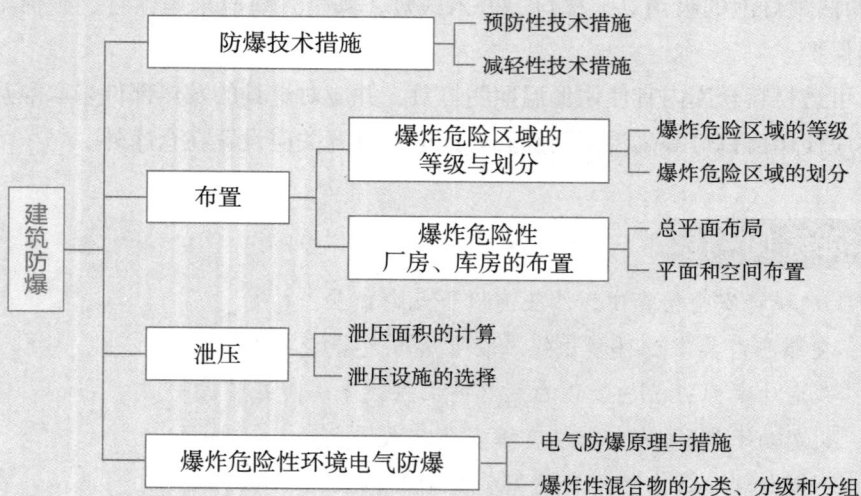

任务19.1　防爆技术措施

【岗位情景模拟】某化工厂有一个储存易燃易爆化学品的仓库，主要存放汽油、丁二烯等危险化学品。仓库内设有多个储罐，且仓库的通风条件一般，部分电气设备老旧，存在安全隐患。近期，工厂管理层决定对仓库进行全面的防爆技术改造，以确保生产安全。领导安排你来完成这项工作，你将如何进行防爆安全设计？

【讨论】请根据规范的要求，从措施方面进行建筑防爆设计。

建筑防爆的基本技术措施分为预防性技术措施和减轻性技术措施。

一、预防性技术措施

（一）排除能引起爆炸的各类可燃物质

1. 在生产过程中尽量不用或少用具有爆炸危险的各类可燃物质。

2. 生产设备应尽可能保持密闭状态，防止"跑、冒、滴、漏"。

3. 加强通风除尘。

4. 预防燃气泄漏，设置可燃气体浓度报警装置。

5. 利用惰性介质进行保护。

（二）消除或控制能引起爆炸的各种火源

1. 防止撞击、摩擦产生火花。

2. 防止高温表面成为点火源。

3. 防止日光照射。

4. 防止电气火灾。

5. 消除静电火花。

6. 防止雷电火花。

7. 防止明火。

二、减轻性技术措施

1. 采取泄压措施。

2. 采用抗爆性能良好的建筑结构体系，加强建筑结构主体的强度和刚度，使其在爆炸中足以抵抗爆炸冲击而不倒塌。

3. 采取合理的建筑布置。

任务19.2　爆炸危险性厂房、库房的布置及泄压

【岗位情景模拟】某厂区内拟布置一座10kV室内变电站，为该厂区内的1座甲

类厂房和1座乙类厂房供电，变电站和两座厂房均为单层，耐火等级均为二级。如果你是设计人员，你将如何划分不同区域的危险等级并做好空间布置？

【讨论】请阐述爆炸危险区域的划分依据。

一、爆炸危险区域的等级与划分

（一）爆炸危险区域的等级

1. 爆炸性气体混合物环境

爆炸性气体、可燃蒸气与空气混合形成爆炸性气体混合物的环境，按其出现的频繁程度和持续时间可分为以下3个区域等级：

（1）0级区域（简称0区）：在正常运行时，爆炸性气体混合物连续出现或长期出现的环境。

（2）1级区域（简称1区）：在正常运行时，可能出现爆炸性气体混合物的环境。

（3）2级区域（简称2区）：在正常运行时，不太可能出现爆炸性气体混合物的环境，或即使出现也仅是短时存在的爆炸性气体混合物的环境。

2. 爆炸性粉尘环境

（1）20区：空气中的可燃性粉尘云持续、长期、频繁地出现于爆炸性环境中。

（2）21区：在正常运行时，空气中的可燃性粉尘云很可能偶尔出现于爆炸性环境中。

（3）22区：在正常运行时，空气中的可燃粉尘云一般不可能出现于爆炸性粉尘环境中，即使出现，持续时间也是短暂的。

（二）爆炸危险区域的划分

爆炸危险区域的划分应按释放源级别和通风条件确定，存在连续级释放源的区域可划为0区，存在一级释放源的区域可划为1区，存在二级释放源的区域可划为2区。

1. 连续级释放源应为连续释放或预计长期释放的释放源。下列情况可划为连续级释放源：

（1）没有用惰性气体覆盖的固定顶盖贮罐中的可燃液体的表面。

（2）油、水分离器等直接与空间接触的可燃液体的表面。

（3）经常或长期向空间释放可燃气体或可燃液体的蒸气的排气孔和其他孔口。

2. 一级释放源应为在正常运行时，预计可能周期性或偶尔释放的释放源，下列情况可划为一级释放源：

（1）在正常运行时，会释放可燃物质的泵、压缩机和阀门等的密封处。

（2）贮有可燃液体的容器上的排水口处，在正常运行中，当水排掉时，该处可能会向空间释放可燃物质。

（3）正常运行时，会向空间释放可燃物质的取样点。

（4）正常运行时，会向空间释放可燃物质的泄压阀、排气口和其他孔口。

3. 二级释放源应为在正常运行时，预计不可能释放，当出现释放时，仅是偶尔和短期释放的释放源。下列情况可划为二级释放源：

（1）正常运行时，不能出现释放可燃物质的泵、压缩机和阀门的密封处。

（2）正常运行时，不能释放可燃物质的法兰、连接件和管道接头。

（3）正常运行时，不能向空间释放可燃物质的安全阀、排气孔和其他孔口处。

（4）正常运行时，不能向空间释放可燃物质的取样点。

4. 应根据通风条件按下列规定调整区域划分：

（1）当通风良好时，可降低爆炸危险区域等级；当通风不良时，应提高爆炸危险区域等级（当爆炸危险区域内通风的空气流量能使可燃物质很快稀释到爆炸下限值的25%以下时，可定为通风良好）。

（2）局部机械通风在降低爆炸性气体混合物浓度方面比自然通风和一般机械通风更为有效时，可采用局部机械通风降低爆炸危险区域等级。

（3）在障碍物、凹坑和死角处，应局部提高爆炸危险区域等级。

（4）利用堤或墙等障碍物，限制比空气重的爆炸性气体混合物的扩散，可缩小爆炸危险区域的范围。

📋 **即学即练19-2-1**

小张根据《爆炸危险环境电力装置设计规范》GB 50058—2014，将爆炸性气体、可燃蒸气与空气混合形成爆炸性气体混合物环境，按其出现的频繁程度和持续时间分为3个区域，请问他的分类是否正确。

二、爆炸危险性厂房、库房的布置

（一）总平面布局

1. 有爆炸危险的甲、乙类厂房、库房宜独立设置，并宜采用敞开或半敞开，其承重结构宜采用钢筋混凝土或钢框架、排架结构。

2. 有爆炸危险的厂房、库房与周围建筑物、构筑物应保持一定的防火间距如甲类厂房与民用建筑的防火间距不应小于25m，与高层建筑、重要公共建筑的防火间距不应小于50m，与明火或散发火花地点的防火间距不应小于30m。甲类库房与高层建筑、重要公共建筑物的防火间距不应小于50m，与其他民用建筑（裙房单、多层）和明火或散发火花地点的防火间距按其储存物品性质不同为25~40m。

3. 有爆炸危险的厂房平面布置最好采用矩形，同时结合当地的气候条件，充分利用穿堂风吹散爆炸性气体，在山区宜布置在迎风山坡一面且通风良好的地方。

（二）平面和空间布置

1．变、配电站

甲、乙类厂房不应将变、配电站设在爆炸危险的甲、乙类厂房内或贴邻建造。如果生产上确有需要，允许在厂房的一面外墙贴邻建造专为甲类或乙类厂房服务的10kV及以下的变、配电站，并用无门窗洞口的防火墙隔开。乙类厂房的配电站确需在防火墙上开窗时应采用甲级防火窗。

2．控制室

（1）有爆炸危险的甲、乙类厂房的总控制室，应独立设置。

（2）有爆炸危险的甲、乙类厂房的分控制室在受条件限制时可与厂房贴邻建造，但必须靠外墙设置，并采用耐火极限不低于3.00h的防火隔墙与其他部分隔开。

3．有爆炸危险的部位

（1）有爆炸危险的甲、乙类生产部位，宜设置在单层厂房靠外墙的泄压设施或多层厂房顶层靠外墙的泄压设施附近。

（2）有爆炸危险的设备宜避开厂房的梁、柱等主要承重构件布置。

（3）易产生爆炸的设备应尽量放在靠近外墙靠窗的位置或设置在露天，以减弱其破坏力。

（4）在厂房中，为了车间之间的联系，宜在外墙上开门，利用外廊或阳台联系；也可在防火墙上设置门斗（耐火等级2.00h防火隔墙+甲级防火门），尽量使两扇门错开，用门斗来减弱爆炸冲击波的威力，缩小爆炸影响范围。

4．厂房内不宜设置地沟，必须设置时，其盖板应严密，应采取防止可燃气体、可燃蒸气及粉尘、纤维在地沟积聚的有效措施，且与相邻厂房连通处应采用防火材料密封。

5．使用和生产甲、乙、丙类液体厂房的管、沟不应和相邻厂房的管、沟相通，该厂房的下水道应设置防止可燃液体污水流入的措施。

6．甲、乙、丙类液体仓库应设置防止液体流散的设施。遇湿会发生燃烧爆炸的物品仓库应设置防止水浸渍的措施。

📋 **即学即练19-2-2**

某个有爆炸危险的甲类厂房在设计时独立设置，并采用敞开式，其承重结构应采取哪种形式？

三、泄压

（一）泄压面积的计算

有爆炸危险的甲、乙类厂房，其泄压面积宜按下式计算，但当厂房的长径比大于

3时，宜将该建筑划分为长径比小于或等于3的多个计算段，各计算段中的公共截面不得作为泄压面积。

$$A=10CV^{2/3}$$

式中　A —— 泄压面积（m^2）；

　　　V —— 厂房的容积（m^3）；

　　　C —— 泄压比（m^2/m^3）。

1. 长径比为建筑平面几何外形尺寸中的最长尺寸与其横截面周长的积和4倍的该建筑横截面积之比。

2. 计算长径比$=L\times 2（a+b）/4ab$。

3. 长径比>3，则进行分割，长径比$\leqslant 3$，则套用公式计算$A=10CV^{2/3}$。

（二）泄压设施的选择

1. 可选用泄压轻质屋面板、泄压外墙、泄压窗。

2. 作为泄压设施的轻质屋面板和轻质墙体的质量不宜大于$60kg/m^2$。

3. 散发较空气轻的可燃气体、可燃蒸气的甲类厂房（库房）宜采用全部或局部轻质屋面板作为泄压设施。

4. 泄压面的设置应避开人员集中的场所和主要交通道路，并宜靠近容易发生爆炸的部位。

5. 泄压面在材料的选择上除了要求重量轻以外，最好具有在爆炸时易破碎成碎块的特点，以便减少对人的危害。

6. 对于北方和西北寒冷地区，应采取适当措施防止积雪和冰冻。

即学即练19-2-3

小李计算厂房的泄压面积时，遇到厂房的长径比大于3，他将建筑划分为长径比不大于2的多个计算段，各计算段中的公共截面作为泄压面积，请你指出他的计算方式是否正确。

任务19.3　爆炸危险性环境电气防爆

【岗位情景模拟】某海洋采油平台作业区近期发生了一起小型爆炸事故，初步调查认为与电气设备防爆措施不当有关。平台上的风机、积算仪、控制箱等均为普通电气设备，未采取任何防爆措施。你作为消防安全工程师，来调查分析此次爆炸事故的可能原因。

【讨论】根据事故发生原因提出改进建议，确保平台电气设备符合防爆要求。

一、电气防爆原理与措施

（一）电气防爆基本原理

电气设备引燃爆炸混合物有两方面原因：一是电气设备产生的火花、电弧；二是电气设备表面（即与爆炸混合物相接触的表面）发热。电气防爆就是将设备在正常运行时产生火花、电弧的部件放在隔爆外壳内，或采取浇封型、充砂型、油浸型或正压型等其他防爆形式以达到防爆目的；对在正常运行时不会产生火花、电弧和危险高温的设备如果在其结构上再采取一些保护措施（增安型电气设备），使设备在正常运行或认可的过载条件下不发生火花、电弧或过热现象，这种设备在正常运行时就没有引燃源，设备的安全性和可靠性就可进一步提高，同样可用于爆炸危险环境。

（二）电气防爆基本措施

（1）宜将正常运行时产生火花、电弧和危险温度的电气设备和线路，布置在爆炸危险性较小或没有爆炸危险的环境内。电气线路的设计、施工应根据爆炸危险环境物质特性，选择相应的敷设方式、导线材质、配线技术、连接方式和密封隔断措施等。

（2）采用防爆的电气设备。在满足工艺生产及安全的前提下，应减少防爆电气设备的数量。如无特殊需要，不宜采用携带式电气设备。

（3）有关电力设备接地设计技术规程规定的一般情况不需要接地的部分，在爆炸危险区域内仍应接地，电气设备的金属外壳应可靠接地。

（4）设置漏电火灾报警和紧急断电装置。在电气设备可能出现故障之前，采取相应补救措施或自动切断爆炸危险区域电源。

（5）安全使用防爆电气设备。正确地划分爆炸危险环境类别，正确地选型、安装防爆电气设备，正确地维护、检修防爆电气设备。

（6）散发较空气重的可燃气体、可燃蒸气的甲类厂房以及有粉尘、纤维爆炸危险的乙类厂房，应采用不发火花的地面。采用绝缘材料作整体面层时，应采取防静电措施。散发可燃粉尘、纤维的厂房内表面应平整、光滑，并易于清扫。

二、爆炸性混合物的分类、分级和分组

（一）爆炸性物质分类

爆炸性物质可分为以下三类：

1. Ⅰ类：矿井甲烷（瓦斯）。

2. Ⅱ类：爆炸性气体混合物（含蒸气、薄雾）。

3. Ⅲ类：爆炸性粉尘（含纤维）。

（二）爆炸性混合物的分级和分组

1. 爆炸性气体混合物的分级分组

（1）按最大试验安全间隙（MESG）分级。最大试验安全间隙是在标准试验条件下，壳内所有浓度的被试验气体或蒸气与空气的混合物点燃后，通过长25mm的接合面均不能点燃壳外爆炸性气体混合物的外壳空腔两部分之间的最大间隙。可见，安全间隙

的大小反映了爆炸性气体混合物的传爆能力。间隙越小，其传爆能力就越强，危险性越大；反之，间隙越大，其传爆能力越弱，危险性也越小。爆炸性气体混合物，按最大试验安全间隙的大小分为ⅡA、ⅡB、ⅡC三级。ⅡA级安全间隙最大，危险性最小；ⅡC级安全间隙最小，危险性最大。

（2）按最小点燃电流（MIC）分级。最小点燃电流是在温度为20～40℃、电压为24V、电感为95mH的试验条件下，采用IEC标准火花发生器对空心电感组成的直流电路进行3000次火花试验，能够点燃最易点燃混合物的最小电流。最易点燃混合物是在常温常压下，需要最小引燃能量的混合物。

按照最小点燃电流的大小，Ⅱ类爆炸性气体混合物分为ⅡA、ⅡB、ⅡC三级，最小点燃电流越小，危险性就越大。ⅡA级最大试验安全间隙最大，最小点燃电流最大，危险性最小；反之，ⅡC级危险性最大。

（3）按引燃温度分组。爆炸性气体混合物不需要用明火即能引燃的最低温度，称为引燃温度。引燃温度越低的物质，越容易引燃。爆炸性气体混合物按引燃温度的高低分为T1、T2、T3、T4、T5、T6六组。T6引燃温度最低，危险性相对较高；T1引燃温度最高，危险性相对较低。

2. 爆炸性粉尘的分级

在爆炸性粉尘环境中，根据粉尘特性（导电或非导电等）分为ⅢA、ⅢB、ⅢC三级。ⅢA级为可燃性飞絮，ⅢB级为非导电性粉尘，ⅢC级为导电性粉尘。

三、防爆电气设备

（一）电气设备的基本防爆类别

（1）隔爆型（d）。把设备可能点燃爆炸性气体混合物的部件全部封闭在一个外壳内，其外壳能够承受通过外壳任何接合面或结构间隙渗透到外壳内部的可燃性混合物在内部爆炸而不损坏，并且不会引起外部由一种、多种气体或蒸气形成的爆炸性环境的点燃。该类型设备适用于1区、2区危险环境。

（2）增安型（e）。对在正常运行条件下不会产生火花、电弧的电气设备进一步采取一些附加措施，提高其安全程度，减少电气设备产生火花、电弧和危险温度的可能性，它不包括在正常运行情况下产生火花或电弧的设备。该类型设备主要用于2区危险环境，部分种类可以用于1区。

（3）本质安全型（ia、ib、ic、iD）。在设备内部的所有电路都是标准规定条件（包括正常工作或规定的故障条件）下产生的任何电火花或任何热效应均不能点燃规定的爆炸性气体环境的本质安全电路。该类型设备只能用于弱电设备中，ia适用于0区、1区2区危险环境，ib适用于1区、2区危险环境，ic适用于2区危险环境，iD适用于20区、21区和22区危险环境。

（4）正压型（px、Py、p2、pD）。具有正压外壳，可以保持内部保护气体的压力高于周围爆炸性环境的压力，阻止外部混合物进入外壳。该类型设备按照保护方法可以用于1区、2区、21区、22区危险环境。

（5）油浸型（o）。将整个设备或设备的部件浸在油（保护液）内，使之不能点燃油面以上或外壳外面的爆炸性气体环境。该类型设备适用于1区、2区危险环境。

（6）充砂型（q）。在外壳内充填砂粒或其他规定特性的粉末材料，使之在规定的使用条件下，壳内产生的电弧或高温均不能点燃周围爆炸性气体环境。该类型设备适用于1区、2区危险环境。

（7）无火花型（n、nA）。正常运行条件下，不能点燃周围的爆炸性气体环境，也不太可能发生引起点燃的故障。该类型设备仅适用于2区危险环境。

（8）浇封型（ma、mb、mc、mD）。将可能产生引起爆炸性气体环境爆炸的火花、电弧或危险温度部分的电气部件，浇封在浇封剂（复合物）中，使它不能点燃周围爆炸性气体环境。该类型设备适用于1区、2区及爆炸性粉尘危险环境。

（9）特殊型（s）。特殊型设备是指国家标准未包括的防爆形式。采用该类型的电气设备，由主管部门制定暂行规定，并经指定的防爆检验单位检验认可，方可按防爆特殊型电气设备使用。该类型设备根据实际使用开发研制，可适用于相应的危险环境。

（10）外壳保护型（tD）。采用限制外壳最高表面温度和采用"尘密"或"防尘"外壳来限制粉尘进入的方式，以防止可燃性粉尘点燃。根据其防爆性能，可适用于20区、21区或22区危险环境。

（二）防爆电气设备类别

爆炸性气体环境用电气设备分为Ⅰ类、Ⅱ类和Ⅲ类三种：

Ⅰ类：煤矿用电气设备。

Ⅱ类：除煤矿外的其他爆炸性气体环境用电气设备。

Ⅲ类：可燃性粉尘环境用电气设备。Ⅲ类又分为ⅢA、ⅢB、ⅢC三类。ⅢA类为可燃性飞絮，ⅢB类为非导电性粉尘，ⅢC类为导电性粉尘。

气体、蒸气或粉尘分级与电气设备类别的关系见表19-3-1。

气体、蒸气或粉尘分级与电气设备类别的关系　　　　　　　　表19-3-1

气体、蒸气或粉尘分级	设备类别	气体、蒸气或粉尘分级	设备类别
ⅡA	ⅡA、ⅡB或ⅡC	ⅢA	ⅢA、ⅢB或ⅢC
ⅡB	ⅡB或ⅡC	ⅢB	ⅢB或ⅢC
ⅡC	ⅡC	ⅢC	ⅢC

（三）防爆电气设备温度组成

按最高表面温度划分，Ⅱ类爆炸性气体环境用电气设备分为T1、T2、T3、T4、T5、T6六组，应按对应的T1～T6组的电气设备的最高表面温度不超过可能出现的任何气体或蒸气的引燃温度选型。

（四）防爆标志

防爆电气设备的防爆标志内容包括：防爆型式+设备类别+温度。防爆标志示例如下：

Ⅰ类隔爆型：Exd Ⅱ。

Ⅰ类特殊型：Exs Ⅰ。

ⅡB类隔爆型T3组：Exd Ⅱ BT3。

ⅡA类本质安全型a等级T5组：Exia Ⅱ AT5。

（五）防爆电气设备选用原则

（1）电气设备的防爆型式应与爆炸危险区域相适应。

（2）电气设备的防爆性能应与爆炸危险环境物质的危险性相适应；当区域存在两种以上爆炸危险物质时，电气设备的防爆性能应满足危险程度较高的物质要求。爆炸性气体环境内，防爆电气设备的类别和温度组别应与爆炸性气体的分类、分级和分组相对应；可燃性粉尘环境内，防爆电气设备的最高表面温度应符合规范规定。

（3）应与环境条件相适应。电气设备的选择应符合周围环境内化学作用、机械作用，热、霉菌以及风沙等不同环境条件对电气设备的要求，电气设备结构应满足电气设备在规定的运行条件下不降低防爆性能的要求。

（4）应符合整体防爆的原则，安全可靠、经济合理、使用维修方便。

📋 即学即练19-3-1

小赵了解到在爆炸危险场所应选用防爆型、隔爆型灯具，但是在连续出现或长期出现爆炸性粉尘混合物的场所，其照明灯具应选择哪种？

✖ 项目 20
建筑设备防火防爆

【学习目标】

知识目标	能力目标	素质目标
了解采暖设备、通风和空调等系统的防火防爆要求，熟悉直燃机房、锅炉房、厨房和电力变压器等的火灾危险性，掌握相关设施的防火防爆措施	具有对建筑设备采取必要防火防爆措施的能力	增强学生安全意识、提升专业素养、养成严谨工作态度，能严格执行防爆规范，确保工作环境安全，展现高度的责任心和团队协作精神

【思维导图】

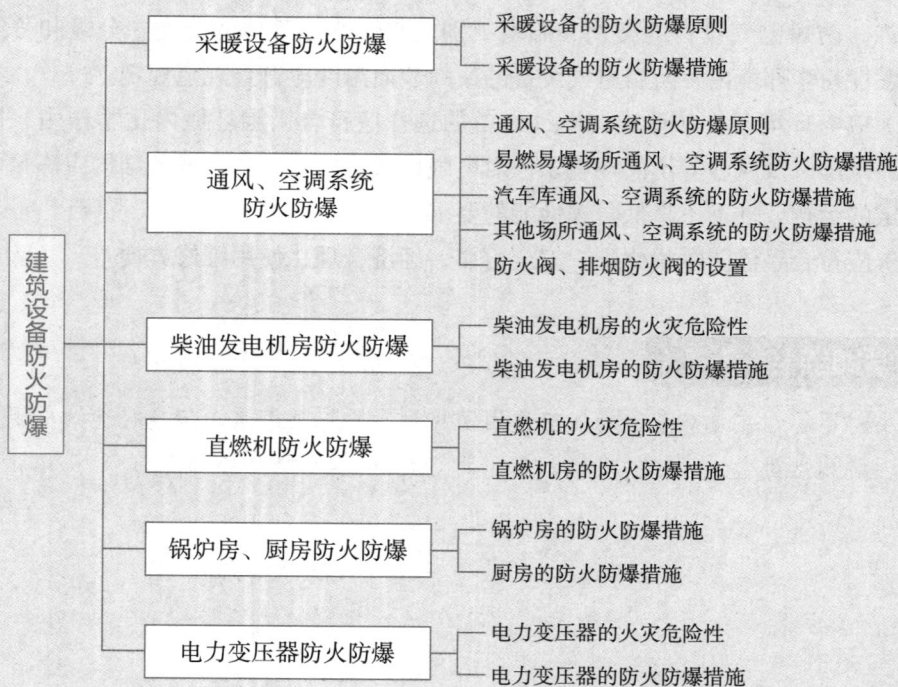

任务20　建筑设备防火防爆

【岗位情景模拟】北方某甲类厂房在进行施工采暖设施的安装过程中，在采暖管道穿过可燃构件时，采用木头进行隔热，在对电加热设备安装时，没有与回风设备电气开关进行联锁，并且，送、排风机房设置在同一通风机房内。

【讨论】请指出上述安装存在的问题并给出正确的做法。

一、采暖设备防火防爆

（一）采暖设备的防火防爆原则

1. 甲、乙类火灾危险性场所内不应采用明火、燃气红外线辐射采暖。

2. 存在粉尘爆炸危险性的场所内不应采用电热散热器采暖。在储存或产生可燃气体或蒸气的场所内使用的电热散热器及其连接器，应具备相应的防爆性能。

3. 采用燃气红外线辐射采暖的场所，应采取防火和通风换气等安全措施。

4. 散发可燃粉尘、可燃纤维的生产厂房对采暖的要求如下：

（1）为防止纤维或粉尘积集在管道和散热器上受热自燃，散热器表面平均温度不应超过82.5℃（相当于供水温度95℃、回水温度70℃）。但输煤廊的供暖散热器表面平均温度不应超过130℃。

（2）散发物（包括可燃气体、蒸气、粉尘）与采暖管道和散热器表面接触能引起燃烧爆炸时，应采用不循环使用的热风采暖，且不应在这些房间穿过采暖管道，如必须穿过时，应用不燃烧材料隔热。

（3）不应使用肋形散热器，以防积聚粉尘。

（二）采暖设备的防火防爆措施

1. 采暖管道穿过可燃构件时，要用不燃烧材料隔开绝热；或根据管道外壁的温度，使管道与可燃构件之间保持适当的距离。

（1）当管道温度＞100℃时，距离不小于100mm或采用不燃材料隔热。

（2）当管道温度≤100℃时，距离不小于50mm或采用不燃材料隔热。

2. 加热送风供暖设备的防火设计

（1）电加热设备与送风设备的电气开关应有联锁装置，以防风机停转时电加热设备仍单独继续加热，导致温度过高而引起火灾。

（2）应在重要部位设置感温自动报警器，必要时加设自动防火阀，以控制取暖温度，防止过热起火。

（3）装有电加热设备的送风管道应用不燃材料制成。

3. 采暖管道和设备的材料选择

甲、乙类厂房、仓库的火灾发展迅速、热量大，采暖管道和设备的绝热材料应采用不燃材料；对其他建筑、可采用燃烧毒性小的难燃绝热材料，但应首先考虑采用不燃材料。

4．车库采暖设备的防火设计

车库内需要采暖时，应设置热水、蒸气或热风采暖设备，不应采用火炉或其他明火采暖方式，以防火灾事故的发生。下列汽车库或修车库房需要采暖时应设置集中采暖：

（1）甲、乙类物品运输车的汽车库。

（2）Ⅰ、Ⅱ、Ⅲ类汽车库。

（3）Ⅰ、Ⅱ类修车库。

Ⅳ类汽车库和Ⅲ、Ⅳ类修车库，当采用集中采暖有困难时，可采用火墙采暖，但对容易暴露明火的部位，例如炉门、节风门、除灰门严禁设在汽车库、修车库内，必须设置在车库外，并要求用具有一定耐火等级的不燃性墙体与汽车库、修车库隔开。汽车库采暖部位不应贴邻甲、乙类生产厂房、库房布置，以防燃烧、爆炸事故的发生。

二、通风、空调系统防火防爆

（一）通风、空调系统防火防爆原则

1．甲、乙类生产厂房中排出的空气不应循环使用。

2．丙类生产厂房中排出的空气，如含有燃烧或爆炸危险的粉尘、纤维（如棉、毛、麻等）。应在通风机前设滤尘器对空气进行净化处理，并应使空气中的含尘浓度低于其爆炸下限的25%之后，再循环使用。

3．甲、乙类生产厂房用的送风和排风设备不应布置在同一通风机房内，且其排风设备也不应和其他房间的送、排风设备布置在一起。

4．净化有爆炸危险粉尘的干式除尘器和过滤器，宜布置在厂房之外的独立建筑内，且与所属厂房的防火间距不应小于10m。符合下列条件之一的干式除尘器和过滤器，可布置在厂房的单独房间内，但应采用耐火极限不低于3.00h防火隔墙和耐火极限不低于1.50h的楼板与其他部位分隔。

（1）有连贯清尘设备的除尘器和过滤器。

（2）风量不超过15000m³/h，且集尘斗的储尘量小于60kg的定期清灰除尘器和过滤器。

5．厂房内有爆炸危险场所的排风管道，严禁穿过防火墙和有爆炸危险的房间的隔墙等防火分隔物，以防止火灾通过排风管道蔓延扩大到建筑的其他部分。

6．民用建筑内存放容易起火或爆炸物质的房间，设置排风设备时应采用独立的排风系统，且其空气不应循环使用，以防止易燃易爆物质或发生的火灾通过风道传到其他房间。此外，其排风系统所排出的气体应通向安全地点进行泄放。

7．通风和空调系统的管道布置，横向宜按防火分区设置，竖向不宜超过5层，以构成一个完整的建筑防火体系，防止和控制火灾的横向、竖向蔓延。当管道在防火分隔处设置防止回流设施或防火阀，且建筑的各层设有自动喷水灭火系统，能有效地控制火灾蔓延时，其管道布置可不受此限制。穿过楼层的垂直风管应设在管井内，且应采取下述防止回流的措施：

（1）增加各层垂直排风支管的高度，使各层排风支管穿越两层楼板。

（2）排风总竖管直通屋面，小的排风支管分层与总竖管连通。

（3）将排风支管顺气流方向插入竖向风道，且运管到运管出口的高度不小于600mm。

（4）在支管上安装止回阀。

8．排除在含有比空气轻的可燃气体与空气的混合物时，其排风管道应顺气流方向向上坡度敷设，以防在管道内局部积聚而形成有爆炸危险的高浓度气体。

9．排风口设置的位置应根据可燃气体、蒸气密度的不同而有所区别。比空气轻者，应设在房间的顶部。比空气重者，则应设在房间的下部，以利于及时排出易燃易爆气体。进风口的位置应布置在上风方向，并尽可能远离排气口，保证吸入的新鲜空气中不再含有房间排出的易燃易爆气体或物质。

10．可燃气体管道与甲、乙、丙类液体管道不应穿过通风管道和通风机房，也不应沿通风管道的外壁敷设，以防火情沿着通风管道蔓延扩散。

11．含有燃烧和爆炸危险粉尘的空气，在进入排气机前应先采用不产生火花的除尘器进行净化处理，以防浓度较高的爆炸，危险粉尘直接进入排风机，遇到火花发生爆炸事故，或者在排风管道内逐渐沉积下来自燃起火和助长火势蔓延。

12．处理有爆炸危险粉尘的排风机、除尘器应与其他一般风机、除尘器分开设置，且应按单一粉尘分组布置。

13．含有爆炸危险的粉尘和碎屑的除尘器、过滤器和管道，均应设有泄压装置。净化有爆炸危险的粉尘的干式除尘器和过滤器，应布置在系统的负压段上以避免其在正压段上漏风而引起事故。

14．甲、乙、丙类生产厂房的送、排风管道宜分层设置，以防止火灾从起火层通过管道向相邻层蔓延扩散；但进入厂房的水平或垂直送风管设有防火阀时，各层的水平或垂直送风管可使用一个送风系统。

15．排除有燃烧、爆炸危险的气体、蒸气和粉尘的排风管道应采用易于导除静电的金属管道，应明装不应暗敷，不得穿越其他房间，且应直接通到室外的安全处，尽量离明火和人员通过停留的地方，以防止管道渗漏发生事故时造成更大影响。

16．通风管道不宜穿过防火墙、防火隔墙和不燃性楼板等防火分隔物，如必须穿过时，应在穿过处设防火阀，在防火墙两侧各2m范围内的风管保温材料应采用不燃材料，并在穿过处的空隙用不燃材料堵塞，以防火灾蔓延。有爆炸危险的厂房，其排风管道不应穿过防火墙和车间隔墙。

（二）易燃易爆场所通风、空调系统防火防爆措施

1．对于遇湿可能爆炸的粉尘（如碳化钙、锌粉），严禁采用湿式除尘器。

2．排除有燃烧或爆炸危险气体、蒸气和粉尘的排风系统，应符合下列规定：

（1）排风系统应设置导除静电的接地装置。

（2）排风设备不应布置在地下或半地下建筑（室）内。

（3）排风管应采用金属管道，并应直接通向室外安全地点，不应暗设。

3. 排出、输送温度超过80℃的空气或其他气体以及容易起火的碎屑的管道，与可燃或难燃物体之间应保持不小于150mm的间隙，或采用厚度不小于50mm的不燃材料隔热，以防止填塞物与构件因受这些高温管道的影响而导致火灾，当管道互为上下布置时，表面温度较高者应布置在上面。

4. 燃油、燃气锅炉房在使用过程中存在逸漏或挥发的可燃性气体，要在燃油、燃气锅炉房内保持良好的通风条件，使逸漏或挥发的可燃性气体与空气混合气体的浓度能很快稀释到爆炸下限值的25%以下。燃气锅炉房应选用防爆型的事故排风机。燃油或燃气锅炉房可采用自然通风或机械通风，当设置机械通风设施时，该机械通风设备应设置导除静电的接地装置。通风量应符合下列规定：

（1）燃油锅炉房的正常通风量按换气次数不少于3次/h确定，事故排风量应按换气次数不少于6次/h确定。

（2）燃气锅炉房的正常通风量按换气次数不少于6次/h确定，事故排风量应按换气次数不少于12次/h确定。

（三）汽车库通风、空调系统的防火防爆措施

1. 设置通风系统的汽车库、其通风系统宜独立设置。组合建筑内的汽车库和地下汽车库的通风系统应独立设置，不应和其他建筑的通风系统混设，以防止积聚油蒸气而引起爆炸事故。

2. 喷漆间、蓄电池间均应设置独立的排气系统，乙炔站的通风系统设计应按相关规定执行。

3. 风管应采用不燃材料制作，且不应穿过防火墙、防火隔墙；当必须穿过时，除应采用不燃材料将孔洞周围的空隙紧密填塞外，还应在穿过处设置防火阀。防火阀的动作温度宜为70℃。

4. 网管的绝热材料应采用不燃或难燃材料，穿过防火墙的网管，其位于防火墙两侧各2m范围内的绝热材料应为不燃材料。

（四）其他场所通风、空调系统的防火防爆措施

1. 电影院的放映机室宜设置独立的排风系统。当需要合并设置时，通向放映机室的风管应设置防火阀。

2. 设置气体灭火系统的房间，因灭火后产生大量气体，人员进入之前需将这些气体排出，应设置能排除废气的排风装置。为了不使灭火后产生的气体扩散到其他房间，与该房间连通的风管应设置自动阀门，火灾发生时，阀门应自动关闭。

（五）防火阀、排烟防火阀的设置

下列任何一种情况下的通风、空调系统的送、回风管道上应设置防火阀：

1. 送、回风总管穿越防火分区的隔墙处应设置防火阀，以防止防火分区或不同防

火单元之间的火灾蔓延扩散。

2. 穿越通风、空调机房及重要的房间或火灾危险性大的房间，隔墙及楼板处的送、回风管道应设置防火阀，以防止机房的火灾通过风管蔓延到建筑物的其他房间，或者防止火灾危险性大的房间发生火灾时经通风管蔓延到建筑物的其他房间。

3. 多层建筑和高层建筑垂直风管与每层水平风管交接处的水平管段上应设置防火阀，以防火灾穿过楼板蔓延扩大。但当建筑内每个防火分区的通风、空调系统室外独立设置时，该防火分区内的水平风管与垂直总管的交接处可不设置防火阀。

4. 公共建筑的厨房、浴室、卫生间的垂直排风管道，应设置防止回流设施或在支管上设置防火阀，公共建筑的厨房的排油烟管道宜按防火分区设置，且应在与垂直排风管连接的支管处设置动作温度为150℃的防火阀，以免影响平时厨房操作中的排风。

5. 在穿越变形缝的两侧风管上各设一个防火阀，以使防火阀在一定时间内达到耐火完整性和耐火稳定性要求，起到有效隔烟阻火的作用。

6. 防火阀的设置尚应符合下列规定：

（1）有熔断器的防火阀，其动作温度宜为70℃。

（2）防火阀宜靠近防火分隔处设置。

（3）防火阀安装时，可明装也可暗装。当防火阀暗装时，应在安装部位设置方便检修的检修口。

（4）为保证防火阀能在火灾条件下发挥作用，穿过防火墙两侧各2m范围内的风管绝热材料应采用不燃材料且具备足够的刚性和抗变形能力，穿越处的空隙应用不燃材料或防火封堵材料严密填实。

（5）防火阀的易熔片或其他感温、感烟等控制设备一经动作，应能顺气流方向自行严密关闭，并应设有单独支架、吊架等防止风管变形而影响关闭的措施。

📋 即学即练20-1

下列关于建筑采暖系统防火防爆的做法中，错误的是（　　）。

A. 生产过程中散发二硫化碳气体的厂房，冬季采用热风采暖，回风经净化除尘再加热后配部分新风送入送风系统

B. 甲醇合成厂房采用热水循环采暖，散热器表面的平均温度为90℃

C. 面粉加工厂的研磨车间采用热水循环采暖，散热器表面的最高温度为82.5℃

D. 铝合金汽车轮毂的抛光车间采用热水循环采暖，散热器表面的平均温度为80℃，车间内至最近的安全出口的疏散走道长度为15m

三、柴油发电机房防火防爆

（一）柴油发电机房的火灾危险性

柴油发电机房内主要安装了发电机组、电气设备和供油设施，其火灾危险性主要包括以下几个方面：

1. 固体表面火灾。发电设备超温、油路泄漏、机内电路短路。

2. 电气火灾。供电线路短路或其他电气故障引起电气设备着火。

3. 非水溶性可燃液体（柴油）火灾。供油系统的输油管路、容器泄漏或火灾时遭到破坏，油类流淌到地面，接触到高温烟气或明火而燃烧。

（二）柴油发电机房的防火防爆措施

1. 宜布置在首层或地下一、二层，不应布置在人员密集场所的上一层、下一层或贴邻。柴油发电机应采用丙类柴油作燃料，柴油的闪点不应小于60℃。

2. 应采用耐火极限不低于2.00h的不燃性隔墙和耐火极限不低于1.50h的不燃性楼板与其他部位隔开，门应采用甲级防火门。

3. 机房内设置储油间时，单间储油间的燃油储存量不应大于$1m^3$，储油间应采用耐火极限不低于3.00h的防火隔墙与发电机间分隔；必须在防火隔墙上开门时，应设置甲级防火门。

4. 应设置火灾自动报警装置。

5. 应设置与柴油发电机容量和建筑规模相适应的灭火设施，当建筑内其他部位设置自动喷水灭火系统时，柴油发电机房也应设置自动喷水灭火系统。

6. 设置在建筑物内的柴油发电机，其进入建筑物内的燃料供给管道应符合下列规定：

（1）应在进入建筑物前和设备间内，设置自动和手动切断阀。

（2）储油间的油箱应密闭且应设置通向室外的通气管，通气管应设置带阻火器的呼吸阀。油箱的下部应设置防止油品流散的设施。

（3）燃油供给管道的敷设应符合国家标准的有关规定。

（4）供柴油发电机使用的丙类液体燃料储罐，其布置应符合《建筑设计防火规范（2018年版）》GB 50016—2014的有关规定。

四、直燃机防火防爆

（一）直燃机的火灾危险性

1. 直燃机使用燃油（轻油、柴油）、燃气（煤气、天然气、液化石油气）作为燃料，这些燃料的物化性质决定了燃料本身就具有一定的火灾危险性。

2. 设备在运行过程中当控制失灵、管道阀门泄漏以及机件损坏时燃油、燃气泄漏，液体蒸气、气体与空气形成爆炸混合物，遇明火、热源产生燃烧、爆炸。

3. 操作人员违反操作规程造成直燃机熄火，使炉膛内的气体、雾化油体积急剧膨胀造成炉膛爆炸，还可能造成水平烟道和烟囱内的气体、油气、油的裂解气爆炸。

（二）直燃机房的防火防爆措施

1. 直燃机房的安全出口不应少于两个，至少应设一个直通室外的安全出口，从机房最远点到安全出口的距离不应超过35m。疏散门应为甲级防火门，外墙开口部位的上方应设置宽度不小于1m不燃性的防火挑檐或不小于1.2m的窗间墙。

2. 主机房应设置可靠的送风、排风系统，室内不应出现负压。燃油机组机房的正常通风量应按换气次数不少于3次/h确定，事故排风量应按不少于6次/h确定。燃气机组机房的正常通风量应按换气次数不少于6次/h确定，事故排风量应按不少于12次/h确定。主机房机械排风系统应与可燃气体浓度报警系统联动，并且送风量不应小于燃烧所需的空气量和人员所需新鲜空气量之和，并应能保证在停电情况下正常运行。

3. 直燃机房应设置在建筑外的专用房间内，确有困难时，应布置在首层或地下一层靠外墙部位，不应布置在人员密集场所的上一层、下一层或贴邻，并采用无门、窗、洞口的耐火极限不低于2.00h的防火隔墙和耐火极限不低于1.50h不燃性楼板与其他部位隔开。当必须开门时，应设甲级防火门。燃油直燃机房的油箱不应大于$1m^3$并应设在耐火极限不低于二级的房间内，该房间的门应采用甲级防火门。

4. 机房应设置火灾自动报警系统（燃油直燃机房应设感温火灾探测器，燃气直燃机房应设感烟火灾探测器及可燃气体探测器）。应设置与直燃机的容量及建筑规模相适应的灭火设施，当建筑内其他部位设置自动喷雾灭火装置、两个系统之间应可靠联动，报警探测器探测点不少于2个，且应布置在易泄漏的设备或部件上方。当可燃气体浓度达到爆炸下限的25%时，报警系统应能及时准确报警、切断燃气总管上的阀门和非消防电源，并启动事故排风系统。设置自动喷水灭火系统的直燃机房应设置排水设施。

5. 应设置双回路供电，并应在末端配电箱处设自动切换装置。燃气直燃机房使用气体如果密度比空气小，机房应采用防爆照明电器；使用气体如果密度比空气大，则机房应设不发火地面，且使用液化石油气的机房不应布置在地下各层。

6. 燃气直燃机房应有事故防爆泄压设施，并应符合消防技术规范的要求，外窗、轻质屋盖、轻质墙体可为泄压设施，在机房四周和顶部及柱子迎爆面安装爆炸减压板，降低爆炸时产生的爆炸压力峰值，保护主体结构。

7. 进入地下机房的天然气管道应尽量缩短，除与设备连接部分的接头外，一律采用焊接，并穿套管单独敷设，应尽量减少阀门数量，进气管口应设有可靠的手动和自动阀门。进入建筑物内的燃气管道必须采用专用的非燃材料管道和优质阀门，保证燃气不致泄漏。进气、进油管道上应设置紧急手动和自动切断阀，燃油直燃机应设事故油箱。

8. 机房内的电气设备应采用防爆型，溴化锂机组所带的真空泵电控柜也应采取隔爆措施，保证在运行过程中不产生火花。电气设备应有可靠的接地措施。

9. 烟道和烟囱应具有能够确保稳定燃烧所需的截面结构，在工作温度下应有足够的强度，在烟道周围0.5m以内不允许有可燃物、烟道不得从油库房及有易燃气体的房屋中穿过，排气口水平距离6m以内不允许堆放易燃品。

10. 每台机组宜采用单独烟道，多台机组共用一个烟道时，每台机组的排烟口应设置风门。

五、锅炉房、厨房防火防爆

（一）锅炉房的防火防爆措施

燃油锅炉房和燃煤锅炉房的耐火等级应分别为一级和二级，但如装设总额定蒸发量不超过4t/h、以煤为燃料的锅炉房，可采用三级耐火等级。燃油锅炉的油箱间、油泵间、油料加热间为丙类生产厂房，建筑物耐火等级不应低于二级。

1. 在总平面布局中，锅炉房应选择在主体建筑的下风或侧风方向，且应与周围的甲、乙类生产厂房，易燃物品和重要物资仓库，易燃液体储罐以及稻草和露天粮、棉、木材堆场等部位必须保持必要的防火间距，可以根据《建筑设计防火规范（2018年版）》GB 50016—2014的有关规定确定，一般为25～50m。燃煤锅炉房与煤堆场之间应保持6～8m的防火间距。

2. 锅炉房宜独立建造，但确有困难时可贴邻民用建筑布置，但应采用防火墙隔开且不应贴邻人员密集场所。燃油或燃气锅炉受条件限制必须布置在民用建筑内时，不应布置在人员密集场所的上一层、下一层或贴邻。

3. 锅炉房为多层建筑时，每层至少应有两个出口，分别设在两侧，并设置安全疏散楼梯直达各层操作点。锅炉房前端的总宽度不超过12m，建筑面积不超过200m²的单层锅炉房，可以开一个门。锅炉房通向室外的门应向外开，在锅炉运行期间门不得上锁或闩住，确保出入口畅通无阻。

4. 锅炉的燃料供给管道应在进入建筑物前和设备间内的管道上设置自动和手动切断阀。储油间的油箱应密闭且应设置通向室外的通气管，通气管应设置带阻火器的呼吸阀，油箱的下部应设置防止油品流散的设施。燃气供给管道的敷设应符合《城镇燃气设计规范（2020年版）》GB 50028—2006的相关规定。

5. 油箱间、油泵间、油加热间应用防火墙与锅炉间及其他房间隔开，门、窗应对外开启，不得与锅炉间相连通，室内的电气设备应为防爆型。

6. 锅炉房电力线路不宜采用裸线或绝缘线明敷，应采用金属管或电缆布线，且不宜沿锅炉烟道、热水箱和其他载热体的表面敷设，电缆不得在煤场下通过。

（二）厨房的防火防爆措施

1. 厨房的火灾危险性

（1）燃料泄漏。厨房是使用明火进行作业的场所，所用的燃料一般有液化石油气煤气、天然气等，若操作不当、开关关闭不严、管道软管老化、管道被鼠咬等，很容易引起可燃气体、液体燃料泄漏，从而引发火灾和爆炸事故。

（2）油污沉积。厨房环境一般比较潮湿，在这种条件下，燃料燃烧过程中产生的不均匀燃烧物及油气蒸发产生的油烟很容易积聚下来，形成一定厚度的可燃物油层和粉层附着在墙壁、烟道和抽油烟机的表面，如不及时清洗，就有引起油烟火灾的可能。

（3）电气故障。厨房的使用空间一般都比较紧凑，各种大型厨房电气设备种类繁多，加之厨房高温、高湿及油污的环境特点，极易造成设备配电回路的绝缘老化及电气连接接触不良，从而引发电气火灾，尤其是在吊顶内电气故障引发的火灾，还存在隐蔽不易及时发现的特点。

（4）用油不当。厨房用油大致分为两种，一是燃料用油，二是食用油。燃料用油包括柴油等丙类可燃液体。在燃油使用过程中，因调火、放置不当等原因很容易引起火灾。例如：将柴油放置在烟道旁，烟道起火时就会同时引发柴油起火；因油锅内油温过高起火；操作不当使热油溅出油锅碰到火源引起油锅起火等，如果扑救不当就会引发火灾。

2. 厨房防火分隔

（1）鉴于可燃气体的火灾危险性大，在高层建筑运输过程中会导致危险因素增加，若用电梯运输气瓶，一旦可燃气体漏入电梯井，容易发生爆炸等事故。因此，要求高层民用建筑内使用可燃气体燃料的部位，应采用管道集中供气。

（2）燃气灶、开水器等燃气设备或其他使用可燃气体的房间，当设备管道损坏或操作有误时，往往漏出大量可燃气体，达到爆炸浓度时，遇到明火就会引起燃烧爆炸，为了便于泄压和降低爆炸对建筑其他部位的影响，这些房间的设置位置应便于通风和防爆泄压。

（3）燃气供给管道的敷设及应急切断阀的设置，在《城镇燃气设计规范（2020年版）》CB 50028—2006中已有相关规定，其设计应执行该规范的要求。

（4）除住宅、宿舍、公寓等居住建筑中套内设置的供家庭或住宿人员自用的厨房宿舍、公寓建筑中的公共厨房、公共建筑和工厂中的厨房应采用耐火极限不低于2.00h的防火隔墙与其他部位分隔，墙上的门、窗应采用乙级防火门、窗，确有困难时，可采用防火卷帘，但应符合《建筑设计防火规范（2018年版）》GB 50016—2014有关防火卷帘的规定。

（5）木结构住宅建筑内厨房的明火或高温部位及排油烟管道等，应采用防火隔热措施。

3. 厨房消防设施

（1）灭火设施。餐厅建筑面积大于1000m²的餐馆或食堂，其烹饪操作间的排油烟罩及烹饪部位应设置自动灭火装置，并应在燃气或燃油管道上设置与自动灭火装置联动的自动切断装置。餐厅为餐馆、食堂中的就餐部分，"建筑面积大于1000m²"为餐厅总的营业面积。此外，餐馆应符合《饮食建筑设计标准》JGJ 64—2017的规定。

（2）使用燃气的厨房属于建筑内可能散发可燃气体的场所，应设置可燃气体报警装置。

此外，应加大对宾馆、饭店厨房员工的消防安全教育，定期或不定期地进行消防安全培训，并制订相应的消防安全管理制度，严格厨房可燃气体燃料的管理。

六、电力变压器防火防爆

（一）电力变压器的火灾危险性

电力变压器是由铁芯柱构成的一个完整闭合磁路，由绝缘铜线或铝线制成线圈，形成变压器的一次、二次绕组。除小容量的干式变压器外，大多数变压器都是油浸自然冷却式，绝缘油起线圈间的绝缘和冷却作用。变压器中的绝缘油闪点约为135℃，易蒸发，同空气混合能形成爆炸混合物。变压器内部的绝缘衬垫和支架大多采用纸板、棉纱、布、木材等有机可燃物质，例如，1000kV·A的变压器大约用木材0.012m³，用纸40kg，装绝缘油1000kg。所以，一旦变压器内部发生过载或短路，可燃的材料和油就会因高温或电火花、电弧作用而分解、膨胀以致气化，使变压器内部压力剧增。这时，可引起变压器外壳爆炸，大量绝缘油喷出燃烧，又会进一步扩大火灾危险。

（二）电力变压器的防火防爆措施

1. 油浸变压器室、高压配电装置室的耐火等级不应低于二级，其他防火设计应按《火力发电厂与变电站设计防火标准》GB 50229—2019等规范的有关规定执行。

2. 油浸变压器、充有可燃油的高压电容器和多油开关等用房宜独立建造。当确有困难时可贴邻民用建筑布置，但应采用防火墙隔开，且不应贴邻人员密集场所。

3. 变、配电所不应设置在甲、乙类厂房内或贴邻建造，且不应设置在爆炸性气体、粉尘环境的危险区域内。供甲、乙类厂房专用的10kV及以下的变、配电站，当采用无门、窗、洞口的防火墙隔开时，可一面贴邻建造，并应符合《爆炸危险环境电力装置设计规范》GB 50058—2014等规范的有关规定。乙类厂房的配电所必须在防火墙上开窗时，应设置密封固定的甲级防火窗。

4. 多层民用建筑与单独建造的变电站的防火间距，应符合《建筑设计防火规范（2018年版）》GB 50016—2014的规定。10kV及以下的预装式变电站与民用建筑的防火间距不应小于3m。

5. 油浸电力变压器、充有可燃油的高压电容器和多油开关等用房受条件限制必须布置在民用建筑内时，不应布置在人员密集场所的上一层、下一层或贴邻。

📋 即学即练20-2

小刘在甲、乙类火灾危险性场所设置燃气红外线辐射采暖，你作为现场检查人员，学习了现行国家消防技术标准后，请指出他的行为是否符合规范。

【实践实训】

【实训目的】通过本次实训，掌握厂房总平面布局方法和防爆措施。

【实训题目】某砖混结构活性炭制造厂房，耐火等级为二级，柱子采用耐火极限为

2.50h的不燃性材料，房间隔墙采用耐火极限为0.50h的难燃性墙体。厂房地上5层，地下1层，建筑高度24m，长度为90m，宽度为60m，厂房设置多部敞开楼梯间，保证厂房内最不利点到最近安全出口的距离为60m，厂房周围设宽度为5m的防洪车道，距厂房外墙的间距为6m，并沿厂房的北侧和东侧连续设置消防车登高操作场。

距离东侧外墙12m处为二级耐火等级的木器加工厂，距离南侧外墙30m处有一座二级耐火等级的3层图书馆（藏书60万册），西侧6m有一单层储存机油仓库（防火等级三级），北侧贴邻外墙设置一座为厂房服务的分控制室（长6m，进深5m），厂房与控制室之间用3.00h的防火隔墙分隔。

厂房内首层靠外墙部位设置300m²的办公室、休息室，采用耐火极限为3.00h的防爆墙与厂房分隔。顶层靠外墙部位设置建筑面积100m²的中间仓库，储存4昼夜的生产原料，并采用防火墙与耐火极限为1.50h的不燃性楼板与其他部分分隔。

厂房地面采用普通水泥地面，厂房内设有地沟，盖板严密，地沟采取防止可燃气体、可燃蒸气和粉尘、纤维在地沟积聚的有效措施，且与相邻厂房连通处采用防火材料密封。该建筑防火设计其他事项均符合国家标准，并按要求设置了相应的消防设施。

根据以上材料，回答下列问题。

1. 指出厂房在总平面布局方面存在的问题，并简述理由。

2. 指出厂房在防爆方面存在的问题，并提出解决方案。

【模块检测】

一、单选题

1. 下列关于爆炸性厂房、库房总平面布局的说法中，错误的是（　　）。

　A. 有爆炸危险的甲、乙类厂房宜独立设置，并宜采用敞开或半敞开式

　B. 有爆炸危险的甲、乙类厂房的承重结构宜采用钢筋混凝土或钢框架，不宜采用排架结构和砖墙结构

　C. 有爆炸危险性的甲类厂房与高层民用建筑之间的防火间距不应小于50m

　D. 有爆炸危险性的甲类厂房与散发火花地点的防火间距不应小于30m

2. 下列防爆措施中，属于减轻性技术措施的是（　　）。

　A. 防止撞击产生火花　　　　　　　B. 加强通风除尘

　C. 采用抗爆性能良好的结构　　　　D. 利用惰性介质进行保护

3. 某厂区内拟布置一座10kV室内变电站，为该厂区内的1座甲类厂房和1座乙类厂房供电，变电站和两座厂房均为单层，耐火等级均为二级。该厂区变电站的布置方案正确的是（　　）。

　A. 变电站独立建造时，油浸变压器室设置在地下

　B. 受厂区平面布局限制，变电站与甲类厂房一面贴邻

  C．受厂区平面布局限制，变电站与乙类厂房两面贴邻

  D．变电站独立建造时，与甲类厂房的防火间距为10m

 4．锅炉房内设置的储油间与锅炉房之间应采用耐火极限不低于（　　）h的防火隔墙分隔，确需在防火隔墙上设置门时，应采用（　　）防火门。

  A．2.00，甲级　　　　　　　　　B．2.00，乙级

  C．3.00，甲级　　　　　　　　　D．3.00，乙级

 5．下列关于变压器平面布置的说法中，错误的是（　　）。

  A．与民用建筑贴邻建造的油浸变压器室的耐火等级不应低于二级

  B．设置在建筑内的变压器室，不应设置在地下二层及以下楼层

  C．设置在建筑内的变压器室，与其他部位之间分隔的防火隔墙的耐火极限不应低于3.00h

  D．变压器室之间应设置耐火极限不低于2.00h的防火隔墙

二、多选题

 1．民用建筑防火分区最大允许面积是根据（　　）确定的。

  A．建筑类型　　　　　　　　　　B．建筑高度或层数

  C．耐火等级　　　　　　　　　　D．火灾类型

  E．建筑体积

 2．建筑总平面布局应综合考虑建筑的（　　）因素后再确定。

  A．使用性质　　　　　　　　　　B．火灾危险性

  C．人员素质　　　　　　　　　　D．所处地理环境

  E．生产经营规模

 3．以下设备用房中，（　　）不应布置在人员密集场所的上一层、下一层或贴邻。

  A．燃油锅炉房　　　　　　　　　B．消防水泵房

  C．油浸变压器室　　　　　　　　D．消防控制室

  E．柴油发电机房

 4．下列关于空气调节系统防火防爆的说法中，错误的是（　　）。

  A．某淀粉加工厂房的干式除尘器和过滤器布置在系统的正压段上

  B．某碳化钙加工厂房的净化设备采用湿式除尘器

  C．某具有连续清灰功能的干式除尘器和过滤器设置在建筑内单独的房间内

  D．某镁粉加工厂房内独立布置的通风机房，采用普通的通风设备且送风干管上设置有防止回流设施

  E．某金属抛光厂房的防爆型排风机与其他厂房的普通排风设备，布置在同一设备间内

 5．某布置在民用建筑首层的锅炉房，送排风系统独立设置，且采用具有防爆装置的排风机。下列关于该送排风系统通风量的说法中，错误的是（　　）。

A．燃油锅炉房的正常通风量应按换气次数不少于3次/h确定

B．燃油锅炉房的事故排风量应按换气次数不少于6次/h确定

C．燃油锅炉房的事故排风量应按换气次数不少于12次/h确定

D．燃气锅炉房的正常通风量应按换气次数不少于3次/h确定

E．燃气锅炉房的事故排风量应按换气次数不少于12次/h确定

【数字资源】

资源名称	6.1建筑防爆基本原则和措施	6.2.1爆炸危险环境电气防爆（上）	6.2.2爆炸危险环境电气防爆（下）	6.3.1建筑设备防火防爆（上）	6.3.2建筑设备防火防爆（下）
资源类型	视频	视频	视频	视频	视频
资源二维码					

模块 7

建筑装修
与保温材料防火

建筑装修与保温材料的防火性能至关重要。

装修过程中，电气设备故障、施工不规范及材料选择不当均易引发火灾。因此，需选用防火等级高的装修材料，如A级岩棉板、改性聚苯板等，并规范施工操作，加强电气设备检测与维护。

保温材料分为A级（不燃）、B_1级（难燃）、B_2级（可燃）和B_3级（易燃）四个等级。高层及人员密集场所应选用A级保温材料，以确保安全。同时，施工时应采用不燃材料做防护层，增强整体防火性能。

通过学习本模块，将全面掌握装修材料分类与防火要求，包括特殊功能区域及公共建筑的特殊防火需求。同时，深入了解外墙外保温系统等防火要求，提升检查与辨识装修与保温材料燃烧性能的能力。这将有助于精准分析潜在不安全因素，为建筑装修与保温系统的消防安全提供坚实保障。

项目 21
建筑装修材料防火

【学习目标】

知识目标	能力目标	素质目标
掌握各类装修材料的分类与分级；理解常见建筑材料燃烧性能等级划分和举例、装修通用防火要求及特殊功能要求	具有根据不同场合选择正确装修材料的能力，具有装修材料燃烧性能检查的能力	确保装修材料安全环保，提升建筑防火性能，保障人员生命财产安全。在选材及监督检查中，严格遵守防火规范，采用合格防火材料，构建安全的装修环境

建筑装修材料

装修材料分类分级
- 按使用部位和功能分类
- 燃烧性能等级：A、B₁、B₂、B₃
- 常见装修材料特殊规定
  - 纸面石膏板、矿棉吸声板——金属龙骨+B₁级=A级
  - 壁纸、壁布——质量<300g/m²+A级基材=B₁级
  - 涂料——无机涂料：+A级基材=A级；有机涂料：（湿涂覆比<1.5kg/m²、涂层干膜厚度≤1.0mm）+A级基材=B₁级
  - 多层和复合装修材料

特殊部位装修
- 地上疏散走道和安全出口门厅
- 消防控制室、中庭、走马廊、开敞楼梯、自动扶梯等连接部位
- 厨房、疏散楼梯间、前室、地下疏散走道和安全出口门厅、消防设备用房

公共建筑装修
- 单层、多层建筑
  - 全降一级：S<100m²的房间，耐火极限不低于2.00h防火隔墙+甲级门窗；或双自动
  - 设置自动灭火系统，除顶棚外、其他降一级
- 高层建筑
  - 顶、墙、地可降一级：裙房S<500m²，自动灭火系统，2.00h+甲级
  - 除顶棚外其他降一级：除>400m²的观众厅、会议厅和100m以上的高层民用建筑外+双自动
- 地下建筑
  - 单独建造的地下民用建筑的地上部分，门厅、休息室、办公室可降低一级

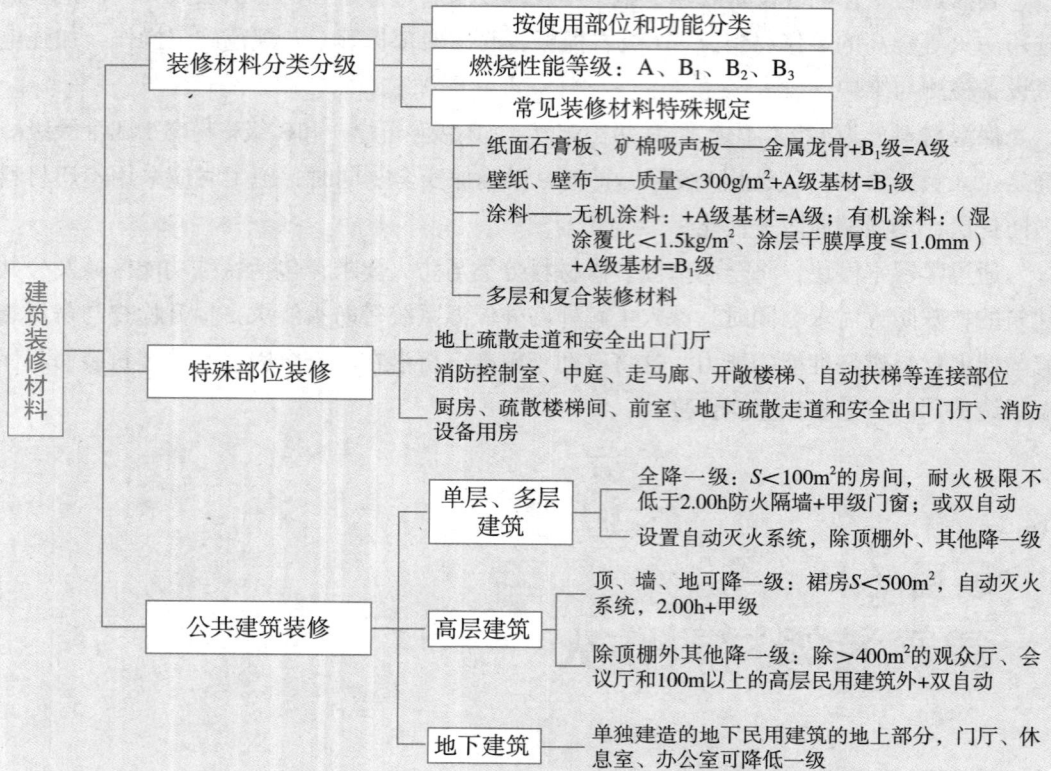

任务21.1　建筑材料的分类分级

【岗位情景模拟】某建筑公司承接建筑座位大于3000个的体育场馆项目时，拟对顶棚、墙面、地面进行装修材料的选择。

【讨论】若你负责该工作，按消防相关的规范要求，如何对顶棚、墙面、地面的装修材料进行选择才能满足需要？

一、装修材料的分类

装修材料由顶棚、墙面、地面、隔断、固定家具、装饰织物及其他装饰材料组成，装修材料按照使用部位和功能分类见表21-1-1。

装修材料按照使用部位和功能分类　　　　　表21-1-1

顶棚	装修材料要求最高
墙面	内墙、外墙；涂料、油漆、板材
地面	地毯、地板
隔断	建筑内部固定的、不到顶的垂直分隔物
固定家具	与建筑结构固定在一起或不易改变位置的家具
装饰织物	满足建筑内部功能需求，由棉、毛、麻、丝等天然纤维及其他合成纤维制作的纺织品
其他装饰材料	楼梯扶手、挂镜线、踢脚线、窗帘盒、暖气罩等

二、装修材料的燃烧性能分级

建筑装修材料按照其燃烧性能可以划分为A、B_1、B_2、B_3四个级别，见表21-1-2。

装修材料的燃烧性能分级　　　　　表21-1-2

等级	装修材料燃烧性能
A	不燃
B_1	难燃
B_2	可燃
B_3	易燃

【知识链接】氧指数（OI）

氧指数（OI）是指在规定的试验条件下，材料在氧氮混合气流中进行有焰燃烧所需的最低氧浓度，以氧所占的体积百分数的数值来表示；氧指数高表示材料不易燃烧，氧指数低表示材料容易燃烧。对墙面保温泡沫塑料，还应同时满足以下要求：可燃材料（B_2）OI≥26%，难燃材料（B_1）OI≥30%，材料经阻燃处理后，其氧指数会有不同程度提高。

三、常用装修材料列举

各类装修材料举例见表21-1-3。

各类装修材料举例　　　　　表21-1-3

材料性质	级别	材料列举
各部位材料	A	花岗石、大理石、水磨石、水泥制品、混凝土制品、石膏板、石灰制品、黏土制品、玻璃、瓷砖、钢铁、铝、铜合金、天然石材、金属复合板、玻镁板、硅酸钙板等

材料性质	级别	材料列举
顶棚材料	B₁	纸面石膏板、纤维石膏板、水泥刨花板、矿棉板、玻璃棉装饰吸声板、珍珠岩装饰吸声板、难燃胶合板、难燃中密度纤维板、岩棉装饰板、难燃木材、铝箔复合材料、难燃酚醛胶合板、铝箔玻璃钢复合材料、复合铝箔玻璃棉板等
墙面材料	B₁	纸面石膏板、纤维石膏板、水泥刨花板、矿棉板、玻璃棉板、珍珠岩板、难燃胶合板、难燃中密度纤维板、防火塑料装饰板、难燃双面刨花板、多彩涂料、难燃墙纸、难燃墙布、难燃仿花岗岩装饰板、氯氧镁水泥装配式墙板、难燃玻璃钢平板、难燃PVC塑料护墙板、阻燃模压木质复合板材、彩色难燃人造板、难燃玻璃钢、复合铝箔玻璃棉板等
墙面材料	B₂	各类天然木材、木制人造板、竹材、纸质装饰板、装饰微薄木贴面板、印刷木纹人造板、塑料贴面装饰板、聚酯装饰板、复塑装饰板、塑纤板、胶合板、塑料壁纸、无纺贴墙布、墙布、复合壁纸、天然材料壁纸、人造革、实木饰面装饰板、胶合竹夹板等
地面材料	B₁	硬PVC塑料地板、水泥刨花板、水泥木丝板、氯丁橡胶地板、难燃羊毛地毯等
地面材料	B₂	半硬质PVC塑料地板、PVC卷材地板等
装饰材料	B₁	经阻燃处理的各类难燃织物等
装饰材料	B₂	纯毛装饰布、经阻燃处理的其他织物等
其他装修装饰材料	B₁	难燃聚氯乙烯塑料、难燃酚醛塑料、聚四氟乙烯塑料、难燃脲醛塑料、硅树脂塑料、装饰型材、经难燃处理的各类织物等
其他装修装饰材料	B₂	经阻燃处理的聚乙烯、聚丙烯、聚氨酯、聚苯乙烯、玻璃钢、化纤织物、木制品等

四、常用装修材料特殊规定

（一）纸面石膏板和矿棉吸声板

安装在金属龙骨上燃烧性能达到B₁级的纸面石膏板、矿棉吸声板，可作为A级装修材料使用。

（二）壁纸

单位面积质量小于300g/m²的纸质、布质壁纸，当直接粘贴在A级基材上时可作为B₁级装修材料使用。

（三）涂料

涂于A级基材上的无机装饰涂料，可作为A级装修材料使用；涂于A级基材上，湿涂覆比小于1.5kg/m²，且涂层干膜厚度不大于1.0mm的有机装修涂料的，可作为B₁级装修材料使用。

（四）多层和复合装修材料

采用不同装修材料进行分层装修时，各层装修材料的燃烧性能等级均应符合规范规定。复合型装修材料应由专业检测机构进行整体测试并划分其燃烧性能等级。

即学即练21-1-1

　　在装修过程中，选择和使用装饰涂料时需要考虑其燃烧性能等级。有一种观点认为，如果涂料被涂在A级基材上，那么无论是无机装饰涂料还是有机装饰涂料，都可以被视为A级装修材料来使用。然而，也有另一种观点指出，当涂料被涂在B_1和B_2级基材上时，其燃烧性能等级需要通过试验来确定。还有一种特殊情况是，如果有机材料被施涂在A级基材上，且其湿涂覆比小于$1.5kg/m^2$，同时涂层干膜厚度不大于1.0mm，那么这种有机装修涂料可以被视为B_1级装修材料。

　　请根据装饰涂料燃烧性能等级的相关知识来判断，上述描述中哪一种观点或情况是不正确的。

任务21.2　装修材料通用防火要求及特殊功能要求

　　【岗位情景模拟】某市消防救援机构对某大型商业综合体进行消防检查，其中，该商业综合体的设备用房是本次检查的重点之一。

　　【讨论】请分析该商业综合体的设备用房的装修达到什么级别才能通过本次检查。

一、特殊场所装修材料燃烧性能等级

　　1. 建筑内部消火栓箱门不应被装饰物遮掩，消火栓箱门四周的装修材料颜色应与消火栓箱门的颜色有明显区别或在消火栓箱门表面设置发光标志。

　　2. 疏散走道和安全出口的顶棚、墙面不应采用影响人员安全疏散的镜面反光材料。

　　3. 疏散出口的门、疏散走道及其尽端、疏散楼梯间及其前室的顶棚和地面、供消防救援人员进出建筑的出入口的门窗、消防专用通道、消防电梯前室或合用前室的顶棚、墙面和地面等不应使用影响人员安全疏散和消防救援的镜面反光材料。

　　4. 特殊场所装修材料燃烧性能等级见表21-2-1。

特殊场所装修材料燃烧性能等级　　　　　　　　　表21-2-1

特殊场所装修要求	顶棚	墙面	地面
消防水泵房、排烟机房等设备用房	A	A	A
避难层、避难间、疏散楼梯间及前室	A	A	A
建筑内厨房	A	A	A
消防控制室、中央控制室、大中型电子计算机房、电话机房	A	A	B_1
与中庭、敞开楼梯、自动扶梯、走廊连通部位的顶棚、墙面（共享空间）	A	A	B_1

续表

特殊场所装修要求		顶棚	墙面	地面
疏散走道和安全出口的门厅	地上建筑	A	B_1	B_1
	地下建筑	A	A	A
歌舞娱乐游艺场所	单、多层；高层	A	B_1	B_1
	地下一层	A	A	B_1
两特殊：除 A 级外，所有建筑在原规定基础上提高一级	无窗房间（包括设有无可开启窗扇的玻璃幕墙的房间）			
	经常使用明火器具的餐厅和科研实验室			

二、单层、多层民用建筑装修材料燃烧性能等级

单层、多层民用建筑装修材料燃烧性能等级见表21-2-2。

单层、多层民用建筑装修材料燃烧性能等级　　　　　表21-2-2

序号	建筑物及场所	建筑规模及性质	装修材料燃烧性能等级					装饰织物		其他
			顶棚	墙面	地面	隔断	固定家具	窗帘	帷幕	
1	候机楼的候机大厅、贵宾候机室、售票厅、商店、餐饮场所等	—	A	A	B_1	B_1	B_1	B_1	—	B_1
2	汽车站、火车站、轮船客运站的候车（船）室、商店、餐饮场所等	建筑面积>10000m²	A	A	B_1	B_1	B_1	B_1	—	B_2
		建筑面积≤10000m²	A	B_1	B_1	B_1	B_1	B_1	—	B_2
3	观众厅、会议厅、多功能厅、等候厅等	每个厅建筑面积>400m²	A	A	B_1	B_1	B_1	B_1	B_1	B_1
		每个厅建筑面积≤400m²	A	B_1	B_1	B_2	B_1	B_1	B_1	B_2
4	体育馆	>3000 座位	A	A	B_1	B_1	B_1	B_1	B_1	B_2
		≤3000 座位	A	B_1	B_1	B_2	B_2	B_2	B_1	B_2
5	商店的营业厅	每层建筑面积>1500m²或总建筑面积>3000m²	A	B_1	B_1	B_1	B_1	B_1	—	B_2
		每层建筑面积≤1500m²或总建筑面积≤3000m²	A	B_1	B_1	B_1	B_2	B_1	—	—
6	宾馆、饭店的客房及公共活动用房等	设置送回风道（管）的集中空气调节系统	A	B_1	B_1	B_1	B_2	B_2	—	B_2
		其他	B_1	B_1	B_2	B_2	B_2	B_2	—	—

续表

序号	建筑物及场所	建筑规模及性质	装修材料燃烧性能等级							
			顶棚	墙面	地面	隔断	固定家具	装饰织物（窗帘）	装饰织物（帷幕）	其他
7	养老院、托儿所、幼儿园的居住及活动场所	—	A	A	B₁	B₁	B₂	B₁	—	B₂
8	医院的病房区、诊疗区、手术区	—	A	A	B₁	B₁	B₂	B₁	—	B₂
9	教学场所、教学实验场所	—	A	B₁	B₂	B₂	B₂	B₁	B₂	B₂
10	纪念馆、展览馆、博物馆、图书馆、档案馆、资料馆等公众活动场所	—	A	B₁	B₁	B₁	B₂	B₁	—	B₂
11	存放文物、纪念展览物品、重要图书、档案、资料的场所	—	A	A	B₁	B₁	B₂	B₁	—	B₂
12	歌舞娱乐游艺场所	—	A	B₁	B₁	B₁	B₁	B₁	B₁	B₁
13	A、B级电子信息系统机房及装有重要机器、仪器的房间	—	A	A	B₁	B₁	B₁	B₁	B₁	B₁
14	餐饮场所	营业面积＞100m²	A	B₁	B₁	B₁	B₂	B₁	—	B₂
		营业面积≤100m²	B₁	B₁	B₁	B₂	B₂	B₂	—	B₂
15	办公场所	设置送、回风道（管）的集中空气调节系统	A	B₁	B₁	B₁	B₁	B₂	—	B₂
		其他	B₁	B₁	B₂	B₂	B₂	B₂	—	—
16	其他公共场所	—	B₁	B₁	B₂	B₂	B₂	B₂	—	—
17	住宅	—	B₁	B₁	B₁	B₁	B₂	B₂	—	B₂

注：1. 局部放宽。除本表中序号为11~13规定的部位外，单层、多层民用建筑内面积小于100m²的房间当采用耐火极限不低于2.00h的防火隔墙和甲级防火门、窗与其他部位分隔时，全降一级。
　　2. 设置自动消防设施的放宽。除本表中序号为11~13规定的部位外，当单层、多层民用建筑需做内部装修的空间内装有自动灭火系统时，除顶棚外，降低一级；当同时装有火灾自动报警装置和自动灭火系统时，全降一级。

三、高层民用建筑装修材料燃烧性能等级

高层民用建筑装修材料燃烧性能等级见表21-2-3。

高层民用建筑装修材料燃烧性能等级　　　　表21-2-3

序号	建筑物及场所	建筑规模及性质	装修材料燃烧性能等级							
			顶棚	墙面	地面	隔断	固定家具	窗帘	帷幕	其他
1	候机楼的候机大厅、贵宾候机室、售票厅、商店、餐饮场所等	—	A	A	B_1	B_1	B_1	B_1	—	B_1
2	汽车站、火车站、轮船客运站的候车（船）室、商店、餐饮场所等	建筑面积＞10000m²	A	A	B_1	B_1	B_1	B_1		B_2
		建筑面积≤10000m²	A	B_1	B_1	B_1	B_1	B_1		B_2
3	观众厅、会议厅、多功能厅、等候厅等	每个厅建筑面积＞400m²	A	A	B_1	B_1	B_1	B_1	B_1	B_1
		每个厅建筑面积≤400m²	A	B_1	B_1	B_1	B_2	B_1	B_1	B_1
4	商店的营业厅	每层建筑面积＞1500m²或总建筑面积＞3000m²	A	B_1	B_1	B_1	B_1	B_1	—	B_1
		每层建筑面积≤1500m²或总建筑面积≤3000m²	A	B_1	B_1	B_1	B_1	B_1	B_2	B_2
5	宾馆、饭店的客房及公共活动用房等	一类建筑	A	B_1	B_1	B_1	B_2	B_1	—	B_1
		二类建筑	A	B_1	B_1	B_1	B_2	B_2	—	B_2
6	养老院、托儿所、幼儿园的居住及活动场所	—	A	A	B_1	B_1	B_2	B_1	—	B_1
7	医院的病房区、诊疗区、手术区	—	A	A	B_1	B_1	B_2	B_1	B_1	B_1
8	教学场所、教学实验场所	一类建筑	A	B_1	B_1	B_1	B_2	B_1	B_1	B_1
		二类建筑	B_1	B_1	B_1	B_1	B_2	B_1	B_2	B_2
9	纪念馆、展览馆、博物馆、图书馆、档案馆、资料馆等公众活动场所	一类建筑	A	B_1	B_1	B_1	B_2	B_1	B_1	B_1
		二类建筑	A	B_1	B_1	B_1	B_2	B_1	B_2	B_2
10	存放文物、纪念展览物品、重要图书、档案、资料的场所	—	A	A	B_1	B_1	B_2	B_1	—	B_2
11	歌舞娱乐游艺场所	—	A	B_1	B_1	B_1	B_1	B_1	B_1	B_1
12	A、B级电子信息系统机房及装有重要机器、仪器的房间	—	A	A	B_1	B_1	B_1	B_1	B_1	B_1

续表

序号	建筑物及场所	建筑规模及性质	装修材料燃烧性能等级							
			顶棚	墙面	地面	隔断	固定家具	窗帘	帷幕	其他
13	餐饮场所	—	A	B_1	B_1	B_1	B_2	B_1	—	B_2
14	办公场所	一类建筑	A	B_1	B_1	B_1	B_2	B_1	B_1	B_1
		二类建筑	A	B_1	B_1	B_1	B_2	B_1	B_2	B_2
15	电信楼、财贸金融楼、邮政楼、广播电视楼、电力调度楼、防灾指挥调度楼	一类建筑	A	A	B_1	B_1	B_2	B_1	B_1	B_1
		二类建筑	A	B_1	B_1	B_1	B_2	B_1	B_1	B_1
16	其他公共场所	—	A	B_1	B_1	B_1	B_2	B_1	B_2	B_2
17	住宅	—	A	B_1	B_1	B_1	B_2	B_1	—	B_1

注：1. 局部放宽。除本表中序号为10～12规定的部位外，高层民用建筑的裙房内面积小于500m²的房间当设有自动灭火系统，并且采用耐火极限不低于2.00h的防火隔墙和甲级防火门、窗与其他部位分隔时，顶棚、墙面、地面降低一级。

2. 设置自动消防设施的放宽。除本表中序号为10～12规定的部位外，以及大于400m²的观众厅、会议厅和100m以上的高层民用建筑外，当设有火灾自动报警装置和自动灭火系统时，除顶棚外，降低一级。电视塔等特殊高层建筑的内部装修，装饰织物应采用不低于B_1级的材料，其他均应采用A级装修材料。

四、地下民用建筑装修材料燃烧性能等级

地下民用建筑装修材料燃烧性能等级见表21-2-4。

地下民用建筑装修材料燃烧性能等级　　　　　　表21-2-4

序号	建筑物及场所	装修材料燃烧性能等级						
		顶棚	墙面	地面	隔断	固定家具	装饰织物	其他
1	观众厅、会议厅、多功能厅、等候厅等，商店的营业厅	A	A	A	B_1	B_1	B_1	B_2
2	宾馆、饭店的客房及公共活动用房等	A	B_1	B_1	B_1	B_1	B_1	B_2
3	医院的诊疗区、手术区	A	A	B_1	B_1	B_1	B_1	B_2
4	教学场所、教学实验场所	A	A	B_1	B_2	B_2	B_1	B_2
5	纪念馆、展览馆、博物馆、图书馆、档案馆、资料馆等公众活动场所	A	A	B_1	B_1	B_1	B_1	B_2
6	存放文物、纪念展览物品、重要图书、档案、资料的场所	A	A	A	A	A	B_1	B_1

续表

序号	建筑物及场所	装修材料燃烧性能等级						
		顶棚	墙面	地面	隔断	固定家具	装饰织物	其他
7	歌舞娱乐游艺场所	A	A	B_1	B_1	B_1	B_1	B_1
8	A、B级电子信息系统机房及装有重要机器、仪器的房间	A	A	B_1	B_1	B_1	B_1	B_1
9	餐饮场所	A	A	A	B_1	B_1	B_1	B_2
10	办公场所	A	B_1	B_1	B_1	B_1	B_2	B_2
11	其他公共场所	A	B_1	B_1	B_2	B_2	B_2	B_2
12	汽车库、修车库	A	A	B_1	A	A	—	—

注：1. 除本表中序号为6~8规定的部位外，单独建造的地下民用建筑的地上部分，其门厅、休息室、办公室等内部装修材料的燃烧性能等级可在本表基础上降低一级。

2. 无窗房间内部装修材料的燃烧性能等级除A级外，应在上表规定的基础上提高一级。

3. 经常使用明火器具的餐厅、科研实验室，其装修材料的燃烧性能等级除A级外，应在上表规定的基础上提高一级。

📋 即学即练21-2-1

某独立建造的普通旅馆，其结构为地上3层，整体建筑高度达到10m。旅馆内共设有24个客房，每个客房的面积在30~70m²不等。为了确保消防安全，客房之间都采用了防火墙以及甲级防火门、窗进行分隔。现在旅馆需要进行地面装修，需要选择一种燃烧性能符合安全标准的材料。

根据消防安全要求，该旅馆的地面装修应采用燃烧性能不低于哪个级别的材料？

项目 22
建筑保温材料防火

【学习目标】

知识目标	能力目标	素质目标
掌握建筑保温材料性能，了解防火等级标准，确保施工、监督检查兼顾高效保温与可靠防火	提升建筑保温监督与施工能力，掌握防火安全技术，实现保温效果与消防安全双重保障，具有对保温材料燃烧性能检查判断的能力	培养学生责任感、增强为建筑使用者提供安全舒适的环境的意识；培养学生创新思维，促进绿色建筑与可持续发展理念的实践

【思维导图】

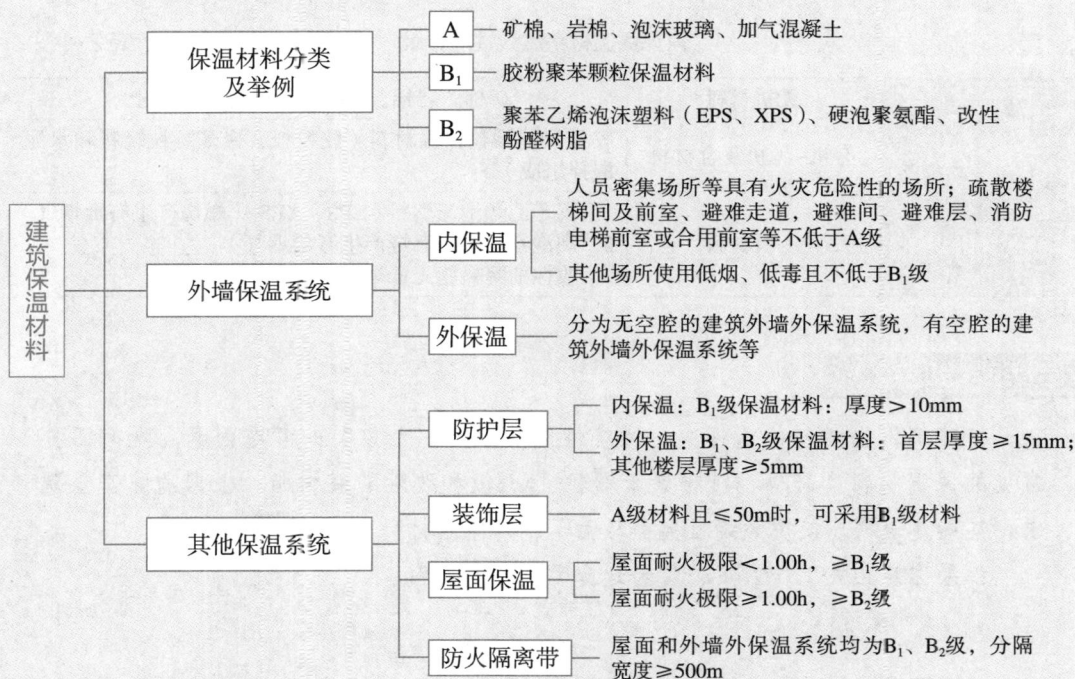

任务22　建筑保温材料防火

【岗位情景模拟】某建筑工程承包商拟对高度为30m某医疗建筑敷设保温层，需要采购保温材料、加防火隔离带。

【讨论】如果你对这项工作负责，请问保温材料燃烧性能应如何选择？如何避免购买到以次充好的保温材料？防火隔离带设置要求有什么？

一、保温材料分类及举例

1. 基本原则

建筑的内、外保温系统，宜采用燃烧性能为A级的保温材料，一般采用B_1级保温材料，不宜采用B_2级保温材料，严禁采用B_3级保温材料。

2. 常见保温材料

常见保温材料的燃烧性能等级见表22-1。

常见保温材料燃烧性能等级　　　　　　　　　　表22-1

不燃材料A	无机材料	矿棉、岩棉、泡沫玻璃、加气混凝土
难燃材料B_1	有机-无机复合材料	胶粉聚苯颗粒保温材料（胶粉料、聚苯颗粒轻料和水泥混拌组成）
可燃材料B_2	有机材料	1. 聚苯乙烯泡沫塑料（EPS、XPS）（燃烧产生有毒烟气） 2. 硬泡聚氨酯（燃烧产生有毒烟气） 3. 改性酚醛树脂（低烟低毒）

📋 即学即练22-1

在建筑保温材料的选择中，燃烧性能等级是一个重要的考虑因素。现有四种常见的保温材料：岩棉、胶粉聚苯颗粒、XPS板和改性酚醛树脂。根据消防安全要求，某些建筑需要使用燃烧性能等级为B_1级的保温材料。

如果你是相关工作人员，你会选择哪一种材料？

二、建筑保温材料防火的通用要求

（一）建筑外墙保温材料的选择

1. 建筑外墙采用内保温系统时，保温系统应符合表22-2的规定。

2. 建筑外墙采用保温材料与两侧墙体构成无空腔复合保温结构体。当保温材料的燃烧性能为B_1、B_2级时，保温材料两侧的墙体应采用不燃材料且厚度均不应小于50mm。

3. 采用外保温系统的建筑外墙：

建筑外墙内保温系统　　　　　　　　　　　表22-2

	设置场所及类型	材料等级
内保温	人员密集场所，用火、燃油、燃气等具有火灾危险性的场所；各类建筑内的疏散楼梯间及前室、避难走道、避难间、避难层、消防电梯前室或合用前室	A
	其他场所	低烟、低毒且燃烧性能不低于 B_1 级
防护层	采用 B_1 保温材料时	厚度为 10mm

（1）无空腔的建筑外墙外保温系统

1）住宅建筑：

①建筑高度大于100m时，保温材料的燃烧性能应为A级。

②建筑高度大于27m，但不大于100m时，保温材料的燃烧性能不应低于B_1级。

③建筑高度不大于27m时，保温材料的燃烧性能不应低于B_2级。

2）除住宅建筑和人员密集场所的建筑外的其他建筑：

①建筑高度大于50m时，保温材料的燃烧性能应为A级。

②建筑高度大于24m，但不大于50m时，保温材料的燃烧性能不应低于B_1级。

③建筑高度不大于24m时，保温材料的燃烧性能不应低于B_2级。

（2）有空腔的建筑外墙外保温系统

1）建筑高度大于24m时，保温材料的燃烧性能应为A级。

2）建筑高度不大于24m时，保温材料的燃烧性能不应低于B_1级。

3）人员密集场所的建筑，其外墙外保温材料的燃烧性能应为A级。

（3）人员密集场所的建筑

人员密集场所的建筑，其外墙外保温材料的燃烧性能应为A级。

📋 即学即练22-2

　　在设计几栋不同高度和用途的建筑时，需要选择合适的外墙保温材料。这些建筑包括一栋54m高的住宅楼、一栋36m高的办公楼、一栋20m高的展览馆以及一栋24m高的公寓楼。根据消防安全规范，保温材料的选择需考虑其燃烧性能以及保温层与基层墙体、装饰层之间的构造情况。

　　现在，有四个设计方案摆在面前：

　　A. 对于54m高的住宅建筑，其保温层与基层墙体、装饰层之间设计为无空腔结构，并选用了燃烧性能为B_1级的外保温材料。

B．对于36m高的办公建筑，同样采用了无空腔结构的保温层设计，并选用了燃烧性能为B_1级的外保温材料。

C．对于20m高的展览建筑，其保温层与基层墙体、装饰层之间设计为有空腔结构，但也选用了燃烧性能为B_1级的外保温材料。

D．对于24m高的公寓楼，其保温层设计同样包含空腔，并计划选用燃烧性能为B_1级的外保温材料。

请指出上述四个设计方案中，哪一个设计方案违反了消防安全规范中关于建筑外墙保温材料的选择原则？

（4）当建筑的外保温系统按本节规定采用燃烧性能为B_1、B_2级的保温材料时，应符合下列规定：

1）除采用B_1级保温材料且建筑高度不超过24m的公共建筑或采用B_1级保温材料且建筑高度不超过27m的住宅建筑外，建筑外墙上门、窗的耐火完整性不应低于0.50h［采用B_1级材料的单层、多层公共建筑或者采用B_1级材料的单层、多层住宅建筑耐火完整性不低于0.50h，如图22-1（a）所示］。

2）应在保温系统中每层设置水平防火隔离带。防火隔离带应采用燃烧性能为A级的材料，防火隔离带的高度不应小于300mm，如图22-1（b）所示。

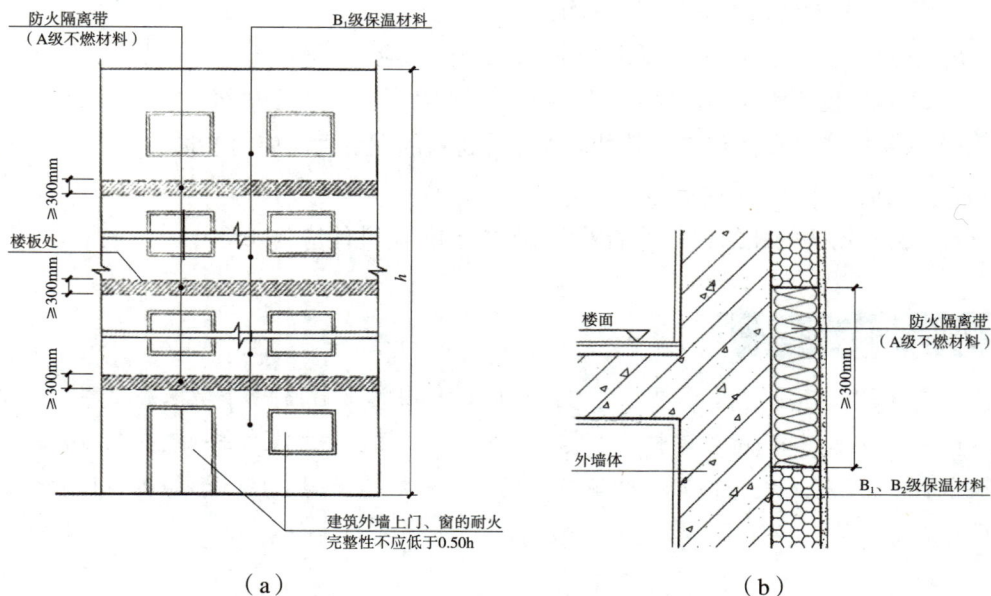

图22-1   建筑外墙外保温

（a）当采用B_1级保温材料时，公共建筑建筑高度$h>24$m；住宅建筑建筑高度$h>27$m；（b）防火隔离带

（5）建筑的外墙外保温系统应采用不燃材料在其表面设置防护层，防护层应将保温材料完全包覆。当采用 B_1、B_2 级保温材料时，防护层厚度不应小于15mm，其他层不应小于5mm，如图22-2所示。

（6）建筑外墙外保温系统与基层墙体、装饰层之间的空腔，应在每层楼板处采用防火封堵材料封堵，如图22-3所示。

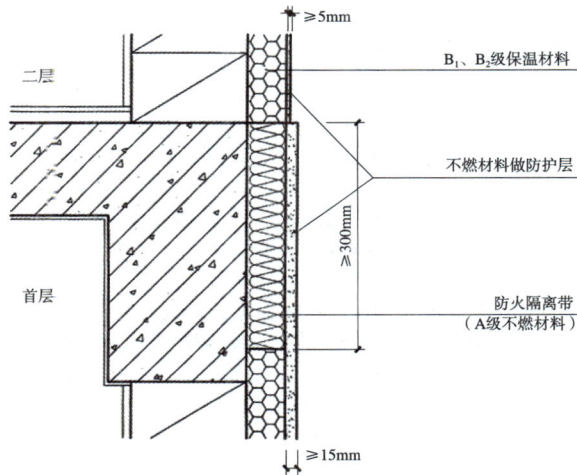

图22-2　防护层

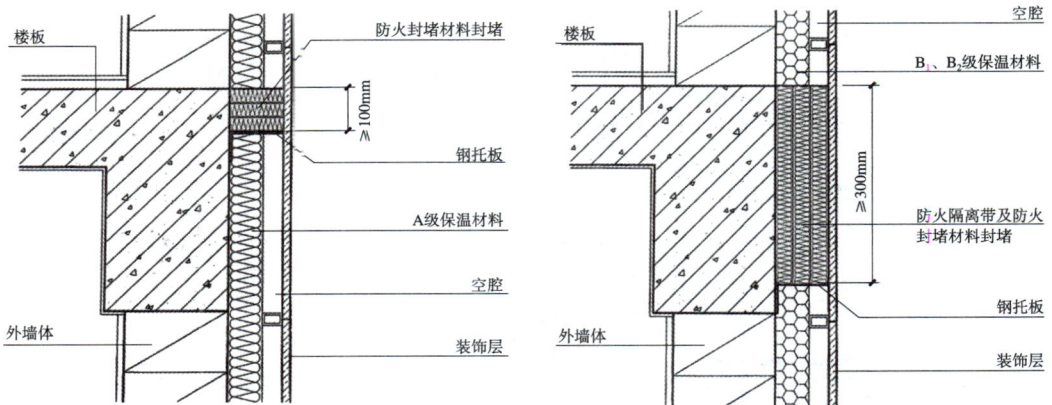

图22-3　防火封堵

（二）防护层、装饰层保温要求

防护层、装饰层保温要求见表22-3。

（三）屋面保温及防火隔离带要求

屋面保温及防火隔离带要求见表22-4。

屋面保温及防火隔离带构造示意，如图22-4所示。

防护层、装饰层保温要求　　　　表22-3

类型	材料	类型	防护层厚度	
防护层	A级材料	内保温	B₁级保温材料：厚度＞10mm	A级保温材料也要做防护层，但无厚度规定
		外保温	B₁、B₂级保温材料：首层厚度≥15mm；其他楼层厚度≥5mm	
		屋面外保温	B₁、B₂级保温材料：厚度≥10mm	A级保温材料不需要做防护层
装饰层	外墙装饰层应采用A级材料，但建筑高度不大于50m时，可采用B₁级材料			

屋面保温及防火隔离带要求　　　　表22-4

屋面外保温及防水系统	1. 当屋面板的耐火极限≥1.00h时，保温材料不应低于B₂级； 2. 当屋面板的耐火极限＜1.00h时，保温材料不应低于B₁级
防火隔离带	建筑外墙外保温系统采用B₁、B₂级保温材料时，应在保温系统中每层设置防火隔离带。防火隔离带应采用燃烧性能为A级的材料，防火隔离带的高度≥300mm。A级保温材料的建筑外墙不需要设置防火隔离带
	屋面和外墙外保温系统均为B₁、B₂级，屋面与外墙之间应采用宽度≥500mm的不燃材料设置防火隔离带进行分隔

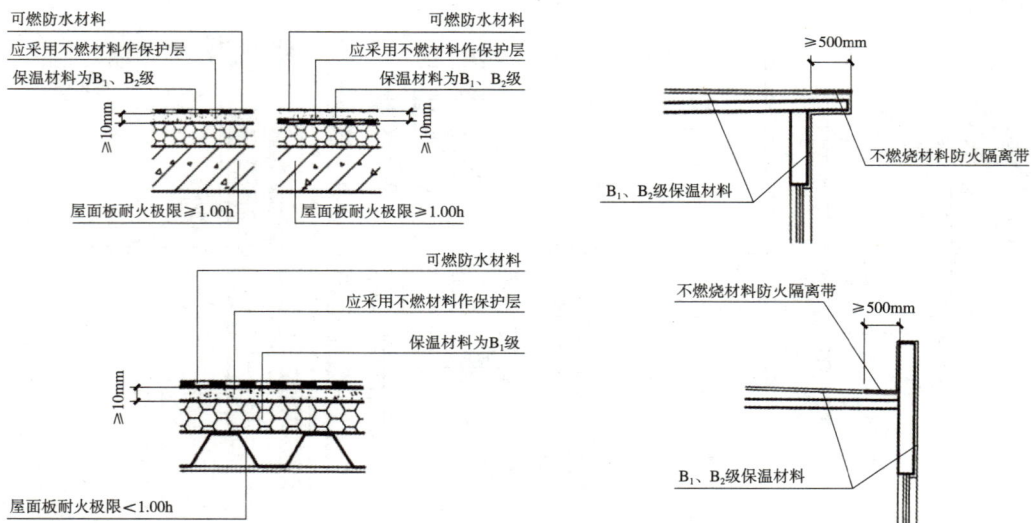

图22-4　屋面保温及防火隔离带构造示意

（四）建筑保温其他要求

1. 电气线路不应穿越或敷设在燃烧性能为B₁或B₂级的保温材料中，确需穿越或敷设时，应采取穿金属管并在金属管周围采用不燃隔热材料进行防火隔离等防火保护措施。

2. 设置开关、插座等电器配件的部位周围应采取不燃隔热材料进行防火隔离等防火保护措施。

3. 飞机库的外围护结构、内部隔墙和屋面保温隔热层，均应采用燃烧性能为A级的材料，飞机库大门及采光材料的燃烧性能均不应低于B$_1$级。

4. 下列老年人照料设施的内外墙和屋面保温材料应采用燃烧性能为A级的保温材料：

（1）独立建造的老年人照料设施。

（2）与其他建筑组合建造且老年人照料设施部分的总建筑面积大于500m^{2}的老年人照料设施。

老年人照料设施保温要求如图22-5所示。

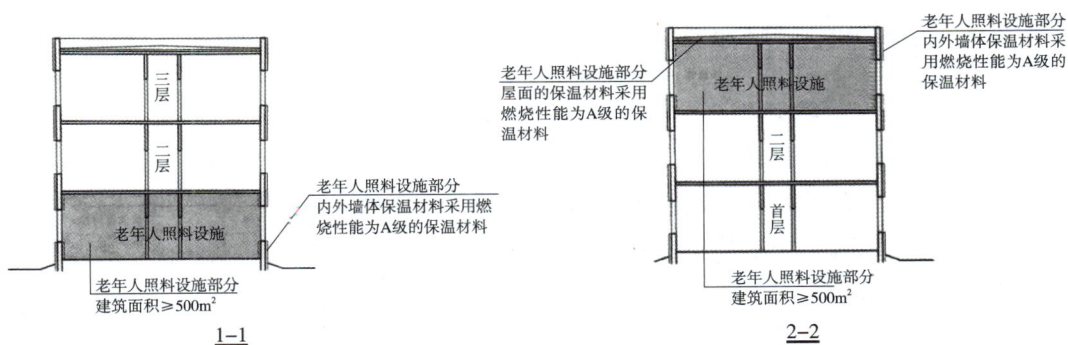

图22-5　老年人照料设施保温要求

即学即练22-3

作为建筑设计与安全审核部门的一员，你正在细致审查一项关于无空腔建筑外墙外保温系统的设计方案。

方案1：建筑高度为49m的办公建筑采用B$_1$级外保温材料。

方案2：建筑高度为23m的办公建筑采用B$_2$级外保温材料。

方案3：建筑层数为3层的老年人照料设施采用B$_1$级外保温材料。

方案4：建筑高度为29m的住宅建筑采用B$_1$级外保温材料。面对四个不同高度的建筑项目，你需确认它们各自选用的外保温材料是否符合最新国家标准。你深知，建筑安全无小事，任何材料的选择都必须严格遵守规范。现在，你需要迅速而准确判断，这四个选项中，哪一项不符合现行国家标准，并准备向团队报告你的发现。

【实践实训】

【实训目的】通过本次实训，掌握装修材料的合理选用。

【实训情景】作为建筑设计团队的一员，你负责为某8层住宅建筑进行外墙保温设计。该建筑首层地面高于室外地坪0.5m，平屋面面层达24.2m。现需针对外墙外保温、楼梯间及避难走道内的保温材料做出合理选择，以确保建筑能效与消防安全标准。请阐述如何仔细评估材料性能，包括燃烧等级、保温效果及耐久性，以制定最佳方案。

【模块检测】

一、单选题

1. 某地上4层商店营业厅，建筑高度为18m，每层建筑面积为2000m²，建筑内部设有自动灭火系统和火灾自动报警系统，下列关于该营业厅建筑内部装修材料选用的说法中错误的是（　　）。

    A. 顶棚可采用天然木材进行装修　　　B. 墙面可采用纸面石膏板进行装修

    C. 隔断可采用普通木板进行装修　　　D. 地面可采用实木地板进行装修

2. 当建筑外墙的内保温系统采用燃烧性能为B_1级保温材料时，其防护层的厚度不应小于（　　）mm。

    A. 5　　　　　　　　B. 10　　　　　　　　C. 20　　　　　　　　D. 50

3. 下列关于建筑内保温与外保温保护层说法中错误的是（　　）。

    A. 当建筑内保温采用B_1级保温材料时，所有楼层的防护层厚度不应小于10mm

    B. 当建筑外墙外保温采用B_1、B_2级保温材料时，防护层厚度在首层不应小于10mm

    C. 当建筑外墙外保温采用B_1、B_2级保温材料时，防护层厚度在除首层外其他楼层不应小于5mm

    D. 当屋面外保温系统采用B_1、B_2级保温材料时，防护层厚度不应小于10mm

二、多选题

1. 某歌舞厅，地上4层，地下1层，地上房间均设可开启外窗，地下房间均未设置外窗。下列关于该建筑内部装修的设计方案，错误的是（　　）。

    A. 地上4层包间顶棚采用木龙骨纸面石膏板装饰

    B. 地上3层包间墙面采用防火塑料装饰板装饰

    C. 地上2层豪华包间内的隔断采用竹制屏风

    D. 地下1层无窗包间地面采用硬PVC塑料地板装饰

    E. 地下1层配电室地面采用水磨石装修

2. 对建筑外墙保温和屋面保温工程施工现场进行检查，发现该建筑外保温均采用燃烧性能为B₁级的保温材料。下列有关外保温系统设置的做法，正确的是（　　）。

    A. 外墙外保温系统与基层墙体、装饰层之间的空腔，在每层楼板处采用防火封堵材料严密封堵

    B. 屋面板耐火极限为1.50h，屋面外保温材料的上表面采用不燃材料做防护层，防护层厚度为20mm

    C. 屋面与外墙之间采用宽度400mm的不燃材料设置防火隔离带进行分隔

    D. 外墙每隔一层设置高度为350mm的水平防火隔离带，隔离带采用燃烧性能为A级的材料

    E. 建筑的外墙外保温系统采用不燃材料做防护层，每层防护层厚度不小于10mm

【数字资源】

资源名称	7.1.1装修材料分级1	7.1.2装修材料分级2	7.2特殊场所装修材料要求
资源类型	视频	视频	视频
资源二维码			
资源名称	7.3装修材料的从严与放宽	7.4内外保温材料选用	7.5保温设置要求
资源类型	视频	视频	视频
资源二维码			

模块 8

灭火救援设施

项目23 消防车道、消防车救援、消防电梯以及直升机停机坪通过本模块的学习，可以掌握消防车道、消防车救援、消防电梯和直升机停机坪的检查内容和方法。

（1）消防车道是供消防车通行的专用道路，其建成后必须满足消防车通行、转弯和停靠的要求。其宽度和高度需保证消防车能够顺利通过，且不应设置妨碍消防车操作的障碍物。在紧急情况下，消防车道能够确保消防车快速到达火灾现场，进行灭火救援。

（2）消防车救援是指利用消防车及其配备的灭火器材和救援设备，对火灾现场进行灭火和人员、物资救援的过程。消防车具有多种功能，如喷射灭火剂、登高救援、破拆障碍物等，是灭火救援行动中的关键装备。

（3）消防电梯是在火灾发生时供消防队员使用的专用电梯。在检查过程要满足快速、安全、稳定的要求，能够在火灾现场为消防队员提供垂直运输服务。消防电梯内通常配备有专用消防对讲电话、操作按钮等设施。

（4）直升机停机坪是供直升机起降和停放的专用场所，设置在高层建筑或重要设施的屋顶。停机坪的设计需满足直升机的起降要求，并配备有相应的消防设施、照明设施和防护设施。在紧急情况下，直升机停机坪能够确保直升机快速到达火灾现场或救援地点，提供高效的空中救援服务。

项目 23
消防车道、消防车救援、消防电梯以及直升机停机坪

【学习目标】

知识目标	能力目标	素质目标
了解消防车道的定义、设置要求，掌握其在火灾救援中的关键作用；了解消防车救援场地的设置要求；掌握救援窗的设置规范；掌握消防电梯设置原则；了解直升机停机坪的设置标准与要求	具备识别与评估消防车道布局合理性的能力、能够根据现场条件合理规划消防车救援场地的布局；具备救援窗的设置与安装技能，包括确定合适的位置、尺寸和材质以及安装必要的工具和防护设施；具备合理规划与配置消防电梯的能力；具备合理规划直升机停机坪布局与设施的能力	理解灭火救援设施对于保障公共安全的重要性；培养对公共消防设施的尊重与保护意识；培养严谨细致的工作态度，严格遵守灭火救援设施的设置规范；提升学生应急响应能力，高效支持消防救援行动

```
            ┌─────────────┐        ─── 消防车道认知
        ┌───│  消防车道    │
        │   └─────────────┘        ─── 消防车道的设置
        │
        │   ┌─────────────┐        ─── 消防车救援认知
  灭 │   │   ┌───│  消防车救援  │     ─── 消防车登高操作场地的设置
  火 │   │   │   └─────────────┘     ─── 消防救援窗的设置
  救 │───┤
  援 │   │   ┌─────────────┐        ─── 消防电梯的认知
  设 │   └───│  消防电梯    │
  施 │       └─────────────┘        ─── 消防电梯的设置
        │
        │   ┌─────────────┐        ─── 直升机停机坪设置范围
        └───│ 直升机停机坪 │
            └─────────────┘        ─── 直升机停机坪设置
```

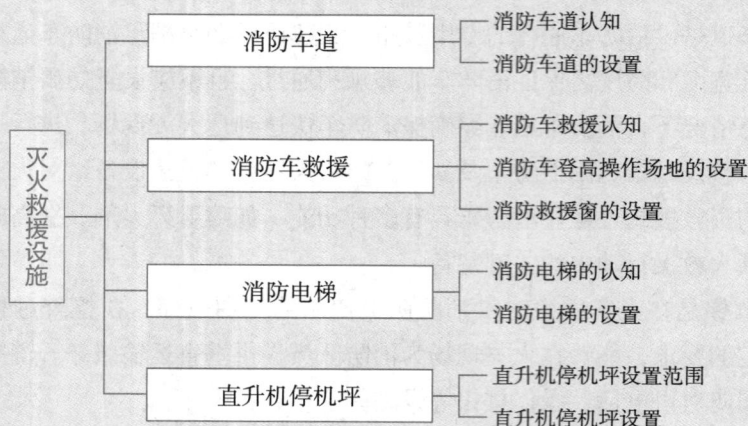

任务23.1　消防车道

【岗位情景模拟】某消防救援机构对某建筑进行消防检查时发现：1. 建筑物沿街道部分的长度大于150m或总长度大于220m时，未设置穿过建筑物的消防车道或环形消防车道；2. 其中有一栋公共高层民用建筑，未按规范设置消防车道；3. 其中有一栋高层住宅建筑虽然沿一个长边设置了消防车道，但未在这一侧立面设置消防车登高操作面。

【讨论】请给出正确的做法。

一、消防车道认知

消防车道是供消防车灭火时通行的道路。消防车道的设置应根据当地消防救援局使用的消防车辆的外形尺寸、载重、转弯半径等消防技术参数以及建筑物的体量大小、周围通行条件等因素确定。图23-1-1是消防车道的基本设置形式。

二、消防车道的设置

（一）消防车道的标识

为了使驾驶员能够准确、迅速地找到消防车道的位置，消防车道应当设置明显的标识。标识可以采用地面划线或者地上标志牌等形式，颜色一般选用红色或者黄色，以增加辨识度。标识上可以标注"消防车道"字样，或者使用消防车的标志，使之符合整体的视觉效果，吸引驾驶员的注意力，方便消防车辆准确找到消防车道。消防车道的标识如图23-1-2所示。

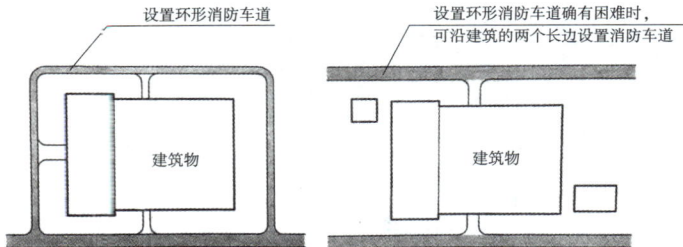

图23-1-1　消防车道的基本设置形式

图23-1-2　消防车道的标识

（二）沿长边设置消防车道的要求

1. 民用建筑、工业建筑沿长边设消防车道的要求见表23-1-1。

民用建筑、工业建筑沿长边设消防车道的要求　　　　表23-1-1

民用建筑	高层公共建筑； 占地面积大于3000m²的其他单、多层公共建筑
工业建筑	高层厂房； 占地面积大于3000m²的甲、乙、丙类厂房； 占地面积大于1500m²的乙、丙类仓库

2. 住宅建筑至少沿一条长边设置消防车道。

3. 公共建筑受环境地理条件限制时，可设置一条消防车道。当建筑仅设置一条消防车道时，该消防车道应位于建筑的消防车登高操作场地一侧。

高层民用建筑消防车道的设置示意如图23-1-3所示。

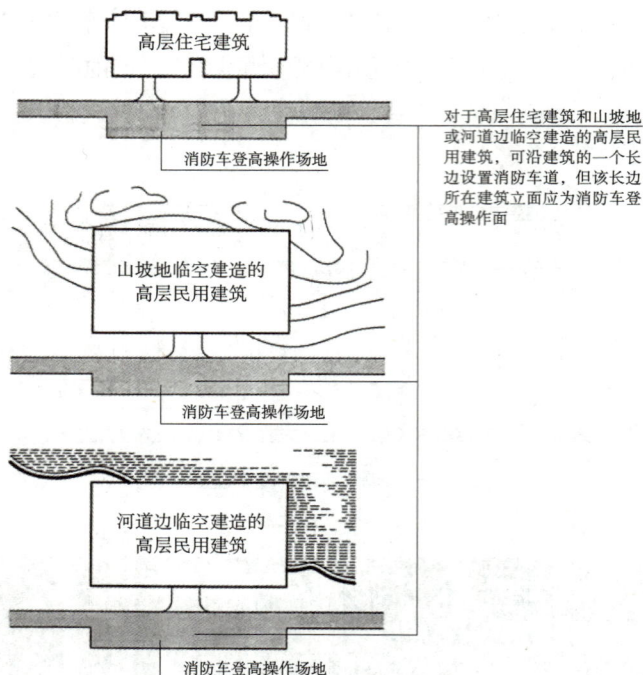

图23-1-3   高层民用建筑消防车道的设置示意

（三）穿过建筑的消防车道

1. 对于一些使用功能多、面积大、建筑长度长的建筑，如L形、U形、口字形建筑，当其沿街长度超过150m或总长度大于220m时，应在适当位置设置穿过建筑物的消防车道。确有困难时，应设置环形消防车道。设置穿过建筑的消防车道示意如图23-1-4所示。

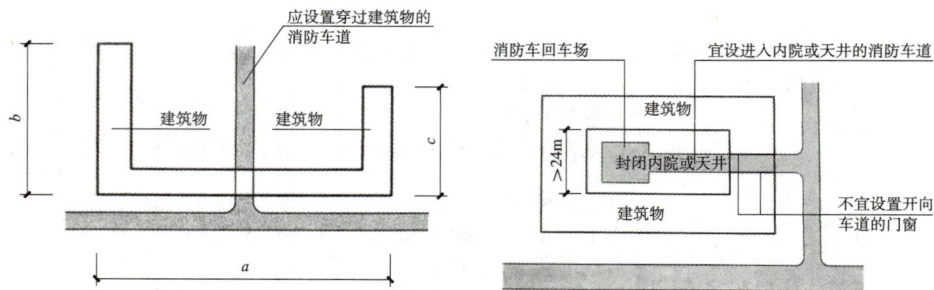

图23-1-4   设置穿过建筑的消防车道示意

2. 有封闭内院或天井的建筑物，当内院或天井的短边长度大于24m时，宜设置进入内院或天井的消防车道；当该建筑物沿街时，应设置连通街道和内院的人行通道（可利用楼梯间），其间距不宜大于80m，如图23-1-5所示。

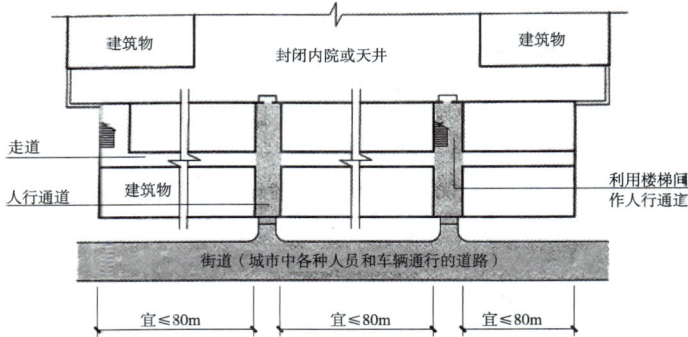

图23-1-5　封闭天井设置消防车道示意

（四）消防水源地消防车道

供消防车取水的天然水源和消防水池应设置消防车道。消防车道边缘距离取水点不宜大于2m。水源地消防车道设置示意如图23-1-6所示。

在城市建设中，消防车道规范的制定和执行，对于保障消防车辆的通行畅顺，提高灭火救援效果，具有重要意义。消防车道可以利用交通道路，但在通行的净高度、净宽度、地面承载力、转弯半径等方面应满足消防车通行与停靠的需求，并保证畅通。

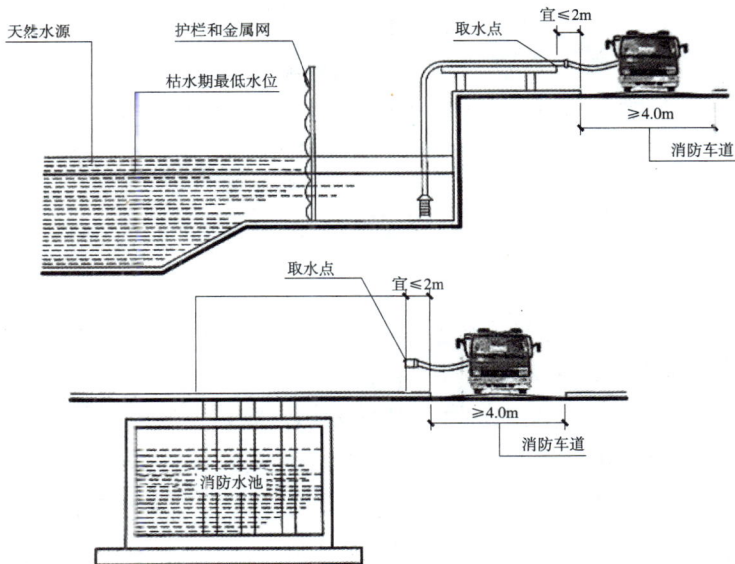

图23-1-6　水源地消防车道设置示意

（五）消防车道技术要求

消防车道应符合下列要求：

1. 道路的净宽度和净空高度应满足消防车安全、快速通行的要求，车道的净宽度和净高度均不应小于4m。

　　2．转弯半径应满足消防车转弯的要求。

　　3．消防车道与建筑之间不应设置妨碍消防车操作的树木、架空管线等障碍物。

　　4．消防车道靠建筑外墙一侧的边缘距离建筑外墙不宜小于5m。

　　消防车道设置要求示意如图23-1-7所示。

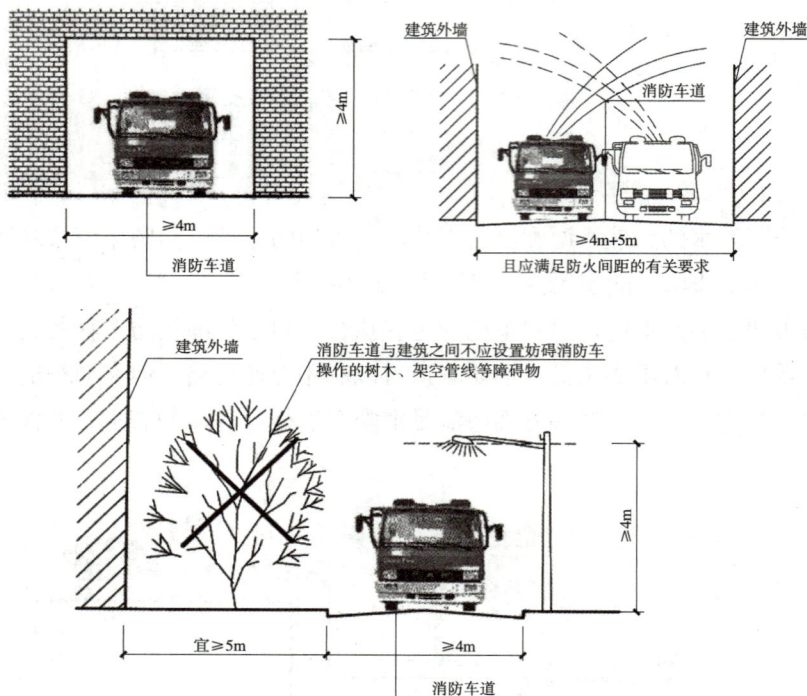

图23-1-7　消防车道设置要求示意

　　5．消防车道的坡度不宜大于10%。兼作消防救援场地的消防车道，坡度应满足消防车停靠和消防救援作业的要求。

　　6．当建筑和场所的周边受地形环境条件限制，难以设置环形消防车道或与其他道路连通的消防车道时，可设置尽头式消防车道。尽头式消防车道应设置回车道或回车场，回车场的面积不应小于12m×12m；对于高层建筑，不宜小于15m×15m；供重型消防车使用时，不宜小于18m×18m。

　　7．消防车道不宜与铁路正线平交，确需平交时，应设置备用车道，且两车道的间距不应小于一列火车的长度。

　　消防车道的路面、救援操作场地、消防车道和救援操作场地下面的管道和暗沟等，应能承受重型消防车的压力。消防车道可利用城乡、厂区道路等，但该道路应满足消防车通行、转弯和停靠的要求。

即学即练23-1-1

（多选）下列关于消防车道的设置要求，正确的有（　　）。

A．车道的净宽度和净空高度均不应小于4.0m

B．转弯半径应满足消防车转弯的要求

C．消防车道与建筑之间不应设置妨碍消防车操作的树木、架空管线等障碍物

D．消防车道靠建筑外墙一侧的边缘距离建筑外墙不宜大于5m

E．消防车道的路面应能承受重型消防车的压力

任务23.2　消防车救援

【岗位情景模拟】某高层建筑54m公共建筑，消防车登高操作场地未沿建筑物周边连贯布置且总长度小于建筑的一个长边长度，其登高操作场地一侧裙房进深大于4m，造成登高救援难度加大，并且经测量，其总长度不符合要求。

【讨论】请给出正确的做法。

一、消防车救援认知

（一）消防登高面

登高消防车能够靠近高层主体建筑，便于消防车作业和消防人员进入高层建筑进行抢救人员和扑救火灾的建筑立面称为该建筑的消防登高面，也称建筑的消防扑救面。

（二）消防救援场地

在高层建筑的消防登高面一侧，地面必须设置消防车道和供消防车停靠并进行灭火救援的作业场地，称为消防救援场地或消防车登高操作场地。

（三）灭火救援窗

除有特殊要求的建筑甲类厂房外，在建筑的外墙上设置便于消防救援人员进入的消防窗口。

二、消防车登高操作场地的设置

1．高层建筑应至少沿其一条长边设置消防车登高操作场地，未连续布置的消防车道登高操作场地，应保证消防车的救援作业范围能覆盖该建筑的全部消防扑救面，场地与建筑之间不应有进深大于4m的裙房。

2．连续布置消防车登高操作场地有困难时，可间隔布置，但间隔距离不宜大于30m，且消防车登高操作场地的总长度仍应符合上述规定。

消防车登高操作场地设置示意如图23-2-1所示。

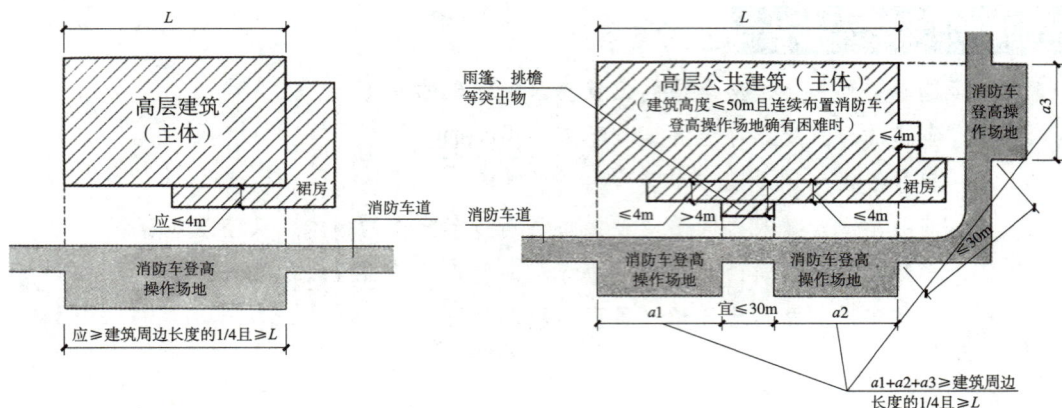

图23-2-1　消防车登高操作场地设置示意

3. 最小操作场地面积

（1）根据登高车长15m以及车道的宽度，最小操作场地长度和宽度不宜小于15m×15m。

（2）建筑高度大于50m的建筑，操作场地的长度和宽度不应小于20m×20m，且场地的坡度不宜大于3%。

4. 场地与建筑的距离

登高场地距建筑外墙不宜小于5m，且不应大于10m，场地的坡度不宜大于3%。

5. 操作场地的荷载计算

场地及其正面的建筑结构，管道和暗沟等，应能承受重型消防车的压力。

6. 操作空间的控制

场地与厂房、仓库、民用建筑之间不应设置妨碍消防车操作的树木、架空管线等障碍物和车库出入口。

📑 即学即练23-2-1

某公共建筑，建筑高度54m，长80m，宽30m，地下二层，地上十六层，地上一~三层为商业营业厅，四~十六层为办公场所，该建筑消防车道登高操作场地的下列设计方案中，错误的是（　　）。

A．消防车登高操作场地沿建筑一条长边设置

B．在建筑位于消防车登高操作场地一侧设有进深4m的裙房

C．消防车登高操作场地坡度为2%

D．消防车登高操作场地靠建筑外墙一侧的边缘距外墙15m

三、消防救援窗的设置

（一）设置位置与尺寸

除有特殊要求的建筑和甲类厂房可不设置消防救援窗外，在建筑的外墙上应设置便于消防救援人员出入的消防救援窗，消防救援窗应设在外墙面上，并应设在每层楼面易于被发现和朝向疏散通道的一面。此外，消防救援窗还应避开锋利的角部和热源，以防止在紧急情况下造成伤害。消防救援窗的设置应符合下列规定：

1. 沿外墙的每个防火分区在对应消防救援操作面范围内设置的消防救援窗不应少于2个。

2. 无外窗的建筑应每层设置消防救援窗，有外窗的建筑应自第三层起每层设置消防救援窗。

3. 消防救援窗的净高度和净宽度均不应小于1.0m，当利用门时，净宽度不应小于0.8m。

4. 消防救援窗应易于从室内和室外打开或破拆。采用玻璃窗时，应选用安全玻璃。

5. 消防救援窗应设置可在室内和室外识别的明显标志。

灭火救援窗设置示意如图23-2-2所示。

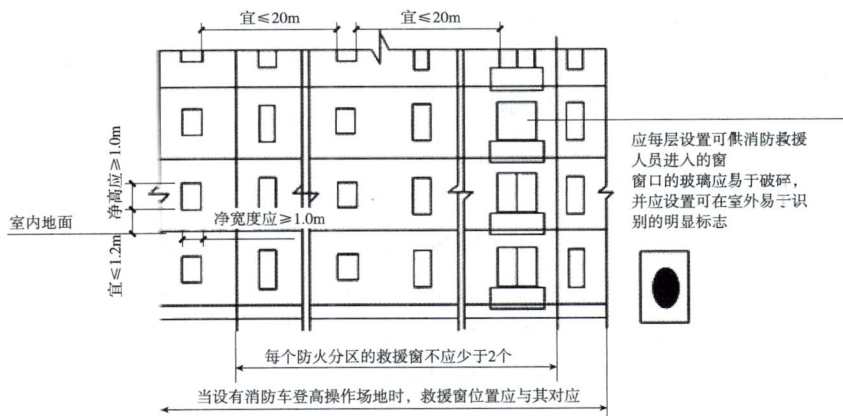

图23-2-2　消防救援窗设置示意

（二）标识要求

消防救援窗应设有明显的标识，以便在紧急情况下快速识别。标识应包括以下内容：

1. "消防救援窗"字样，以提示人员此窗口为消防救援窗。

2. 易于识别的图形标识，如国际通用的红色矩形边框和白色内部填充图案等。

3. 窗户玻璃上贴有易碎贴纸或者钢化玻璃，以提醒人们此处窗户在紧急情况下可以打破。

消防救援窗如图23-2-3所示。

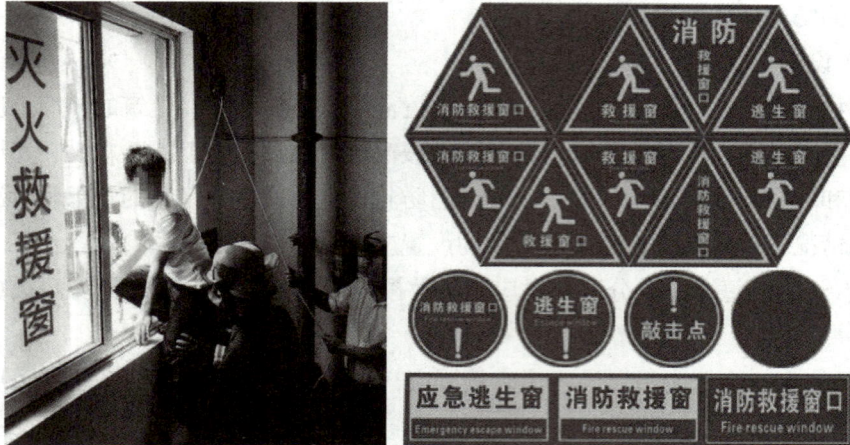

图23-2-3 消防救援窗标识

（三）维护与管理

为确保消防救援窗在紧急情况下发挥最大的作用，应定期对其进行检查和维护。具体措施包括：

1. 定期检查消防救援窗的完好性和功能性，确保其正常工作。

2. 定期清洁和维护消防救援窗，防止积尘和杂物影响其正常使用。

3. 对易碎的玻璃进行定期更换或维修，以确保在紧急情况下可以顺利打破。

4. 定期对标识进行检查和更新，确保其清晰可见。

5. 对消防救援窗进行定期的应急演练，以检验其在实际紧急情况下的可用性和效果。

消防救援窗是建筑物消防系统的重要组成部分，正确设置消防救援窗对于保障人员生命安全和减少火灾损失具有重要意义。在实际设计和施工过程中，应严格遵守相关法规标准和技术规范，确保消防救援窗的设置位置、尺寸、标识等符合要求。同时，在日常维护管理中，也应加强对消防救援窗的检查和维护，确保其在紧急情况下发挥最大的作用。

📋 即学即练23-2-2

某建筑高度为30m的地上7层服装加工厂房，长80m，宽60m，耐火等级为二级。该厂房下列灭火救援设施设置正确的是（　　）。

A. 三层消防救援人员进入的窗口净宽度为0.8m

B. 首层利用宽度0.8m的门作为救援口

C. 每层设置2个供消防救援人员进入的窗口

D. 救援窗口为便于开启，采用普通玻璃

任务23.3　消防电梯

【岗位情景模拟】在对某写字楼消防电梯前室、使用前室进行检查时，发现穿越通风管道、采用的封堵材料不符合要求；在检查一栋建筑面积为3500m²，6层的老年人照料设施时，发现其未设消防电梯；同时发现其他建筑的普通电梯与消防电梯合用时，普通电梯未按消防电梯的要求进行设置；在对电梯机房进行检查时发现，消防电梯机房与相邻机房之间隔墙耐火极限低于2.00h，隔墙的门采用的是丙级防火门。

【讨论】请你对上述消防电梯的设置存在的问题进行分析并给出正确的解决方案。

一、消防电梯的认知

消防电梯是指设置在建筑的耐火封闭结构内，具有前室、备用电源以及其他防火保护、控制和信号等功能，在正常情况下可为普通乘客使用，在建筑发生火灾时能专供消防员使用的电梯。它是高层建筑和地下建筑发生火灾后，供消防人员实施火灾扑救、疏散重要物资和抢救被困人员的专用消防设备。对于高层建筑，消防电梯能节省消防员的体力，使消防员能快速接近着火区域，提高战斗力和灭火效果。根据在正常情况下对消防员的测试结果，消防员从楼梯攀登的有利登高高度一般不大于23m，否则，人体的体力消耗很大，影响后续的灭火和救援。对于地下建筑，由于排烟通风条件差，消防员通过楼梯进入地下的困难较大，应设置消防电梯。

二、消防电梯的设置

（一）设置范围

1. 建筑高度大于33m的住宅建筑。

2. 一类高层公共建筑。

3. 建筑高度大于32m的二类高层公共建筑。

4. 5层及以上且总建筑面积大于3000m²（包括设置在其他建筑内5层及以上楼层）的老年人照料设施。

5. 埋深大于10m且总建筑面积大于3000m²的地下或半地下建筑（室）。

6. 建筑高度大于32m的丙类高层厂房。

消防电梯设置示意如图23-3-1所示。

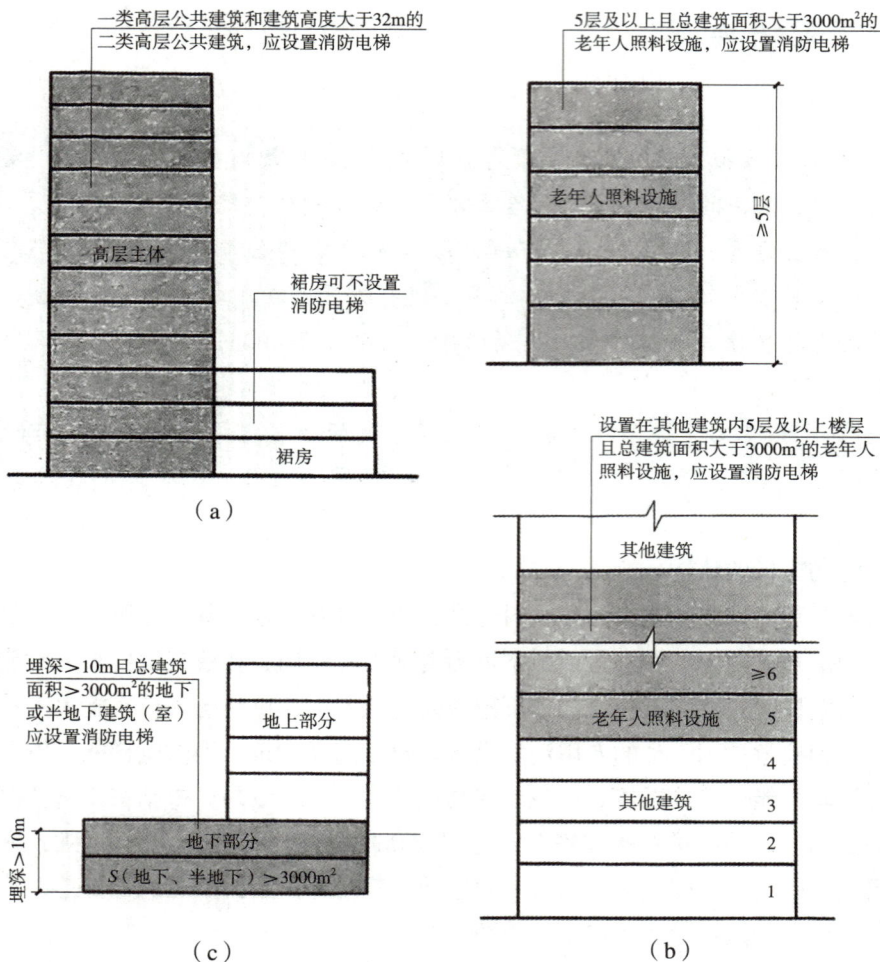

图23-3-1　消防电梯设置示意
（a）高层公共建筑；（b）老年人照料设施；（c）地下或半地下建筑（室）

即学即练23-3-1

下列建筑场所中，可不设置消防电梯的是（　　　）。

A. 建筑高度为24.2m的病房楼

B. 设在第6层且建筑面积大于3000m²的老年人照料设施

C. 埋深13m且总建筑面积为3200m²的地下商场

D. 建筑高度为32m的住宅建筑

（二）设置要求

1. 消防电梯应分别设置在不同防火分区内，且每个防火分区不应少于一台。相邻两个防火分区可共用一台消防电梯，这种情况只适用于地下或半地下建筑（室）。

2. 建筑高度大于32m且设置电梯的高层厂房（仓库），每个防火分区内宜设置一台消防电梯，但符合下列条件的建筑可不设置消防电梯：

（1）建筑高度大于32m且设置电梯，任一层工作平台上的人数不超过2人的高层塔架。

（2）局部建筑高度大于32m，且局部高出部分的每层建筑面积不大于50m²的丁、戊类厂房。

消防电梯设置要求如图23-3-2所示。

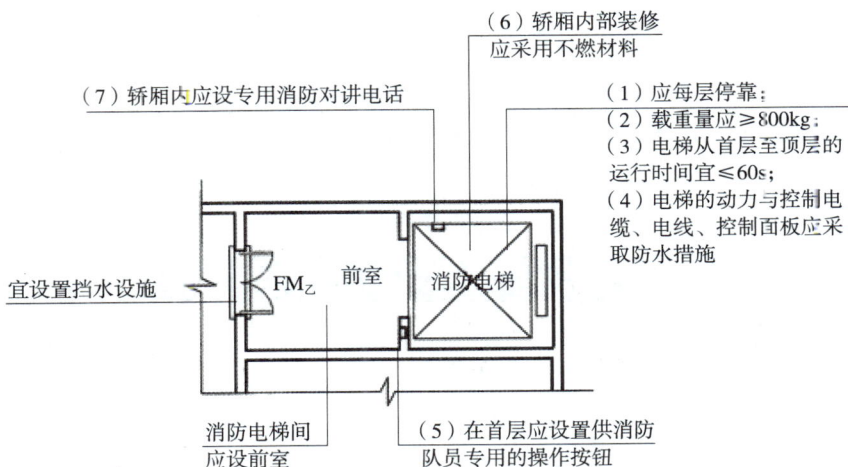

图23-3-2　消防电梯设置要求

3. 符合消防电梯要求的客梯或货梯可兼作消防电梯。

4. 除设置在仓库连廊、冷库穿堂或谷物筒仓工作塔内的消防电梯外（图23-3-3）。消防电梯应设置前室，并应符合下列规定：

（1）前室在首层应直通室外或经专用通道通向室外，该通道与相邻区域之间应采取防火分隔措施，并应在首层直通室外或经过长度不大于30m的通道通向室外。

（2）除前室的出入口、前室内设置的正压送风口和户门外，前室内不应开设其他门、窗、洞口。

（3）前室或合用前室的门应采用防火门和耐火极限不低于2.00h的防火隔墙与其他部分分隔。除兼作消防电梯的货梯前室无法设置防火门的开口可采用防火卷帘分隔外，不应采用防火卷帘或防火玻璃墙等方式替代防火隔墙。

（4）前室的使用面积应符合表23-3-1的要求。

（a）

（b）

（c）

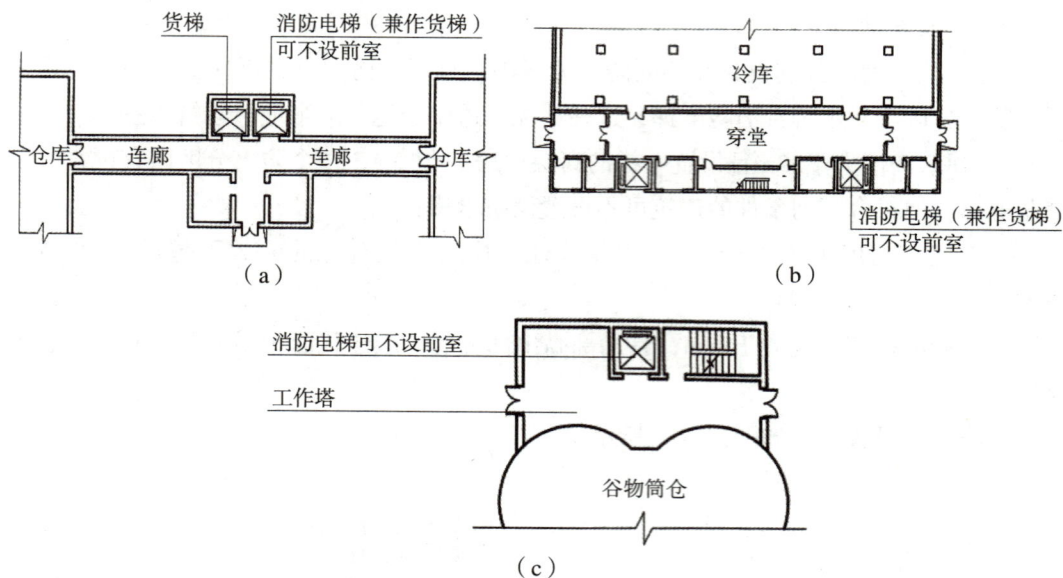

图23-3-3 消防电梯可不设前室的情况示意

（a）消防电梯设置在仓库连廊；（b）消防电梯设置在冷库穿堂；（c）消防电梯设置在谷物筒仓工作塔内

前室的使用面积   表23-3-1

前室类型	建筑类型	前室使用面积
消防电梯前室	公共建筑、高层厂房（仓库）	$\geqslant 6m^2$，短边$\geqslant 2.4m$
	住宅建筑	
使用前室	公共建筑、高层厂房（仓库）	$\geqslant 10m^2$
	住宅建筑	$\geqslant 6m^2$

5. 消防电梯井、机房应采用耐火极限不低于2.00h且无开口的防火隔墙与相邻电梯井、机房及其他房间分隔，隔墙上的门应采用甲级防火门。

6. 消防电梯的井底应设置排水设施，排水井的容量不应小于$2m^3$，排水泵的排水量不应小于10L/s，消防电梯间前室的门口宜设置挡水设施。

7. 消防电梯应符合下列规定：

（1）应能在所服务区域每层停靠。

（2）电梯的载重量不应小于800kg。

（3）电梯从首层至顶层的运行时间不宜大于60s。

（4）电梯的动力与控制电缆与控制面板的连接处、控制面板的外壳防水性能等级不应低于IPX5。

（5）在首层的消防电梯入口处应设置供消防队员专用的操作按钮。

（6）电梯轿厢的内部装修应采用不燃材料，性能等级应为A级。

（7）电梯轿厢内部应设置专用消防对讲电话和视频监控系统的终端设备。

（8）电梯电源应为消防电源并设备用电源，在最末级配电箱自动切换。

📋 即学即练23-3-2

（多选）消防电梯的设置要求正确的有（　　）。

A．消防电梯应分别设置在不同防火分区内，且每个防火分区不应少于2台

B．地下或半地下建筑（室）相邻两个防火分区可共用1台消防电梯

C．电梯从首层至顶层的运行时间不宜大于60s

D．在每层的消防电梯入口处应设置供消防员专用的操作按钮

E．电梯轿厢的内部设置专用消防对讲电话，装修应采用不燃材料

任务23.4　直升机停机坪

【岗位情景模拟】随着城市化的快速发展，高层建筑会越来越多，城市救援的地位会越来越重要，直升机作为一种快捷的救援工具会越来越多地应用于各种场所的救援行动，并发挥重要作用。

【讨论】如何设置直升机停机坪？

一、直升机停机坪设置范围

建筑高度大于250m的工业与民用建筑；建筑高度大于100m，且标准层建筑面积大于2000m²的公共建筑应在屋顶设置直升机停机坪，如图23-4-1所示。

图23-4-1　直升机停机坪设置

二、直升机停机坪设置

1. 设置在屋顶平台上时，距离设备机房、电梯机房、水箱间、共用天线等凸出物不应小于5m。

2. 建筑通向停机坪的出口不应少于2个。

3. 四周应设置航空障碍灯，并应设置应急照明。

4. 在停机坪的适当位置应设置消火栓。

直升机停机坪设置示意如图23-4-2所示。

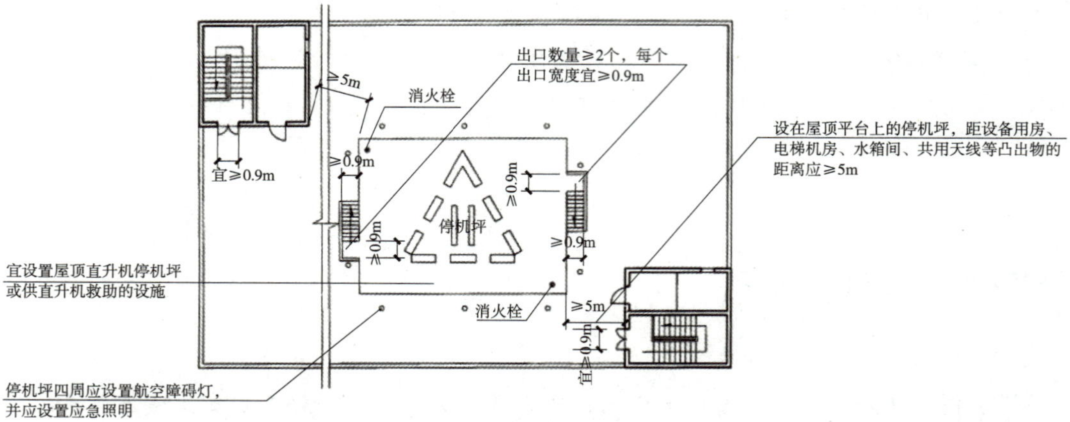

图23-4-2　直升机停机坪设置示意

（一）起降区

1. 起降区面积的大小。当采用圆形与方形平面的停机坪时，其直径或边长尺寸应等于直升机机翼直径的1.5倍；当采用矩形平面时，其短边尺寸大于或等于直升机的长度。并在此范围5m内，不应设置设备机房、电梯机房、水箱间、共用天线、旗杆等凸出物。

2. 起降区场地的耐压强度。由直升机的动荷载、静荷载以及起落架的构造形式决定，同时考虑冲击荷载的影响，以防直升机降落控制不良，导致建筑物破坏。通常，耐压强度按所承受集中荷载不大于直升机总重的75%考虑。

3. 起降区的标志。特别是当一幢大楼的屋顶层局部为停机坪时，这种停机坪标志尤为重要。停机坪起降区常用符号"H"表示，符号所用色彩为白色，需与周围地区取得较好对比时亦可采用黄色，在浅色地面上时可加上黑色边框，使之更为醒目。

（二）设置待救区与出口

设置待救区，以容纳疏散到屋顶停机坪的避难人员。用钢制栅栏等与直升机起降区分隔，防止避难人员涌至直升机处，延误营救时间或造成事故。待救区应设置不少于2个通向停机坪的出口，每个出口的宽度不宜小于0.9m，其门应向疏散方向开启。

（三）夜间照明

停机坪四周应设置航空障碍灯，并应设置应急照明，以保障夜间的起降。

（四）设置灭火设备

在停机坪的适当位置应设置消火栓，用于扑救避难人员携带来的火种以及直升机可能发生的火灾。

即学即练23-4-1

建筑高度超过（　　）m，且标准层建筑面积大于2000m²的旅馆、办公楼、综合楼等公共建筑的屋顶宜设直升机停机坪或供直升机救助的设施。

A. 100　　　　B. 150　　　　C. 200　　　　D. 250

【实践实训】

【实训目的】通过本次实训，掌握直升机停机坪的检查方法。

【实训题目】某超高层建筑，高度320m，每层建筑面积2400m²，大楼按要求设置了直升机救援停机坪，消防救援机构某次对该大楼进行消防检查并对直升机停机坪进行了专项检查，请问：直升机停机坪的专项检查主要检查哪些内容？

【模块检测】

一、单项选择题

1. 消防电梯从首层至顶层的运行时间不宜大于（　　）s。

A. 30　　　　B. 45　　　　C. 60　　　　D. 90

2. 消防车道的净宽度和净空高度均不应小于（　　）m。

A. 2.5　　　　B. 3.0　　　　C. 3.5　　　　D. 4.0

3. 消防车道的坡度不宜大于（　　）%。

A. 3　　　　B. 5　　　　C. 8　　　　D. 9

4. 消防车道靠建筑外墙一侧的边缘距离建筑外墙不宜小于（　　）m。

A. 3　　　　B. 4　　　　C. 5　　　　D. 6

二、多项选择题

5. 消防车道可分为（　　）等。

A. 枝状消防车道　　　　B. 环形消防车道

C. 穿过建筑的消防车道　　　　D. 尽头式消防车道

E. 消防水源地消防车道

6. 消防救援场地和入口主要是指（　　）。

    A．消防车道
    B．消防车登高操作场地
    C．消防登高面
    D．灭火救援窗
    E．排烟口

【数字资源】

资源名称	8.1.1消防车道（上）	8.1.2消防车道（下）	8.2.1登高面、消防救援场地和灭火救援窗（上）
资源类型	视频	视频	视频
资源二维码			
资源名称	8.2.2登高面、消防救援场地和灭火救援窗（下）	8.3.1消防电梯（上）	8.3.2消防电梯（下）
资源类型	视频	视频	视频
资源二维码			

模块 9

灭火器

灭火器，又称灭火筒，是一种轻便的灭火工具，由筒体、操作机构、喷嘴等部件组成，内藏化学物品，用以救灭火灾。它是常见的防火设施之一，存放在公共场所或可能发生火灾的地方。灭火器按充装的灭火剂可分为水基型、干粉型、二氧化碳和洁净气体等，为不同的火灾而设。在火灾发生时，正确使用灭火器至关重要，需根据火源性质选择合适的灭火器类型，以避免使用不当导致火势扩大。

本模块主要介绍各种灭火器安装配置、检查及维修内容和方法。使学生掌握各种灭火器安装配置、检查与维修的相关技术，辨识和分析灭火器安装配置、检查与维修过程中常见的问题以及具备解决相关技术问题的能力。

项目 24
灭火器的认知与灭火器配置场所的危险等级

【学习目标】

知识目标	能力目标	素质目标
掌握灭火器的分类及适用火灾类型以及组件构成，理解其灭火性能、原理。熟悉工业建筑、民用建筑的危险等级，掌握几种特殊情况下的建筑危险等级	能够准确识别并分类不同灭火器，为正确选择和使用灭火器打下基础；能对建筑的危险等级进行划分，正确配置灭火器	通过灭火器分类与构造的学习，强化学生安全意识与责任感，培养应对火灾的应急能力，为构建和谐社会贡献力量

【思维导图】

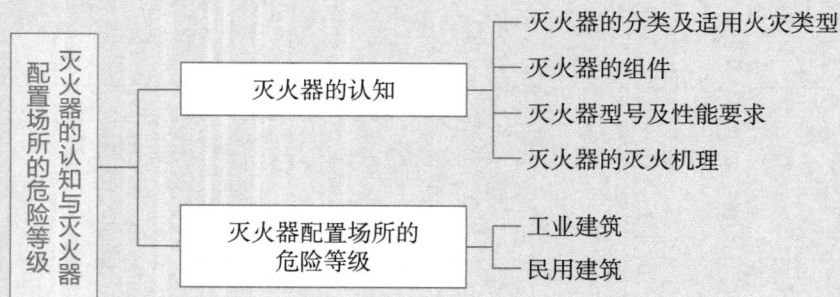

任务24.1　灭火器的认知

【岗位情景模拟】某大学进行灭火器的配置，共配置了干粉灭火器、气体灭火器、水基型灭火器、推车式干粉灭火器若干。

【讨论】请思考灭火器应该如何分类。

灭火器是一种轻便的灭火工具，它借助驱动压力可将所充装的灭火剂喷出，达到灭火目的。灭火器结构简单、操作方便、使用广泛，是扑救各类初起火灾的主要消防器材。

一、灭火器的分类及适用火灾类型

1. 灭火器的分类见表24-1-1。

灭火器的分类　　　　　　　　　　表24-1-1

按操作使用方式	手提式灭火器、推车式灭火器
按驱动灭火器的压力形式	贮气瓶式灭火器、贮压式灭火器
按充装的灭火剂	水基型灭火器、干粉灭火器、CO_2 灭火器、洁净气体灭火器

2. 灭火器适用火灾类型见表24-1-2。

灭火器适用火灾类型　　　　　　　表24-1-2

灭火器的类型		适用火灾类型
水基型灭火器	清水灭火器（6L/9L）	A
	水基型泡沫灭火器	A、B、F
	水基型水雾灭火器	A、B、F
干粉灭火器		BC类：B、C、E（可灭F类）；ABC类：A、B、C、E（对F类不建议用）
CO_2 灭火器		B、C、E、F（容易复燃）
清净气体灭火器（卤代烷）		A、B、C、E

二、灭火器的组件

灭火器主要由筒体、铭牌、压力指示器、保险销、阀门、器头阀体、灭火剂、虹吸管、喷管喷头等构成。注意：二氧化碳手提式灭火器由于压力大，取消了压力表，增加了安全阀。灭火器的主要组件如图24-1-1所示。

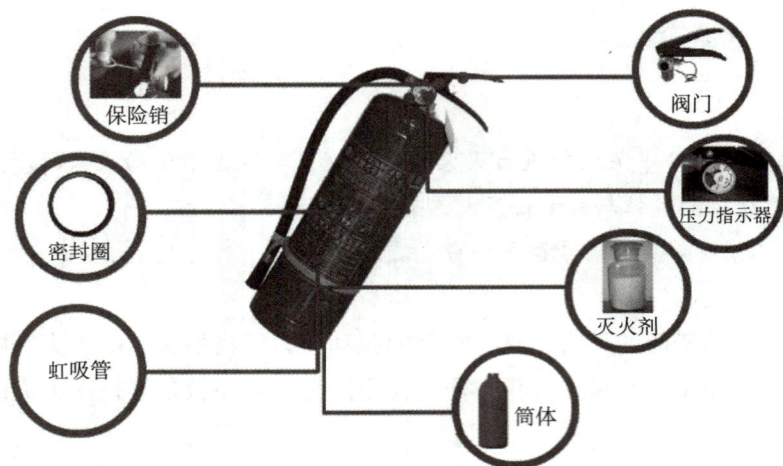

图24-1-1 灭火器的主要组件

即学即练24-1-1

在灭火器的组成中，不包括下列哪个组件？（　　　）

A. 筒体、阀门　　　　　　　　　　B. 压力表、保险销

C. 虹吸管、密封圈　　　　　　　　D. 压力开关

三、灭火器型号及性能要求

（一）灭火器的主要性能要求见表24-1-3。

灭火器的性能要求　　　　　　　　　　　　表24-1-3

产品名称	标准	主要性能要求
手提式灭火器	《手提式灭火器》GB 4351—2023	质量、最小有效喷射时间、最小喷射距离、使用温度范围、干粉灭火器振撞后的喷射性能、灭火性能、密封性能、机械强度、抗腐蚀性能、结构要求、塑料件要求、其他要求、灭火器压力指示器要求、灭火剂和驱动气体
推车式灭火器	《推车式灭火器》GB 8109—2023	使用温度范围、有效喷射时间和喷射距离、使用温度范围内的喷射性能、间歇喷射性能、密封性能、车架和行驶性能、抗腐蚀性能、喷射的电绝缘性能、灭火性能、结构要求（低压的推车式灭火器用筒体、高压的推车式灭火器用瓶体、器头、阀门和瓶口、超压保护装置、虹吸管、过滤器和防过充装置、喷射软管和喷射控制阀、操作机构、保险装置、压力指示器）以及塑料件的要求
灭火器箱	《灭火器箱》XF 139—2009	材料、外形尺寸和极限偏差、外观质量、箱门（箱盖）性能、箱体结构刚度性能、承重性能

注：灭火器性能的具体要求请查阅对应的标准进行学习。

（二）灭火器铭牌

灭火器的基本参数主要反映在灭火器的铭牌上。灭火器的铭牌应包含以下内容：

1. 灭火器的名称、型号和灭火剂类型。

2. 灭火器的灭火级别和灭火种类。

3. 灭火器的使用温度范围。

4. 灭火器驱动气体的名称和数量或压力。

5. 灭火器水压试验压力（应永久性标注在灭火器上）。

6. 灭火器生产许可证编号或认证标记。

7. 灭火器生产连续序号（应用钢印等永久性方法标注在灭火器不受内压的底圈上）。

8. 灭火器生产年份。

9. 灭火器制造厂名称或代号。

10. 灭火器的使用方法，包括一个或多个图形说明，该说明应在铭牌的明显位置，在筒体上不应超过120%弧度。

11. 再充装说明和日常维护说明。

其中，灭火器的灭火级别表示灭火器能够扑灭不同种类火灾的效能，由表示灭火效能的数字和灭火种类的字母组成。对于建设工程中配置的灭火器，灭火类别和灭火级别是主要参数。

（三）灭火器编码要求

1. 手提式灭火器型号编码要求如图24-1-2所示。

2. 推车式灭火器型号编码要求如图24-1-3所示。

示例：

MF/ABCE2C表示适用于A类、B类、C类、E类火灾，充装量为2kg的适合车用的手提式贮压式干粉灭火器。

MS/EF6PG表示适用于E类、F类火灾，充装量为6L，配有固定架的手提式贮气瓶式水基型灭火器。

MT/BE2表示适用于3类、E类火灾，充装量为2kg的手提式二氧化碳灭火器。

MSTW/ABE45表示适用于A类、B类、E类火灾，充装量为45L的推车式贮压式水基型灭火器。

MFT/ABCE30P表示适用于A类、B类、C类、E类火灾，充装量为30kg的推车式贮气瓶式干粉灭火器。

3. A类火灾场所，二氧化碳灭火器基本无效。

4. D类火灾场所，可用干砂、土或者铁屑粉末进行灭火。

5. E类火灾场所，应选择ABC类干粉灭火器、BC类干粉灭火器或CO_2灭火器。

注意：不选用带金属喇叭筒的CO_2灭火器。

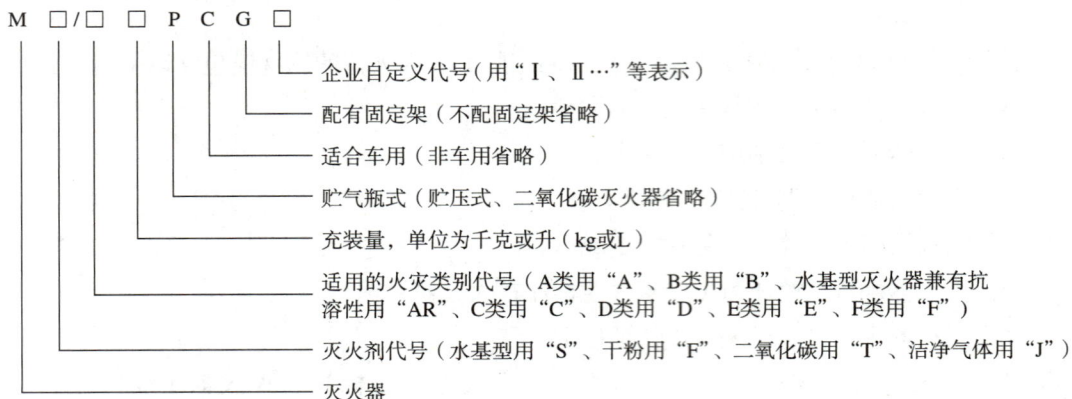

图24-1-2   手提式灭火器型号编码要求

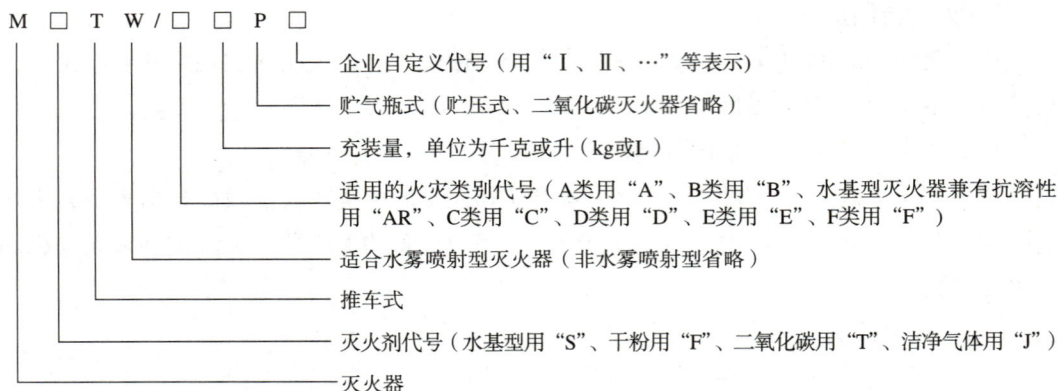

图24-1-3   推车式灭火器型号编码要求

6. 灭火器的配置类型应与配置场所的火灾种类和危险等级相适应，并应符合下列规定：

（1）A类火灾场所应选择同时适用于A类、E类火灾的灭火器。

（2）B类火灾场所应选择适用于B类火灾的灭火器。B类火灾场所存在水溶性可燃液体（极性溶剂）且选择水基型灭火器时，应选用抗溶性的灭火器。

（3）C类火灾场所应选择适用于C类火灾的灭火器。

（4）D类火灾场所应根据金属的种类、物态及其特性选择适用于特定金属的专用灭火器。

（5）E类火灾场所应选择适用于E类火灾的灭火器。带电设备电压超过1kV且灭火时不能断电的场所不应使用灭火器带电扑救。

（6）F类火灾场所应选择适用于E类、F类火灾的灭火器。

（7）当配置场所存在多种火灾时，应选用能同时适用扑救该场所所有种类火灾的灭火器。

📋 **即学即练24-1-2**

下列灭火器的配置中，不正确的是（　　）。

A. 服装店配置ABC类干粉灭火器　　　　B. 锂电池车间配置水基型灭火器

C. 食用油库房配置泡沫灭火器　　　　　D. 煤气罐间配置干粉灭火器

四、灭火器的灭火机理

灭火器的灭火机理见表24-1-4。

灭火器的灭火机理　　　　　　　　表24-1-4

灭火器	灭火机理
干粉灭火器	化学抑制、隔离、窒息、冷却
CO_2 灭火器	冷却、窒息

任务24.2　灭火器配置场所的危险等级

【岗位情景模拟】某CBD小区设置有以下几类建筑：一栋100张床位的老年人照料设施；一栋有150张床位的寄宿制学校；一栋建筑高度21m，7层的社区医院；三栋建筑高度超过50m的写字楼；5栋建设高度为35m的公寓。

【讨论】如果要对上述建筑配置灭火器，请你列出上述建筑的危险等级？

一、工业建筑

（一）普通工业建筑灭火器配置的危险等级

工业建筑灭火器配置场所的危险等级，根据其生产、使用和储存物品的火灾危险性、可燃物数量、火灾蔓延速度、扑救难易程度等因素进行划分，灭火器配置场所与危险等级的对应关系见表24-2-1。

灭火器配置场所与危险等级的对应关系　　　　　表24-2-1

配置场所	危险等级		
	严重危险级	中危险级	轻危险级
厂房	甲、乙类物品生产场所	丙类物品生产场所	丁、戊类物品生产场所
仓库	甲、乙类物品储存场所	丙类物品储存场所	乙、戊类物品储存场所

（二）特殊场所灭火器配置的危险等级

特殊场所的危险等级举例见表24-2-2。

特殊场所的危险等级举例　　　　　　表24-2-2

危险等级	举例	
	厂房和露天、半露天生产装置区	库房和露天、半露天堆场
严重危险级	各工厂总控室、分控室	酒精度为60度以上白酒库房
	国家和省级重点工程的施工现场	稻草、芦苇、麦秸堆场
	发电厂（站）和电网经营企业控制室、设备间	棉花库房及散装堆场
中危险级	油淬火处理车间	汽车、大型拖拉机停车库
	工业用燃油、燃气锅炉房	酒精度小于60度的白酒库房
轻危险级	—	原木库房、堆场

即学即练24-2-1

下列配置灭火器的场所中，危险等级属于严重危险等级的是（　　）。

A．酒精度为42度的白酒库房　　　　B．计算机房

C．某工厂的总控制室　　　　　　　D．堆放原木的仓库

二、民用建筑

民用建筑灭火器配置场所的危险等级，根据其使用性质、人员密集程度、用电用火情况、可燃物数量、火灾蔓延速度、扑救难易程度等因素进行划分，民用建筑灭火器配置危险等级举例见表24-2-3。

民用建筑灭火器配置危险等级举例　　　　　　表24-2-3

危险等级	举例
严重危险级	1．县级及以上的文物保护单位、档案馆、博物馆的库房、展览室、阅览室
	2．设备贵重或可燃物多的实验室
	3．广播电台、电视台的演播室、道具间和发射塔楼
	4．专用电子计算机房及数据库
	5．城镇及以上的邮政信函和包裹分拣房、邮袋库、通信枢纽及其电信机房
	6．客房数在50间以上的旅馆、饭店的公共活动用房、多功能厅、厨房
	7．体育场（馆）、电影院、剧院、会堂、礼堂的舞台及后台部位

续表

危险等级	举例
严重危险级	8.　住院床位在50张及以上的医院的手术室、理疗室、透视室、心电图室、药房、住院部、门诊部、病历室
	9.　建筑面积在2000m^{2}及以上的图书馆、展览馆的珍藏室、阅览室、书车、展览厅
	10.　民用机场的候机厅、安检厅及空管中心、雷达机房
	11.　超高层建筑和一类高层建筑的写字楼、公寓楼
	12.　电影、电视摄影棚
	13.　建筑面积在1000m^{2}及以上的经营易燃易爆化学物品的商场、商店的库房及铺面
	14.　建筑面积在200m^{2}及以上的公共娱乐场所
	15.　老人住宿床位在50张及以上的养老院
	16.　幼儿住宿床位在50张及以上的托儿所、幼儿园
	17.　学生住宿床位在100张及以上的学校集体宿舍
	18.　县级及以上的党政机关办公大楼的会议室
	19.　建筑面积在500m^{2}及以上的车站和码头的候车（船）室、行李房
	20.　城市地下铁道、地下观光隧道
	21.　汽车加油站、加气站
	22.　机动车交易市场
	23.　民用液化气、天然气灌装站、换瓶站、调压站
中危险级	1.　县级及以下的文物保护单位、档案馆、博物馆的库房、展览室阅览室
	2.　一般的实验室
	3.　广播电台、电视台的会议室、资料室
	4.　设有集中空调、电子计算机、复印机等设备的办公室
	5.　城镇及以下的邮政信函和包裹分拣房、邮袋库、通信枢纽及其电信机房
	6.　客房数在50间以下的旅馆、饭店的公共活动用房、多功能厅、厨房
	7.　体育场（馆）、电影院、剧院、会堂、礼堂的观众厅
	8.　住院床位在50张以下的医院的手术室、理疗室、透视室、心电图室、药房、住院部、门诊部、病历室
	9.　建筑面积在2000m^{2}以下的图书馆、展览馆的珍藏室、阅览室、书库、展览厅
	10.　民用机场检票厅、行李厅
	11.　二类高层建筑的写字楼、公寓楼
	12.　高级住宅、别墅
	13.　建筑面积在1000m^{2}以下的经营易燃易爆化学物品的商场、商店的库房及铺面
	14.　建筑面积在200m^{2}以下的公共娱乐场所
	15.　老人住宿床位在50张以下的养老院

续表

危险等级	举例
中危险级	16. 幼儿住宿床位在50张以下的托儿所、幼儿园
	17. 学生住宿床位在100张以下的学校集体宿舍
	18. 县级以下的党政机关办公大楼的会议室
	19. 学校教室、教研室
	20. 建筑面积在500m²以下的车站和码头的候车（船）室、行李房
	21. 百货楼、超市、综合商场的库房、铺面
	22. 民用燃油、燃气锅炉房
	23. 民用的油浸变压器室和高低压配电室
轻危险等级	1. 日常用品小卖部及经营难燃烧或非燃烧的建筑装饰材料商店
	2. 未设集中空调、电子计算机、复印机等设备的办公室
	3. 旅馆、饭店的客房
	4. 普通住宅
	5. 各类建筑物中以难燃烧或非燃烧的建筑构件分隔的并主要存贮难燃烧或非燃烧的辅助房间

📋 即学即练24-2-2

下列建筑或场所中，均应按严重危险级配置灭火器的是（   ）。

A. 工厂的总控制室、沥青加工厂房、植物油的浸出车间

B. 专用的电子计算机房、电视台的摄影棚、面积300m²的KTV

C. 卷烟厂的包装车间、25m高的某写字楼、某大学教室

D. 堆放原木的仓库、制氧车间、谷物加工厂

✖ 项目 25
灭火器配置与检查

【学习目标】

知识目标	能力目标	素质目标
掌握灭火器配置与检查的标准流程与方法	能够准确识别灭火器配置中的安全隐患，并具备及时整改的能力，确保灭火器在紧急情况下能够正常使用，保障人员生命及财产安全	通过灭火器配置检查的学习与实践，强化学生安全责任意识和团队协作精神，培养严谨细致的工作态度，确保灭火器在关键时刻能够发挥应有作用，为构建安全、和谐的社会环境贡献力量。

【思维导图】

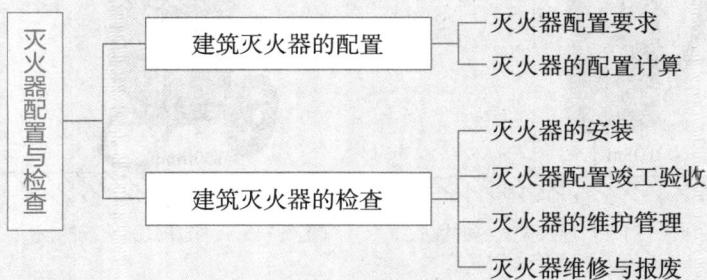

任务25.1　建筑灭火器的配置

一、灭火器配置要求

（一）灭火器配置的基本原则

1. 灭火器应设置在位置明显和便于取用的地点，且不得影响安全疏散。

2. 对有视线障碍的灭火器设置点，应设置指示其位置的发光标志。

3. 灭火器的摆放应稳固，其铭牌应朝外，手提式灭火器宜设置在灭火器箱内或挂钩、托架上，其顶部离地面高度不应大于1.5m；底部离地面高度不宜小于0.08m，如图25-1-1所示。灭火器箱不得上锁。推车式灭火器整体最低位置（轮子除外）与地面之间的间距不应小于100mm，如图25-1-2所示。

| 图25-1-1　手提式灭火器的摆放 | 图25-1-2　推车式灭火器的摆放 |

4. 灭火器不宜设置在潮湿或强腐蚀的地点。必须设置时，应有相应的保护措施；灭火器设置在室外时，应有相应的保护措施。

5. 灭火器不得设置在超出其使用温度范围的地点。

6. 在同一配置场所，当选用两种或两种以上类型灭火器时，应采用灭火剂相容的灭火器。

表25-1-1中列举了不相容灭火剂，配置时需要格外注意。

不相容灭火剂举例　　　　　　　　　　　　表25-1-1

灭火剂类型	不相容的灭火剂	
干粉与干粉	磷酸铵盐（ABC干粉）	碳酸氢钠、碳酸氢钾（BC干粉）
干粉与泡沫	碳酸氢钠、碳酸氢钾（BC干粉）	蛋白泡沫
泡沫与泡沫	蛋白泡沫、氟蛋白泡沫	水成膜泡沫

（二）影响灭火器配置的主要因素

1. 灭火器配置场所的火灾种类。

2. 灭火器配置场所的危险等级。

3. 灭火器的灭火效能和通用性。

4. 灭火剂对保护物品的污损程度。

5. 灭火器设置点的环境温度。

6. 使用灭火器人员的体能。

（三）灭火器类型选择

灭火器类型选择见表25-1-2。

灭火器类型选择   表25-1-2

火灾类型	水基型灭火器				干粉灭火器		二氧化碳灭火器	洁净气体灭火器
	水型		泡沫		ABC类干粉	BC类干粉		
	清水	含灭B类火灾的添加剂	机械泡沫	抗溶泡沫				
A类	适用		适用		适用	不适用	不适用	适用
B类	不适用	适用	部分适用		适用		适用	适用
C类	不适用		不适用		适用		适用	适用
D类	可用7150灭火剂，也可用干砂、土或铸铁粉末代替进行灭火							
E类	不适用		不适用		适用		适用（不得选用装有金属喇叭筒的 CO_2 灭火器）	适用
F类	不适用	适用	适用		效果不佳	适用	暂时扑灭，易复燃	不适用

二、灭火器的配置计算

1. 确定各灭火器配置场所的火灾种类和危险等级。

2. 划分计算单元，计算各单元的保护面积。

（1）计算单元划分：

1）灭火器配置场所的危险等级和火灾种类均相同的相邻场所，可将一个楼层或一个防火分区作为一个计算单元。

2）灭火器配置场所的危险等级或火灾种类不相同的场所，应分别作为一个计算单元。

3）同一计算单元不得跨越防火分区和楼层。

（2）计算各单元的保护面积：

对灭火器配置场所（单元）的灭火器保护面积进行计算，规定如下：

1）建筑物应按其建筑面积进行计算。

2）可燃物露天堆场，甲、乙、丙类液体储罐区，可燃气体储罐区按堆垛和储罐的占地面积进行计算。

3．按下式计算各单元的最小需配灭火级别：

$$Q = K \frac{S}{U}$$

式中　Q —— 计算单位的最小需配灭火级别；

　　　S —— 计算单元的保护面积（m²）；

　　　U —— A类或B、C类火灾场所灭火级别最大保护面积（m²/A或m²/B）；U值的确定见表25-1-3和表25-1-4；

　　　K —— 修正系数，K值的确定见表25-1-5。

A类火灾场所灭火器的最低配置基准　　　　　　　　表25-1-3

危险等级	严重危险级	中危险级	轻危险级
单具灭火器最小配置灭火级别	3A	2A	1A
单位灭火级别最大保护面积 U（m²/A）	50	75	100

B、C类火灾场所灭火器的最低配置基准　　　　　　表25-1-4

危险等级	严重危险级	中危险级	轻危险级
单具灭火器最小配置灭火级别	89B	55B	21B
单位灭火级别最大保护面积 U（m²/B）	0.5	1.0	1.5

修正系数K　　　　　　　　表25-1-5

K	计算单元
1.0	未设室内消火栓系统和灭火系统
0.9	设有室内消火栓系统
0.7	设有灭火系统
0.5	设有室内消火栓系统和灭火系统
0.3	可燃物露天堆场、甲、乙、丙类液体储罐区、可燃气体储罐区

注：1. 灭火系统包括自动喷水灭火系统、水喷雾灭火系统、气体灭火系统等，但不包括水幕系统，仅设有室外消火栓而未设室内消防设施的计算单元的修正系数K定为1.0。

2. 歌舞娱乐放映游艺场所、网吧、商场、寺庙以及地下场所等计算单元的最小需配灭火级别应在计算基础上增加30%。

4. 确定各单元内的灭火器最大保护距离见表25-1-6。

各单元内的灭火器最大保护距离　　　　　　　表25-1-6

灭火器类型 危险等级	A类火灾场所的灭火器 最大保护距离（m）		B、C类火灾场所的灭火器 最大保护距离（m）	
	手提式灭火器	推车式灭火器	手提式灭火器	推车式灭火器
严重危险级	15	30	9	18
中危险级	20	40	12	24
轻危险级	25	50	15	30

注：1. D类火灾场所的灭火器，其最大保护距离应根据具体情况研究确定。
　　2. E类火灾场所的灭火器，其最大保护距离不应低于该场所A类或B类火灾的规定。

5. 按下式计算每个灭火器设置点的最小需配灭火级别：

$$Q_e = \frac{Q}{N}$$

式中　Q_e——计算单元每个灭火器设置点的最小需配灭火级别；

　　　N——计算单元中的灭火器设置点数。

6. 确定各单元和每个设置点的灭火器的类型、规格与数量。

7. 确定每具灭火器的设置方式和要求。

8. 一个计算单元内配置的灭火器数量不得少于2具，每个设置点的灭火器数量不宜多于5具。

📋 即学即练25-1-1

　　某高层民用建筑，二层歌舞厅建筑面积为1500m²。该场所设有室内消火栓系统、自动喷水灭火系统、火灾自动报警系统及其他应该配置的消防设施。若在该层配备干粉灭火器，设置4个灭火器设置点，则每个设置点需要配置几具符合规定的灭火器？

任务25.2　建筑灭火器的检查

　　【岗位情景模拟】某锂电池的生产车间在进行正常灭火器配置过程中，拟对下列场所进行灭火器配置：

1. 计算机房。
2. 超过100人的生产车间。
3. 配电房。

【讨论】请问你需要在市场上购买哪几种灭火器来进行配置，才能合格。

一、灭火器的安装

灭火器的安装见表25-2-1。

灭火器的安装   表25-2-1

灭火器安装形式	设置要求	其他要求
直接设置在地上	环境干燥、洁净的场所	—
设置在灭火器箱内	开门型：≥175°； 翻盖型：≥100°	—
设置在挂钩托架上	嵌墙型：灭火器顶部距地面≤1.5m，底部距地面≥0.08m	承受5倍的手提式灭火器（当5倍的手提式灭火器质量小于45kg时，按45kg计）的静载荷，承载5min后，不出现松动、脱落、断裂和明显变形

二、灭火器配置竣工验收

（一）建筑灭火器配置验收判定标准

建筑灭火器配置验收按照单栋建筑独立验收，局部验收按照规定要求申报。下文规定的验收子项，其项目缺陷划分为严重缺陷项（A）、重缺陷项（B）和轻缺陷项（C），灭火器配置验收的合格判定条件为：

A=0，且B≤1，且B+C≤4。

否则，验收评定为不合格。

（二）验收项目缺陷级别和验收检查项目及要求

1. 灭火器验收严重缺陷级别和验收检查项目及要求见表25-2-2。

灭火器验收严重缺陷级别和验收检查项目及要求   表25-2-2

缺陷项级别	验收检查项目及要求
严重（A）	灭火器的类型、规格、灭火级别和配置数量符合建筑灭火器的配置要求
严重（A）	灭火器的产品质量符合国家有关产品标准的要求
严重（A）	同一灭火器配置单元内的不同类型灭火器，其灭火剂能相容
严重（A）	灭火器的保护距离符合规定，保证配置场所的任一点都在灭火器设置点的保护范围内

2. 灭火器验收重缺陷级别和验收检查项目及要求见表25-2-3。

灭火器验收重缺陷级别和验收检查项目及要求　　　　　表25-2-3

缺陷项级别	验收检查项目及要求
重（B）	挂钩、托架安装，保证可用徒手方式便捷地取用手提式灭火器。2具及2具以上的手提式灭火器相邻设置在挂钩、托架上时，保证可任意地取用其中1具
重（B）	灭火器摆放稳固。灭火器的铭牌朝外、灭火器的器头向上
重（B）	手提式灭火器设置在灭火器箱内或者挂钩、托架上以及直接摆放在干燥、洁净的地面上
重（B）	灭火器设置点附近无障碍物，取用灭火器方便，且不影响人员安全疏散
重（B）	灭火器（箱）不得被遮挡、拴系或者上锁
重（B）	有视线障碍的灭火器配置点，在其醒目部位设置指示灭火器位置的发光标志
重（B）	灭火器配置点设置在通风、干燥、洁净的地方，环境温度不得超出灭火器使用温度范围。设置在室外和特殊场所的灭火器采取相应的保护措施
重（B）	挂钩、托架安装后能承受一定的静载荷，无松动、脱落、断裂和明显变形。以5倍的手提式灭火器的载荷（≥45kg）悬挂于挂钩、托架上，能作用5min

3. 灭火器验收轻缺陷级别和验收检查项目及要求见表25-2-4。

灭火器验收轻缺陷级别和验收检查项目及要求　　　　　表25-2-4

缺陷项级别	验收检查项目及要求
轻（C）	灭火器箱箱门开启方便灵活，开启后不阻挡人员安全疏散，开门型灭火器箱箱门开启角度不小于175°，翻盖型灭火器箱的翻盖开启角度不小于100°（不影响取用和疏散的场所除外）
轻（C）	设有支持带的挂钩、托架，支持带的开启方式从正面可以看到。支持带打开时，手提式灭火器不掉落
轻（C）	嵌墙式灭火器箱及灭火器挂钩、托架安装高度，满足手提式灭火器顶部距离地面不大于1.5m，底部距离地面不小于0.08m，其设置点与设计点的垂直偏差不大于0.01m
轻（C）	推车式灭火器设置在平坦场地，不得设置在台阶上，在没有外力作用下，推车式灭火器不得自行滑动
轻（C）	推车式灭火器的设置和防止自行滑动的固定措施等不得影响其操作使用和正常行驶移动
轻（C）	在灭火器的筒体正面和灭火器设置点附近的墙面上，应设置指示灭火器位置的标志，这些标志宜选用发光标志

每个配置单元内灭火器数量不少于2具，每个设置点灭火器不多于5具；住宅楼每层公共部位面积超过$100m^2$的，配置1具1A的手提式灭火器，每增加$100m^2$，增配1具1A的手提式灭火器（注意：公共部位面积达到$100m^2$才增加1具灭火器，不足$100m^2$部分不增加）。

三、灭火器的维护管理

灭火器的管理周期及管理内容见表25-2-5。

灭火器的管理周期及管理内容　　　　　　　　表25-2-5

管理类型	管理周期	管理内容
巡查	重点单位每天至少一次	配置点、发光标志、压力指示器指针、外观、维修标识
	其他单位每周至少一次	
检查	配置、外观等全面检查每月一次	位置、附件性能、配置要求、配置场所、环境要求、维修与报废情况
	候车（机、船）室、歌舞娱乐放映游艺等人员密集的公共场所以及堆场、罐区、石油化工装置区、加油站、锅炉房、地下室等配置场所，每半月一次	

四、灭火器维修与报废

（一）灭火器的维修年限

使用达到表25-2-6所列规定的年限，建筑使用管理单位需要分批次（每批次不超计算单元总数量的1/4）向灭火器生产企业或专业维修企业送修。

灭火器维修年限　　　　　　　　表25-2-6

手提式、推车式水基型灭火器	出厂期满3年，首次维修以后每满1年
手提式、推车式干粉灭火器，洁净气体灭火器，CO_2灭火器	出厂期满5年，首次维修以后每满2年

（二）灭火器维修步骤及技术要求

灭火器维修由具有灭火器维修能力（从业资质）的企业，按照各类灭火器产品生产技术标准进行维修，首先进行灭火器外观检查，再按照拆卸、报废处理、水压试验、清洗干燥、更换零部件、再充装及气密性试验、维修出厂检验、建立维修档案等程序逐次实施维修。

1. 拆卸

灭火器拆卸过程中，维修人员要严格按照操作规程，采用安全的拆卸方法，采取必要的安全防护措施拆卸灭火器，在确认灭火器内部无压力时，拆卸器头或者阀门。灭火剂分别倒入相应的废品贮罐内另行处理；清理灭火器内残余灭火剂时，要防止不同灭火剂混杂污染。

2. 水压试验

对确认不属于报废范围的灭火器气瓶（筒体）、贮气瓶或可不更换的器头（阀门），装有可间歇喷射装置的喷射软管组件以及气瓶（筒体）与器头（阀门）的连接件等应逐个进行水压试验。对CO_2灭火器的气瓶应逐个进行残余变形率的测定。

水压试验应按灭火器铭牌标志上规定的水压试验压力进行，水压试验时不应有泄漏、部件脱落、破裂和可见的宏观变形。二氧化碳灭火器钢瓶的残余变形率不应大于 3%。经水压试验合格的零部件应清洗干净。清洗不应使用有机溶剂。

3．零部件更换

对灭火器零部件进行检查，更换密封件和损坏的零部件，但不得更换灭火器筒体。所有需要更换的零部件采用原生产企业提供、推荐的相同型号规格的产品。

每次维修时，下列零部件应作更换：

（1）密封片、圈、垫等密封零件。

（2）水基型灭火剂。

（3）CO_2灭火器的超压安全膜片。

4．再充装

根据灭火器产品生产技术标准和铭牌信息，按照生产企业规定的操作要求，实施灭火剂、驱动气体再充装。

（1）再充装所使用的灭火剂采用原生产企业提供、推荐的相同型号规格的灭火剂产品。

（2）任何一种灭火器均不应变更充装其他类型的灭火剂。

（3）ABC和BC干粉灭火剂灌装设备应单独使用，充装场地应独立分隔，确保不同种类的干粉灭火剂不相互混合和交叉污染。

（4）再充装后，逐具进行气密性试验。

（三）灭火器的报废

1．列入国家淘汰目录的灭火器：

（1）酸碱型灭火器。

（2）化学泡沫型灭火器。

（3）倒置使用型灭火器。

（4）氯溴甲烷、四氯化碳灭火器。

（5）1211、1301灭火器。

（6）国家明令淘汰的其他类型灭火器。

2．有下列情况之一的灭火器应报废：

（1）筒体锈蚀面积大于或等于筒体总面积的1/3，表面有凹坑。

（2）筒体明显变形，机械损伤严重。

（3）器头存在裂纹，无泄压机构。

（4）筒体为平底等结构不合理。

（5）没有间歇喷射机构的手提式。

（6）不能确认生产单位名称和出厂时间、铭牌模糊、不能分辨生产单位名称，出厂时间钢印无法识别等。

（7）筒体有锡焊、铜焊或补缀等修补痕迹。

（8）被火烧过。

（9）出厂时间达到或超过表25-2-7规定的最大报废期限。

（四）灭火器的报废年限

灭火器使用达到一定的年限，需要强制报废，见表25-2-7。

灭火器报废年限 表25-2-7

灭火器类型	报废年限
水基型灭火器	出厂期满 6 年
干粉灭火器、洁净气体灭火器	出厂期满 10 年
CO_2 灭火器	出厂期满 12 年

1. 灭火器更换

灭火器报废后，建筑使用管理单位按照等效替代的原则对灭火器进行更换。

2. 回收处置

在确认报废的灭火器筒体或者气瓶、储气瓶内部无压力的情况下，采用压扁或者解体等不可修复的方式消除其使用功能，不得采用钻孔或者破坏瓶口螺纹的方式进行报废处置。

3. 报废记录

灭火器报废处置后，维修机构要将报废处置过程及其相关信息进行记录。报废记录主要包括灭火器维修编号，型号、规格，报废理由，用户确认报废的记录以及维修人员、检验人员和项目负责人的签字和维修日期报废处置日期等内容。报废记录整理后与维修记录一并归档。

📑即学即练25-2-1

对某单位使用的灭火器进行检查，下列对灭火器的处置做法，正确的是（　　）。

A. 对出厂时间超过12年的CO_2灭火器做报废处理

B. 对出厂时间超过6年的水基型灭火器做送修处理

C. 对出厂时间超过10年的干粉灭火器做送修处理

D. 对出厂时间超过10年的洁净气体灭火器做送修处理

【实践实训】

　　【实训目的】通过本次实训，掌握灭火器的配置方法。

　　【实训题目】某建筑高度25m医院住院部，层数为8层，长边为45m，短边为22m，在每层中间部位沿长边布置一条一字形内走道，走道宽2m。该建筑按照国家标准配置相应消防设施，该建筑至少需设置MF/ABC5灭火器多少具？

【模块检测】

一、单选题

1．下列配置灭火器的场所中，危险等级属于轻危险级的是（　　）。

　　A．地下停车场　　　　　　　　　　B．原木仓库

　　C．县邮政局邮储仓库　　　　　　　D．低温冷库

2．下列建筑或场所中，均应按严重危险等级配置灭火器的是（　　）。

　　A．专用电子计算机房、剧院观众厅、面积150m^{2}的小型KTV

　　B．电影摄影棚、120m高的写字楼、30张床的幼儿园

　　C．省级邮政大楼、某城市地铁、120张床的寄宿学校

　　D．设有集中空调的办公室、民用机场候机厅、30m高的公寓楼

3．下列建筑或场所中，均应按严重危险等级配置灭火器的是（　　）。

　　A．专用电子计算机房、县级文物保护单位、剧院观众厅

　　B．电视摄影棚、超高层建筑、民用燃气锅炉房

　　C．50张床位的养老院、电影院后台、城镇邮袋库

　　D．80张床位的学校集体宿舍、汽车加油站、民用机场检票厅

4．某建筑的变配电室拟配置两种灭火器，现已选用碳酸氢钠干粉灭火器，则还可配置（　　）。

　　A．蛋白泡沫灭火　　　　　　　　　B．卤代烷灭火器

　　C．带金属喇叭筒的CO_2灭火器　　D．磷酸铵盐干粉灭火器

二、多选题

1．某建筑高度80m的酒店，一～四层为厨房、餐厅和多功能厅。五～二十五层为客房。下列关于该旅馆配置手提式灭火器的说法，正确的是（　　）。

　　A．酒店内各场所配置的最大保护距离应为15m

　　B．酒店内各计算单元的修正系数取0.5

　　C．酒店内各场所单具灭火器最小配置灭火级别为3A

　　D．酒店内各场所单位灭火级别的最大保护面积为50m^2

　　E．放置在托架上的灭火器底部距离地面不应小于0.08m

2．某商场380V配电室内部设置了一定数量的MT7灭火器，下列有关该灭火器的说法正确的有（　　）。

  A．扑救配电室内火灾时，可无须先断电再灭火

  B．该灭火器的压力表指针在红色区域时表明该灭火器内部压力小

  C．该灭火器可采用称重法判断是否失效

  D．该灭火器低于额定充装量的95%应检修

  E．该灭火器使用时应距燃烧物10m左右

3．下列灭火器中应报废的有（　　）。

  A．筒体有锡焊修补痕迹

  B．被火烧过的灭火器

  C．铭牌模糊不清的灭火器

  D．灭火剂喷放完毕的灭火器

  E．筒体锈蚀超过1/3的灭火器

4．灭火器维修机构应按原灭火器生产企业的灭火器装配图样和可更换零部件明细表进行部件更换。下列组件中，每次维修时，应作更换的有（　　）。

  A．筒体

  B．密封片、圈、垫等密封零件

  C．干粉灭火剂

  D．二氧化碳灭火器的超压安全膜片

  E．水基型灭火器的滤网

【数字资源】

资源名称	9.1灭火器的分类与构成	9.2.1灭火器的灭火机理与适用范围1	9.2.2灭火器的灭火机理与适用范围2	9.3.1灭火器的配置要求1	9.3.2灭火器的配置要求2
资源类型	视频	视频	视频	视频	视频
资源二维码					

参考文献

[1] 中华人民共和国住房和城乡建设部. 建筑防火通用规范：GB 55037—2022[S]. 北京：中国计划出版社，2023.

[2] 中华人民共和国住房和城乡建设部. 城市消防远程监控系统技术规范GB 50440—2007[S]. 北京：中国计划出版社，2008.

[3] 中华人民共和国住房和城乡建设部. 建筑内部装修设计防火规范：GB 50222—2017[S]. 北京：中国计划出版社，2018.

[4] 中华人民共和国公安部. 消防控制室通用技术要求：GB 25506—2010[S]. 北京：中国计划出版社，2011.

[5] 中华人民共和国住房和城乡建设部. 人民防空工程设计防火规范：GB 50098—2009[S]. 北京：中国计划出版社，2009.

[6] 中华人民共和国住房和城乡建设部. 火灾自动报警系统施工及验收标准：GB 50166—2019[S]. 北京：中国计划出版社，2020.

[7] 中华人民共和国住房和城乡建设部. 建筑防烟排烟系统技术标准：GB 51251—2017[S]. 北京：中国计划出版社，2018.

[8] 中华人民共和国住房和城乡建设部. 建筑防火封堵应用技术标准：GB/T 51410—2020[S]：北京：中国计划出版社，2020.

[9] 中华人民共和国住房和城乡建设部. 汽车库、修车库、停车场设计防火规范：GB 50067—2014[S]. 北京：中国计划出版社，2015.

[10] 中华人民共和国住房和城乡建设部. 防火卷帘、防火门、防火窗施工及验收规范：GB 50877—2014[S]. 北京：中国计划出版社，2014.

[11] 姜琴，施鹏飞. 防火防爆技术与应用[M]. 南京：南京大学出版社，2021.

[12] 公安部消防局. 消防安全技术实务[M]. 北京：机械工业出版社，2016.

[13] 田春鹏. 装配式混凝土建筑概论[M]. 武汉：华中科技大学出版社，2021.

[14] 何公霖，杨龙龙，唐海艳. 建筑装饰工程材料与构造[M]. 重庆：重庆大学出版社，2017.